粮食机械

（修订本）

迟乾洲　编著

北京交通大学出版社
·北京·

内 容 简 介

本书以粮食装卸、输送、清理及加工的典型设备为主要内容，对常用粮食机械设备的结构、工作原理和使用、维护等方面进行了系统性的介绍和分析，重点是设备的合理选用、结构原理、操作维护和常见故障排除，具有较强的理论性和实践性。

全书共分 9 章，内容包括粮食机械概论、装卸机械、带式输送机、斗式提升机、刮板输送机、螺旋输送机、管槽类设备和称重机械、粮食清理设备、粮食加工机械，既适合物流、机械输送、粮食仓储和粮食加工等专业用作"粮食机械"课程的教材，也适合一般机械设备操作、设计和维修人员使用。

图书在版编目（CIP）数据

粮食机械 / 迟乾洲编著. —北京：北京交通大学出版社，2021.9（2024.7 修订）
ISBN 978-7-5121-4567-2

Ⅰ. ① 粮… Ⅱ. ① 迟… Ⅲ. ① 粮食加工－机械 Ⅳ. ① TS210.3

中国版本图书馆 CIP 数据核字（2021）第 185905 号

粮食机械
LIANGSHI JIXIE

策划编辑：陈跃琴　刘建明　　责任编辑：陈跃琴
出版发行：北京交通大学出版社　　电话：010–51686414　　http://www.bjtup.com.cn
地　　址：北京市海淀区高梁桥斜街 44 号　　邮编：100044
印 刷 者：北京虎彩文化传播有限公司
经　　销：全国新华书店
开　　本：185 mm×260 mm　　印张：14.75　　字数：369 千字
版 印 次：2024 年 7 月第 1 版第 1 次修订　　2024 年 7 月第 3 次印刷
定　　价：49.50 元

本书如有质量问题，请向北京交通大学出版社质监组反映。对您的意见和批评，我们表示欢迎和感谢。
投诉电话：010-51686043，51686008；传真：010-62225406；E-mail：press@bjtu.edu.cn。

前　言

随着我国粮食机械行业的不断发展，新型粮食机械设备不断涌现，不但设备种类繁多，而且在设备性能、质量及技术水平方面都有了很大程度的提高，极大地服务了粮食行业的发展。对于粮食行业从业人员来说，目前可以得到的资料基本都是厂家的产品说明书，因为近些年来我国较少出版粮食机械方面的书籍。

在大学里，“粮食机械”是有关学校机械工程类和近机类专业的一门必修课程或专业拓展课程。但机械工程类专业此课程主要针对机械制造、机械设计及相关专业，而且以机床应用操作、常用传动原理及设计为主；近机类专业此课程大部分以生产工艺为主，应用性机械设备被边缘化，以致所学专业理论知识在实践中的发挥受到了制约。但事实上，开设“粮食机械”这门课程，是因为粮食机械以粮食为载体，通过对散粮、包装粮的输送把常用的输送机械联系了起来；通过对粮食的清理，将相关分拣、分类等机械的原理展现了出来；通过对粮食加工设备原理的分析，可以实现对应用性机械的进一步认知，以便达到服务于实践的目的。

鉴于此，笔者根据20多年的教学、科研与实践经验，结合近几年国内外的粮食机械主流产品与工程应用编写了本书。书中以粮食装卸、输送、清理及加工的典型设备为主要内容，力求反映粮食机械的新发展、新技术、新成果，做到内容新颖、重点突出、特色明显。

全书共分9章，内容包括粮食机械概论、装卸机械、带式输送机、斗式提升机、刮板输送机、螺旋输送机、管槽类设备和称重机械、粮食清理设备、粮食加工机械。书中对常用粮食机械设备的结构、工作原理和使用、维护等方面进行了系统性的介绍和分析，重点是设备的合理选用、结构原理、操作维护和常见故障排除，具有较强的理论性和实践性。其优势在于：机械工程类专业的学生可以在机械应用领域得到知识的拓展及基础优势的发挥，近机类专业的学生能够根据设备特点对其进行合理选用、使用和维护。因此，本书既可以作为“粮食机械”课程的教材用于课堂教学，也可以用作物流、机械输送、粮食仓储和粮食加工等专业的设备使用培训教材，还适合一般机械设备操作、设计和维修人员自学参考。

在本书的编写过程中，参考了大量的图书、文章及产品说明，在此向相关作者表示衷心的感谢。由于时间仓促，加上作者水平有限，书中疏漏之处在所难免，请广大读者不吝斧正！

作　者

2024 年 7 月于烟台

目　录

第 1 章　粮食机械概论

1.1　粮食机械课程概述

“粮食机械”这门课程以粮食为载体，通过对散粮、包装粮的输送把常用的输送机械联系起来；通过对粮食的清理将相关分拣、分类等机械设备的原理展现了出来；通过对粮食加工设备原理的分析，实现对应用机械的进一步认知。

1.1.1　粮食机械课程的内容

本课程的内容主要包含通用机械、粮食专用机械两大类。

① 通用机械。通用机械主要包括装卸机械、输送机械、称重机械。通用机械不仅用于粮食的输送，而且广泛应用于车站、港口码头等对散料或包装品的装卸与输送。其中输送机械的广泛应用大大降低了工人的劳动强度，改善了操作人员的劳动环境，把操作人员从繁重的体力劳动中解放出来，同时有效地提高了企业的经济效益。

② 粮食专用机械。粮食专用机械主要包括：通用清理机械（如风选机、振动筛等）和专用加工机械（如磨粉机、榨油机等）。粮食专用机械主要用于粮食加工行业，其工作原理在其他生产领域也得以延伸，对不同类型的产品加工具有一定的指导意义。

1.1.2　学习粮食机械课程的意义

粮食机械是机械工程类和近机类专业学生学习的一门应用型必修课程。机械工程类专业的课程主要针对机械制造、机械设计及相关专业，而且以机床应用操作、常用传动原理及设计为主；近机类专业的课程大部分以生产工艺为主，应用性机械被边缘化，以致所学专业理论知识在实践中的发挥受到了制约。本书把应用性机械系统化地展示出来，适应于多领域学生的学习，为将来对设备的使用、操作、维护打下良好的基础。

开设粮食机械课程的主要目的是：

① 增强学生的应用机械理念。

② 使学生能将所学知识应用于实践并不断补充和完善。

③ 使学生开阔视野，便于创新。

④ 拓宽就业渠道。

1.1.3　学习粮食机械课程的要求

① 掌握各机械设备的结构和工作原理。

② 明确机械设备的工作环境和适应场合。

③ 能够找到机械设备的核心区或核心件。

④ 掌握设备的基本操作规程。

⑤ 熟悉工艺过程。

⑥ 能够进行设备维修和相应部件的创新设计。

1.2 粮食的流散特性

粮食的流散特性主要包括散落性、自动分级、孔隙度等。这是颗粒状粮食所固有的物理性质。

粮食具有流散特性的根本原因是粮粒之间的相互作用力——内聚力小，不足以在重力的作用下使粮粒保持垂直稳定，致使粮食在堆装、运输、干燥、加工等过程中表现出流散特性。

1.2.1 散落性

粮食在自然形成粮堆时向四面流动，成为一个圆锥体的性质称为粮食的散落性。

1. 静止角

粮食散落性的好坏常用静止角表示。静止角是指粮食由高点落下，自然形成圆锥体的斜面与底面水平线之间的夹角。散落性好，静止角小；散落性差，静止角大。

粮食的颗粒大小、成熟度的差异、杂质数量的多少等都与散落性密切相关。粒小、饱满、圆形粒状、密度大、表面光滑、杂质少的粮食散落性好，反之则散落性差。

2. 自流角

度量粮食散落性的另一物理量是自流角。自流角是粮粒在不同材料斜面上开始移动的角度，即粮粒下滑的极限角度，也称为粮堆的外摩擦角。

提示： 用输送机输送粮食时，输送机皮带与水平面的夹角应小于自流角和静止角。

1.2.2 自动分级

一般来说，任何一批粮食，都是非均质的聚集体。粮粒有饱满的、瘪瘦的、完整的、破碎的，形态多种多样，而且杂质也轻重不同、大小不一，在散落时彼此受到的摩擦力和重力不同，运动状态也不同，因此粮食在振动、移动或入库时，同类型、同质量的粮粒和杂质就集中在粮堆的某一部分，引起粮堆组成成分的重新分布，这种现象称为自动分级。自动分级可分为重力分级、浮力分级和气流分级三大类。

① 重力分级。大而轻的物料会浮到最上面，小而重的物料会沉到底部，而较细、较轻、较大、较重的物料分布于两者之间，从而形成了分层的现象。

② 浮力分级。当气流浮力一定时，重的粮粒下落较快，轻的粮粒下落较慢，而且粮粒在下落过程中由于受到的力和受力方向也会随时变化，使得较轻的粮粒飘移落点，从而形成

分级现象。

③ 气流分级。当输送机在风天卸粮时，在下风处就会聚积较多的轻杂质，从而形成自动分级现象。

注意： 自动分级在粮食储藏过程中是不利的，但在粮食清理过程是有利的，因为粮食清理过程就是通过粮食流动和振动，促进粮食的自动分级，使用风机、溜筛、振动筛、去石机等设备除去杂质。

了解粮食的流散特性，在粮食输送、清理等方面有着重要的实践意义。

1.2.3　孔隙度

孔隙指的是粮粒间存在的空间。粮堆中所有孔隙的空间体积与该粮堆体积的比值叫作孔隙度。孔隙度影响粮堆的透气性，是粮食仓储方面的常用术语。

思考与练习题 1

1. 什么是粮食的散落性？
2. 什么是粮食的自动分级？
3. “粮食机械”课程主要介绍哪些机械设备？

第2章 装卸机械

装卸机械主要是针对车站、码头和储备库等对散装物料和包装品的装载和卸载。本章主要以装卸船、火车、汽车为主体介绍常用的装卸机械。

2.1 卸载机械

卸载是指将物料从交通运输工具上接卸下来，卸载包括码头上卸船、站台上卸火车、卸汽车，它们可以使用不同的方式和不同的机械卸载，现分别介绍如下。

2.1.1 卸船的方式和使用的机械

水运时粮食状态可以有散装和包装两种形式，相应的船只可分为散装船或包装船。

1. 散装船

1）吸粮机

吸粮机属气力输送设备，其工作原理是利用通风机使管道内形成高压气流来输送散粒物料（如粮食、煤炭、砂、水泥等），其结构如图2-1所示。

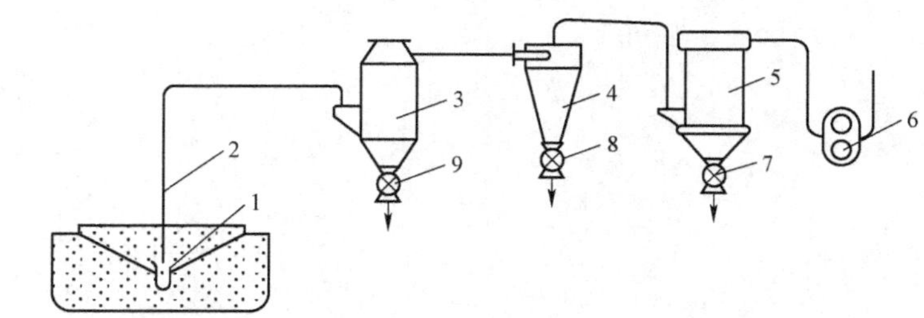

1—吸嘴；2—输料管；3、4—分离器；5—除尘机；6—风机；7—出灰器；8、9—卸料器。

图2-1 吸粮机的结构

吸粮机多属于悬浮气力输送机，即物料颗粒是在气流中呈悬浮状态进行输送的。悬浮气力输送可分为吸送式、压送式、混合式三种。

① 吸送式气力输送系统。该系统利用通风机从管路系统中抽气，使管道内的气体压力低于外界大气压力（即处于负压状态），气流和物料形成的混合物从吸嘴被吸入输料管。物料经输料管送至卸料地点时，由分离器将物料和空气分开，物料从卸料器卸出，空气则通过风管经除尘器除尘后再通过通风机、消声器等排入大气。吸送式气力输送系统只能短距离输送。

② 压送式气力输送系统。该系统中的空气在正压（高于大气压）状态下工作。通风机

把空气压入输料管中，借助于供料器将物料送入气流使其形成混合物，在输料管内被压送至卸料点，物料经分离器卸出，空气经风管和除尘器排入大气。压送式气力输送系统可实现长距离、大输送量输送。

③ 混合式气力输送系统。该系统由吸送部分和压送部分组成，两部分共用一台通风机。混合式气力输送兼有吸送和压送特点，可从数个加料点将物料吸入并压送至较远的地方，但混合式气力输送系统结构复杂，通风机工作条件差。

混合式吸粮机（见图 2–2）一般多用于粮库、码头，输送距离长，线路灵活。其工作过程是：利用通风机在进气管路（负压）入口处将粮食吸入到管路系统，通过分离器将粮食与空气分离，粮食经分离器下出口流入到通风机出气管路（正压），并由排气管路压送到预期位置，而空气则从分离器上方出口进入除尘器中除尘，除尘后的空气通过进气管路进入通风机进风口进行循环。分离器工作原理如图 2–3 所示。

图 2–2　混合式吸粮机

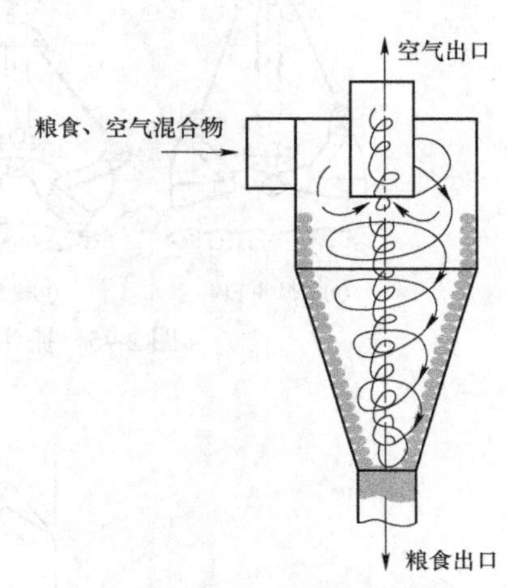

图 2–3　分离器工作原理

吸粮机具有结构简单、自重小、操作灵活、维修方便、对于船型适应性强、清舱性能好等特点，相对于机械式卸船机具有很大优势。采用吸粮机卸散粮船，优点是输送量大，能够实现机械化，船底没有残留物料，不需要进行清舱作业。缺点是噪声大、能耗高。

2）双皮带夹运机

双皮带夹运机的工作原理是：两条橡胶输送带面对面紧紧挤靠在一起，将散粒物料向上输送，取料头处两侧各有一段螺旋叶片，将物料送至取料头中央打板处，打板将物料送入两条输送带之间，依靠两条输送带的夹持作用，使物料得以输送，如图 2–4 所示。橡胶输送带非工作表面连续地安装有长度为 1 m 的气囊和铰接铝活板，用于压紧输送带，所需压力为 0.5 Pa。双皮带夹运机运送每吨粮的耗电量为 0.35～0.42 kW · h，输送量大，噪声低，物料破碎率低。

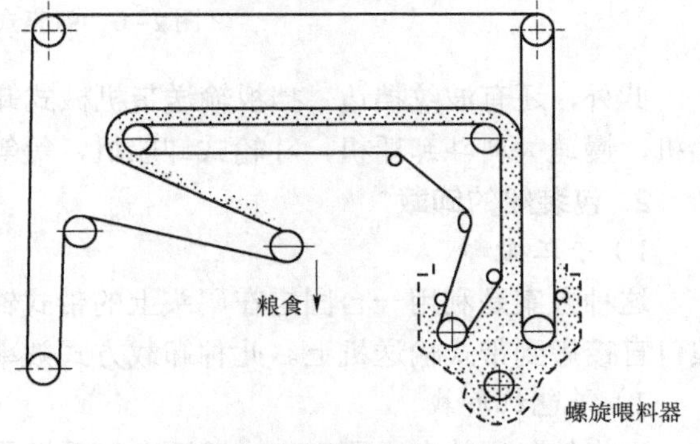

图 2–4　双皮带夹运机工作原理

3）抓斗

抓斗是和起重机配合使用的卸船设备，其抓取散料的工作循环过程如图 2–5 所示。抓斗属于间歇式工作设备，工作效率低（50%左右），抓斗合拢不紧，容易在装卸过程中撒料，一般损耗 2%～3%，清船工作量大（约占 30%），开放式作业，环境污染严重，抓斗容易损坏舱底，要求操作人员有一定的操作技术。桥式起重机配用 2.5 t 抓斗，每小时输送量可达 500 t；门式起重机配 1.5 t 抓斗，每小时输送量可达 500 t。抓斗的优点是价格低，可抓取多种货物，卸船成本最低，抓斗在我国港口和内河码头均有使用，图 2–6 为门座式抓斗卸船机。

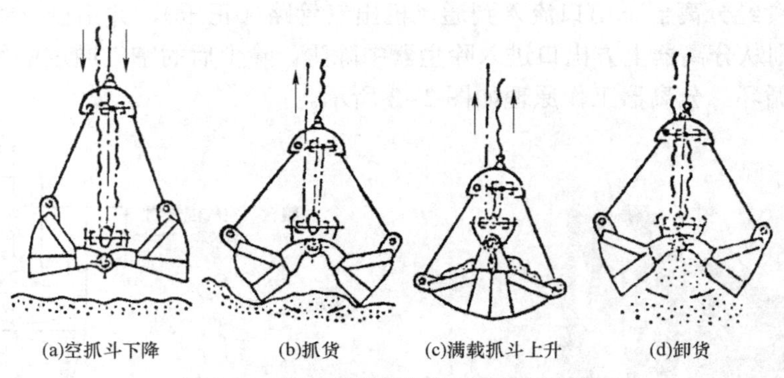

(a)空抓斗下降　(b)抓货　(c)满载抓斗上升　(d)卸货

图 2–5　抓斗抓取散料的工作循环过程

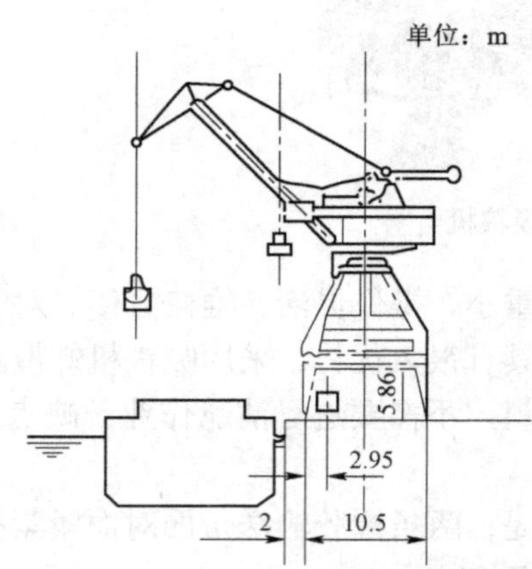

图 2–6　门座式抓斗卸船机

此外，还有波纹挡边、挡板输送带机械式卸船机，立式双螺旋机械式卸船机，埋刮板卸船机，慢速大料斗卸船机，斗轮式卸船机，等等。

2. 包装船的卸载

1）手工搬卸

这种方案是利用一台固定在码头上的带式输送机输送粮包，输送机伸向船舱，用人工将粮包直接搬到带式输送机上。此种卸载方式效率低、成本高。

2）吊包机卸载

先将粮包码放在大网兜内，然后由起重机吊起，运到码头上。小起重机每次可吊 10 包，

大起重机每次可起吊 200 包。

集装箱的使用，使起重机得到了最大限度的应用。

2.1.2　卸火车的方式和使用的机械

1. 装粮用铁路货车型号及规格

① C_{50} 型敞车。可用于运输包装粮和散粮，外形尺寸为 14.042 m×3.14 m×2.79 m，载重 50 t。

② P_{13} 型棚车。散粮、包装粮均可运输，外形尺寸为 16.442 m×3.338 m×4.547 m，载重 50 t。

③ P_{60} 型棚车。散粮、包装粮均可运输，外形尺寸为 16.442 m×3.338 m×4.25 m，载重 60 t。

④ K_{17} 型散粮专用车。用于运输散粮，外形尺寸为 14 m×3.15 m×4.27 m，上方有 6 个进料口，底部有 3 个卸料口，侧面有 6 个卸料口，载重 60 t，自重 22～24 t，容积 80 m^3，换长 1.3；入口尺寸为 600 mm×600 mm；侧卸口尺寸为 200 mm×200 mm；底出口尺寸为 200 mm×200 mm。

⑤ L_{18} 散粮专用车。这是新开发的散粮专用车。

2. 卸散粮车的机械

1）刮板输送机和螺旋输送机

使用短的刮板输送机或螺旋输送机卸棚车时，只能将该输送机由棚车车门插入粮堆，仍需人工喂料，生产率不高，劳动强度大，灰尘多。

2）斗式提升机

对于敞车，可采用抓斗和链斗式提升机卸车。用抓斗式提升机卸车，受车厢大小的限制，产量不是很高，而且车厢不能卸净，清理厢底工作量很大。用链斗式提升机卸车，产量虽然高些，但周围灰尘飞扬，劳动条件很差。因此，这两种设备都很少使用。

3）翻车机

国外卸敞车，联合使用转子式翻车机和封闭式卸车棚。转子式翻车机是将一节车厢固定，然后将整个车厢翻转一周，车内粮食在车厢旋转的过程中倒出，卸入卸粮坑。封闭式卸车棚三面封闭，两面让车厢进出。车厢进入后，关上卷帘门或气幕门，使卸车棚尽量密闭，以保证棚内吸尘效果。棚内安装翻车机，轨下为卸粮坑，坑口装有缓冲板或导流板，以减少坑的开口面积，提高除尘效果，这种装置产量大，车厢内不剩粮，棚内外灰尘少，可实现全部机械化。

提示：对于散粮专用车厢，则是利用其自流性，使粮食自动流出，卸完后车厢内不剩粮，可实现卸粮机械化，卸车效率高。

3. 散粮车的卸载方式

散装火车车厢来粮大多采用低货位的卸载方式，以提高卸车效率。常使用的低货位有两种形式。一种是铁道线路的路肩高出地坪；另一种是铁道线路的路肩与地坪持平，地坪下挖卸粮坑，输送机设在地坑下的地下廊道内，粮食由车厢流入卸粮坑，再进入输送机。

1）卸粮坑

① 侧式卸粮坑。侧式卸粮坑有地下、半地下和地上三种，地下水位较低的地区多使用地下式，它的造价低；在地下水位较高地区，使用半地下式和地上式。

还有另外一种地下式，从外观看完全是一个普通站台，站台上可暂存包装粮食，也可行驶列车。在站台邻铁路的一侧开有窗口。每节车厢长度开2～4个窗口，站台地坪下是卸粮坑，粮食首先进入卸粮坑，然后流入输送机。

② 桥式卸粮坑。桥式卸粮坑主要用于漏斗车卸粮，它可充分利用自流，这种卸粮坑造价最高。

2）道线仓

道线仓相当于架高的卸粮坑。道线仓一般建成直径较小（4 m左右）的立筒仓，设在铁道的一侧或两侧，仓高10 m左右，一般2～4个立筒仓为一群，共用一台斗式提升机。火车车厢来粮时，由输送机送至斗式提升机的进料斗，经提升进入道线仓，道线仓多为架空式锥形底，下面设输送机。

4. 包装粮的卸车方式

火车包装来粮卸车尚无机械可用，一般都是用人工将粮包搬到车门口的输送机上，由输送机将粮包送走。目前有许多粮库仍用工人将包搬下，再由工人扛到站台上（或仓内）码垛。

2.1.3 卸汽车的方式和使用的机械

1. 运输粮食的汽车车型

① 电瓶车。包括电瓶翻斗散装车及电瓶平板车，这种车多用于库内短距离输送，也可用作牵引车。

② 普通载重汽车。它是一种用内燃机驱动的运输车辆，除自身载货外，还可拖带挂车，其型号常见的有北京牌BJ130型（2 t）、跃进牌NJ130（2.5 t）、解放牌CA10B型（4 t）和黄河牌150型（8 t）等。

③ 自动倾卸汽车。该车型适用于粮库站台、码头与车间之间的散装运输，也可用于长途运输。

④ 罐式粮食散装自卸车。车厢为卧罐式，卧罐顶部开设进粮口，后门能自动开放和关闭，可自动后倾卸货。

⑤ 散粮侧卸车。车厢三面可以开放，侧板分为两段，有中间立柱，侧板和翻车轴有自动锁紧机构，车厢可两侧自动倾斜卸货。

2. 散粮汽车卸载机构

散粮汽车的卸载机构是倾斜器，它有固定式液压卸车台和龙门吊式倾卸器两种，适用于不能自动倾卸的汽车。

固定式液压卸车台又称液压卸车翻板，靠多级液压缸顶升翻板，有时可配备计量装置，同计算机联网进行管理。龙门吊式倾卸器工作时，将车前轮置于龙门吊架下的平板上，将车后轮顶住，然后起升平板，车体倾斜，当倾角达到40°左右时，车厢内粮食经后门自动流入卸粮坑。

3. 散粮汽车卸载方式

汽车散粮卸载方式可分为移动式和固定式两种。移动式是将接收粮柜做成移动式，粮柜为锥形底，下面配备移动式输送机械，汽车来粮首先经输送机卸入粮柜，在粮柜暂存，然后再经输送机械送出。固定式同火车卸粮相同，汽车来粮卸入卸粮坑（地下式卸粮坑），然后由卸粮坑下的输送机送往他处。这种方式效率最高。

4. 包装粮汽车卸载方式

目前多使用人工搬运，或用移动式带式输送机辅助搬运。

2.2 装载机械

装载作业和卸载作业正好相反，它是将粮食（散粮和包装粮）装到船、车上去，它所使用的机械和装载方式分别叙述于下。

2.2.1 装船的方式和使用的机械

1. 散粮装船

散粮装船主要利用粮食的自流性，用输送机将粮食输送到船舱上部，然后流入船舱。对于小型粮库，也有使用手推车经跳板将粮食推到船舱口，倒入船舱。

① 小船的装载。将房仓内散粮经移动式输送机送至船舱上部，流入船舱，依靠船的移动和人工辅助，将船装满。它适用于小船的装载。

② 较大船的装载。利用可以俯仰的带式输送机将散粮运到小舱口的船舱上（如油轮），船随装载量不同而升降。依靠皮带机的俯仰来适应船的升降，中间是一个龙门架，前端皮带机亦可升降，调节工作位置。它适合较大的船装载散粮。

③ 较大货船的装载。由工作塔的发放粮柜来粮，经埋刮板输送机和机头下溜管装敞口船，溜管的工作位置可以调节，从而将船装满。或用转向式皮带机和伸缩料管装船，以减少装船时尘土飞扬，依靠钢绳牵引，使皮带机在圆弧导轨上转向。这两种方式适用于较大的货船。

提示：国外粮食装载方式与我国基本相同，它们主要在溜管上进行改进，有的溜管可以伸缩，以控制溜管口与料堆的间距，从而减少粉尘的飞扬；有的溜管下端再装一叶轮，依靠叶轮的转动，将粮食送到舱的各个角落；有的减少溜管出粮口的粮食流量，以减少粉尘。

2. 包装粮装船

包装粮装船有三种形式，一为人工搬运式，这种方式比较落后。二为带式输送机加溜槽式，这种方式仍需人工搬码，生产率比前者高。三为吊车网兜式，它工作时先将粮包用叉车码在一个大网兜内，然后用起重机将网兜吊起，吊入船舱内之后网兜也压在粮仓下，卸载时再收回。国内外装船方式基本相同。

2.2.2 装火车的方式和使用的机械

1. 散粮装车

① 使用带式输送机装敞车或棚车。在装车量不大的粮库，常使用移动式带式输送机直接装车，通过输送机的移动和车辆的移动，把整列车装满。具体可在站台直接装棚车，采用高站台，站台两侧为棚车，用带式输送机装车。采用高站台时，站台的高度不宜太高，否则装粮费用将增加很多。对一般车辆，站台高度为 1.3～2.4 m；对 C_{50} 型敞车，站台应适当加高，以适应带式输送机的最大输送倾角。

② 使用斗式提升机装车。在站台上安装斗式提升机，在斗式提升机的出料口安装溜管。

装车时粮食经斗式提升机和溜管流入车厢，调整溜管角度将车厢装满。装棚车时可使用多节的软管或金属软管作溜管，粮食由车厢窗口流入。

③ 通过高位仓装车。高位仓装车用于发放量大，而装车时间短的粮库。装车前将称过重量的粮食装到高位仓中，当车厢放置好后，打开高位仓的底门，仓中粮食经溜管流入车厢。这样装车效率非常高，一小时可以装满整列车，适用于敞车和专用漏斗车厢。高位仓可建于铁路线正上方，也可建在铁路线的一侧或两侧，后者用斜溜管装车，而且其高度比高位仓位于铁路线正上方时的高度要高。高位仓也可以设在铁路边的筒仓或工作塔内。

④ 使用抓斗装车。码头上利用抓斗卸船时，可将粮食直接卸入敞车车厢。

⑤ 利用架空输送线装车。对于有罩棚能雨天工作的站台，可采用架空输送线输粮，采用中间卸料方法将粮食卸出并流入车厢。这种方式一条输送线同一时间只能装一节车厢，装车效率并不高。

2. 包装粮装车

① 人工搬运装车。方式与包装粮装船相同。

② 带式输送机加溜槽装车。方式与包装粮装船相同。

③ 叉车装车。首先将粮包码在托架上，然后用叉车叉起，叉车由高站台驶入车厢，将托架及粮包放在垛位上，叉车退出车厢。这种装车法机械化程度较高，但将使用很多托架，有的粮库用叉车直接叉粮包，这样往往将粮包扎破。

2.2.3 装汽车的方式和使用的机械

1. 散粮装汽车

① 由输送机直接装车。用移动式带式输送机直接装车，适用于发放量小的小型粮库。除带式输送机外，也可使用提升机和溜管直接装车。

② 移动式粮柜装车。装车前先将粮柜装满，然后打开粮柜门，从粮柜装入汽车。

③ 其他装车方式。包括固定式发放仓装车、筒仓直接发放装车、工作塔内发放仓装车等。

2. 包装粮装汽车

包装粮装汽车的方式和包装粮装火车方式相近，目前多使用人工搬码方式、人工搬码与带式输送机辅助相结合的方式。

思考与练习题 2

1. 简述装载与卸载的差异。
2. 简述卸载机械的主要类型及特点。
3. 简述装载机械的主要类型及特点。
4. 结合实际谈装载机械的应用意义。
5. 简述混合式吸粮机的工作原理。

第 3 章　带式输送机

3.1 概　　述

带式输送机是一种连续输送机械，它用一根闭合环形输送带作牵引及承载构件，将其绕过并张紧于前后二滚筒上，依靠输送带与驱动滚筒间的摩擦力使输送带产生连续运动，依靠输送带与物料间的摩擦力使物料随输送带一起运行，从而完成输送物料的任务，其一般结构如图 3-1 所示。

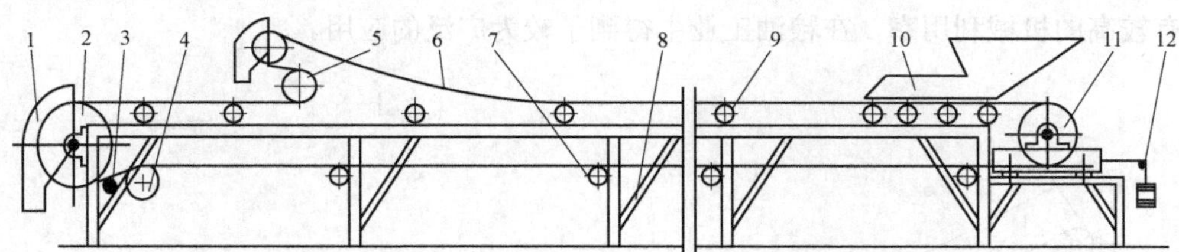

1—端部卸料口；2—驱动滚筒；3—清扫装置；4—导向滚筒；5—卸料小车；6—输送带；7—下托辊；8—机架；9—上托辊；10—进料斗；11—张紧滚筒；12—张紧装置。

图 3-1　带式输送机的一般结构

3.1.1　带式输送机的分类

根据带式输送机的工作条件、工作要求和被输送物料性质，可将带式输送机分为不同的类型。

① 按支承装置的形式，可将其分为平形托辊输送机、槽形托辊输送机等。

② 按输送带的种类，可将其分为胶带式、帆布带式、塑料带式、钢带式和网带式输送机等，其中胶带输送机在粮油工业中使用最广泛。

③ 根据胶带表面形状，可将其分为普通胶带输送机和花纹胶带输送机，本章重点介绍橡胶输送带带式输送机。

④ 按输送机的机架结构形式，可将其分为固定式和移动式两大类，也可分为托辊带式输送机和气垫带式输送机，还可派生出伸缩式、转向式、管式、波纹挡边式带式输送机等。

固定式带式输送机通过机架安装在基础上，其工作位置不变，可有多种使用形式（布置形式），图 3-2 为常见固定式带式输送机的基本布置形式。其中，图 3-2（a）表示散料水平输送形式，图 3-2（b）为倾斜输送形式，图 3-2（c）为倾斜－水平输送相结合的场合，

图 3–2（d）为水平–倾斜输送相结合的场合，图 3–2（e）为水平–倾斜–水平输送相结合的场合（综合型）。

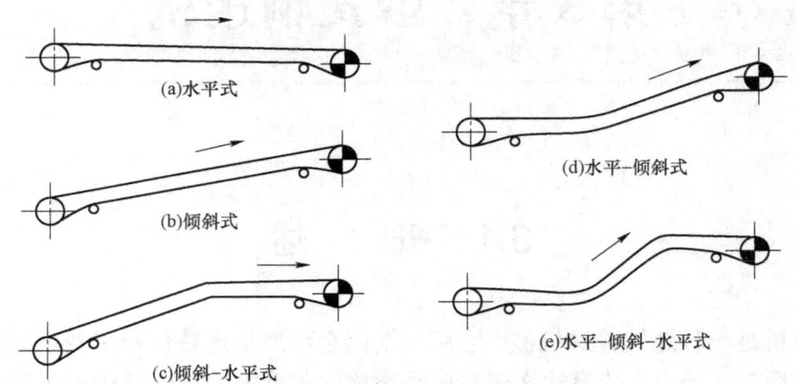

图 3–2　固定式带式输送机的基本布置形式

移动式带式输送机（见图 3–3）装有走行机构，便于根据工作要求及时组成机械化流水线，有较高的机械利用率，在粮油工业中得到了较为广泛的应用。

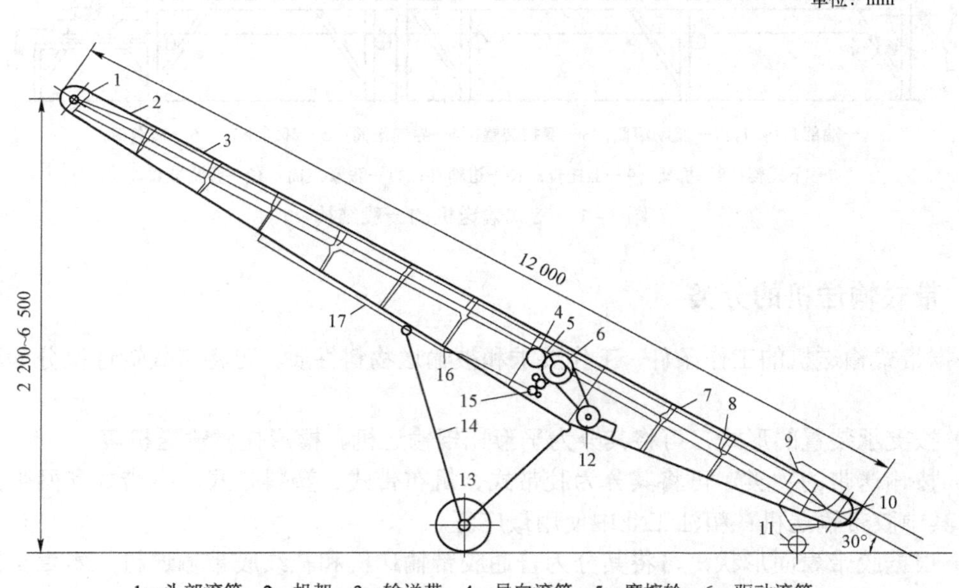

1—头部滚筒；2—机架；3—输送带；4—导向滚筒；5—摩擦轮；6—驱动滚筒；7—上托辊；8—下托辊；9—导料槽；10—张紧滚筒；11—小走轮；12—电动机；13—大走轮；14—V 形撑脚；15—卷扬滚筒；16—钢丝绳滑轮；17—导轨。

图 3–3　移动式带式输送机的结构

3.1.2　带式输送机的型号及主要参数

带式输送机的产品型号按专业代号、品种代号、型式代号和产品的主要规格顺序编制。例如，对于“T　DS　Q　50×60”，T 表示专业代号——粮油通用机械；DS 表示品种代号——带式输送机；Q 表示型式代号——全气垫式；50×60 表示产品规格——带宽（cm）×头尾轮中心距（m）。

型式代号中，B——半气垫式，D——波纹挡边式，F——封闭式，G——固定式，J——架高式，L——散包两用式，Q——全气垫式，P——水平式，S——伸缩式，X——倾斜式，Z——转向式。当然，随着输送技术的发展，今后还会有更多的新型带式输送机出现，编号也会更多。

带式输送机的基本参数与尺寸应符合表 3-1 的规定。

表 3-1　带式输送机的基本参数和尺寸

带宽/mm	300，400，500，650，800，1 000，1 200，1 400
名义带速/（m/s）	0.8，1.0，1.25，1.6，2.0，2.5，3.15，3.5，4.0，5.0
滚筒直径/mm	200，300，400，500，650，800，1 000，1 200，1 400
托辊直径/mm	63.5，76，89，102

3.1.3　带式输送机的特点及应用

带式输送机是一种生产技术比较成熟、使用极为广泛和近年来发展很快的现代输送设备，具有最典型的连续输送机的特点。其主要优点如下：

① 结构简单，自重轻，便于制造。

② 输送路线布置灵活，适应性广，可输送多种物料。

③ 输送速度高，输送距离长，输送能力强，能耗低。

④ 可连续输送，工作平稳，不损伤被输送物料。

⑤ 操作简单，安全可靠，保养检修容易，维修管理费用低。

带式输送机的主要缺点是：

① 输送带易磨损，且其成本大（约占输送机造价的 40%）。

② 需用大量滚动轴承。

③ 在中间卸料时必须加装卸料装置。

④ 普通胶带输送机不适用于输送倾角过大的场合。

目前，带式输送机已经标准化、系列化，性能不断完善，不断有新机型问世。

3.1.4　带式输送机工作过程分析

1. 带式输送机的驱动原理

带式输送机是靠摩擦力驱动进行工作的。为了使带式输送机能可靠地工作，并尽量减少磨损，必须防止输送带在驱动滚筒上打滑，实现正常驱动。

输送机静止时，输送带以初张力张紧在两个滚筒上。输送带运行时，输送带两边将产生拉力差，即输送带所传递的有效圆周力。该圆周力不是具有一定作用点的集中力，而是输送带和驱动滚筒接触表面摩擦力的等效力。

由于圆周力由摩擦产生，故在一定条件下，它有一个极限值。当输送带的运行阻力超过有效圆周力的最大值时，输送带将在驱动滚筒上打滑。为了防止输送带打滑，可采用增大牵引力或减少输送带运行阻力的方法。

增大牵引力的方法如下：

① *增大输送带在驱动滚筒上绕出点的张力*。这可通过增大输送带初张力来实现，但有一定限度，要受输送带自身强度条件的限制。

② *增大输送带在驱动滚筒上的包角*。包角值取决于驱动滚筒的数目和输送带在驱动滚筒上的回绕形式。单滚筒驱动时，包角不大于 240°；双滚筒驱动时，包角可增大到 430°。增大包角这种方法仅用在提高摩擦系数不能解决问题的场合。

③ *增大输送带和驱动滚筒之间的摩擦系数*。输送带与驱动滚筒间的摩擦系数取决于其工作条件和驱动滚筒表面形状与性质。保持接触表面干燥，在驱动滚筒表面覆一层木材或橡胶衬垫等，可增大摩擦系数。但要注意，不能采用打防滑蜡的方法来增大摩擦系数。

减少输送带运行阻力的方法如下：

① 采用运行阻力较小的支承装置。

② 合理选择各参数，减轻物料线载荷和输送带自身单位长度重量。

③ 清洗并润滑转动零件。

④ 发展直线摩擦驱动（或称中间驱动）带式输送机，这种新型驱动方式是在一台长距离的带式输送机的中间安装一条或几条中间驱动带，借助两条紧贴在一起的输送带间的摩擦力驱动长距离带式输送机。

2. 输送带过载运行

如果输送带与驱动滚筒的摩擦力不足以克服输送带的运行阻力，输送带将在驱动滚筒上打滑，出现过载运行现象。对单滚筒驱动，驱动滚筒过载即为整机过载；对多滚筒驱动，即使整机不过载，某个驱动滚筒也可能过载。

输送带在驱动滚筒上包角范围内的弧段可分为静止弧段和利用弧段。过载运行时，静止弧段消失，该段的受力、运动情况就重复着变形—滑移—平衡—变形的循环过程。此时，输送带运行速度低于滚筒圆周速度（俗称“掉转”或“丢转”），输送带与驱动滚筒间打滑空转、摩擦生热，发出啸叫声，会因输送带过热而放出异味。而且过载越严重，掉转、啸叫、异味等伴随现象越明显。在输送机工作时，只要存在掉转、啸叫、异味现象，就说明发生了过载运行。

3. 输送带运行注意事项

对输送带运行的基本要求是不跑偏、不蛇行、不飘带。

1）*输送带跑偏的原因及防止*

输送带运行时，横向偏离设计限定的中央位置即为跑偏。跑偏会使输送带与机架、托辊支架相摩擦，造成输送带边胶磨损，功率消耗增加，还可能引起物料外撒。因此输送机使用规范规定，输送带允许跑偏量为输送带宽度的 5%。当跑偏量超过带宽的 5%时，要采取纠偏措施，使输送带自动复正。

引起输送带跑偏的原因很多，它与输送机的制造质量、安装质量、操作水平等有关。归纳起来，主要原因如下：

① 滚筒外圆加工不精确或滚筒表面粘有杂物，致使滚筒两端直径不等。

② 两滚筒的轴线不平行或输送带接头不正，造成输送带两侧边松紧程度不同。

③ 输送带质量不好、不直或伸长率不均匀。

④ 喂料装置不合理或喂料不均匀，载荷不对中（偏载）。

⑤ 输送带在卸料处受到较大的横向力。

⑥ 滚筒轴线水平度大于 0.5/1 000。

⑦ 同一横截面内机架水平度大于 2/1 000。

⑧ 机架纵向中心线直线度偏差超过机长的 2/1 000，或在任意 25 m 内，其偏差超过 5 mm。

⑨ 托辊、滚筒的横向中心线与输送机纵向中心线不重合度超过 3 mm。

提高设备的制造、安装质量和操作水平是防止跑偏的主要途径；同时还应装设调心托辊，使已跑偏的输送带能自动复正。

在实际生产中，发生严重跑偏时，应检查滚筒的平行度，通过调整滚筒轴承位置，改变输送带两侧的松紧差异，将输送带调整到正常位置。

2）输送带蛇行的原因及防止

输送带在其自重和其上物料重力的作用下，在托辊间具有一定的下垂度。如果下垂度过大，输送带在运行中会有很明显的起伏现象，称之为输送带蛇行。输送带蛇行，会导致带上物料下滑、抛撒。输送带下垂度取决于输送带上物料线载荷、输送带张力和托辊间距。通常通过限制输送最小张力来达到限制下垂度的目的。

3）输送带飘带原因及防止

当槽形输送带向上呈凹弧转向时，如果其回转半径过小，输送带就会脱离支承托辊向两边摇摆晃动，这就是“飘带”。“飘带”会引起输送带槽形展平、物料撒落、输送带跑偏，为此必须避免“飘带”现象发生。

如果按照输送带自然下垂的曲线来布置凹弧曲线段的支承托辊，就可以避免“飘带”。通常用圆弧线代替上述悬垂曲线，并按此圆弧线布置托辊。考虑到输送带空载时更容易发生“飘带”现象，故应按空载时输送带的悬垂曲线布置凹弧段的托辊，同时以该区段的最大张力为计算张力，这就能保证在任何情况下都不会发生“飘带”。

3.1.5 带式输送机的最大允许倾角

带式输送机的倾角是指其倾斜段工作面纵向中心线与水平面的夹角。该角度过大，会引起物料沿输送带下滑，使输送量降低，影响正常输送，甚至根本不能向上输送，同时加剧输送带磨损，因此必须合理限制该角度。

1. 带式输送机的理论倾角（β）

假设倾斜段输送带表面为一平面，且输送带上前后物料间没有相互作用力，则物料不沿输送带表面下滑的条件是物料处于受力平衡状态。即：

$$\tan\beta \leqslant f = \tan\varphi$$

得

$$\beta \leqslant \varphi$$

式中，φ为输送带与物料间的摩擦角，f为物料与传送带之间的摩擦力。

可见，输送带上物料不下滑的条件是带式输送机理论倾角β不得大于物料与输送带间的摩擦角φ。

2. 带式输送机最大允许倾角（β_{max}）

在两个假设的前提下，得出了带式输送机的理论倾角。事实上，带式输送机的工作情况远比假设的情况复杂。当输送机的倾角尚未达到φ角时，物料已经开始下滑。确定最大允许倾角β_{max}，必须考虑影响物料在运行输送带上状态的有关因素。

分析发现，下列诸因素可促使物料过早下滑：输送带在两相邻托辊间的下垂度；振动冲击使物料相对不稳定；物料自身的不稳定因素。

由于上述因素的影响，带式输送机最大允许倾角（β_{max}）将小于其理论倾角。通常，最大允许倾角取为：

$$\beta_{max}=\varphi-（7^\circ\sim10^\circ）$$

3. 增大允许倾角的措施

提高输送倾角，可缩短在同样提升高度时所需的输送长度，节省占地面积，具有很大的技术经济意义。常用提高输送倾角的措施如下：

① 连续、均匀、稳定地供料，增大输送带张紧力。采用此法可减小输送带局部倾角，减缓物料间挤搓。

② 加大输送带的槽角。

③ 采用特种输送带，如将输送带工作表面制成某种特殊形状，增加物料下滑阻力。图 3-4 为花纹橡胶输送带，图 3-5 为波纹挡边挡板带。

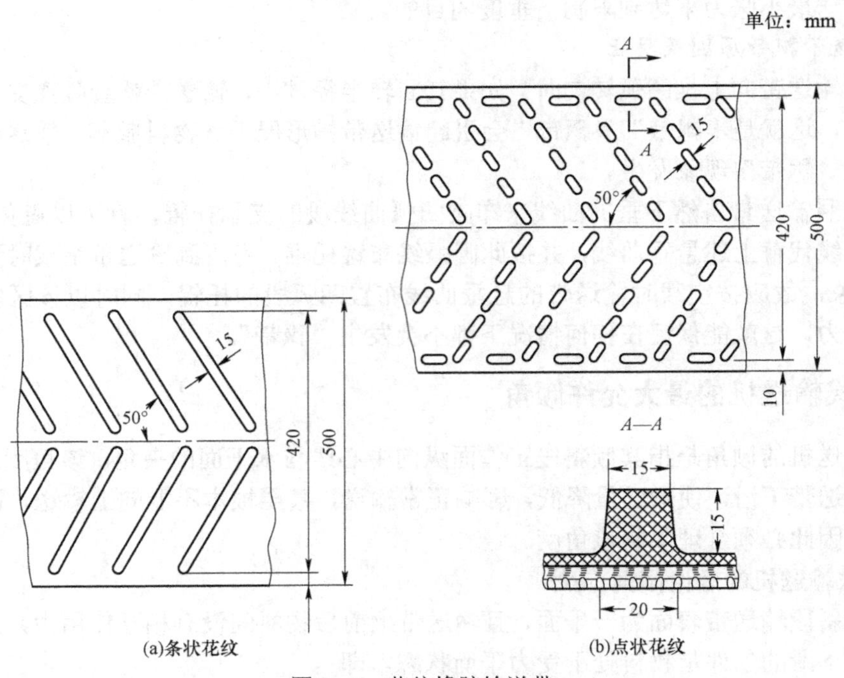

图 3-4　花纹橡胶输送带

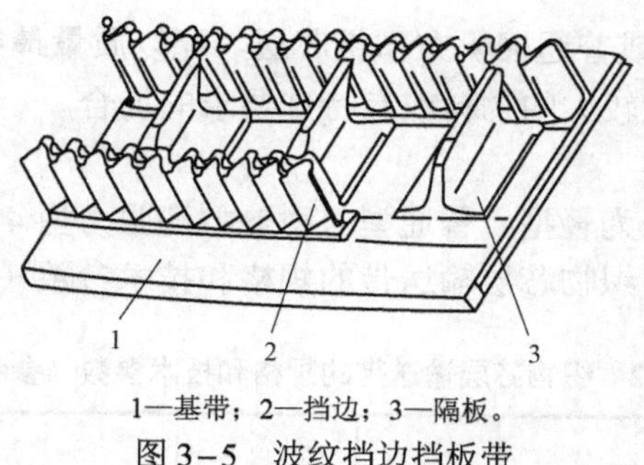

1—基带；2—挡边；3—隔板。

图 3–5　波纹挡边挡板带

3.2　带式输送机的主要构件

带式输送机主要由输送带、驱动装置、支承装置、张紧装置、进料装置、卸料装置、清扫装置、机架、安全装置组成。

3.2.1　输送带

1. 输送带的作用和要求

输送带是承载传送物料和传递动力的重要部件。根据输送带的工作特点，要求输送带应具有吸水性小、强度高、重量轻、延伸率小（即经使用后单位长度的延伸较小）、挠性好的特点，在粮油工业中以橡胶输送带应用最广。

2. 输送带的种类

输送带的种类很多，现仅介绍粮油工业中应用较多的橡胶输送带、塑料输送带及钢绳芯输送带。

1）*橡胶输送带*

橡胶输送带是由数层带胶的帆布经黏结作为芯层，并在其上下表面用橡胶覆盖，硫化而成。胶布层用来承受纵向拉力和物料对输送带的冲击，覆盖层用来防止输送带受潮，而且上覆盖层可增强输送带的耐磨性，下覆盖层可增大输送带与驱动滚筒间的摩擦系数，边胶在输送带跑偏时可对输送带起保护作用。

（1）橡胶输送带的横断面

橡胶输送带的横断面有叠层式、卷层式和阶梯式三种，如图 3–6 所示。

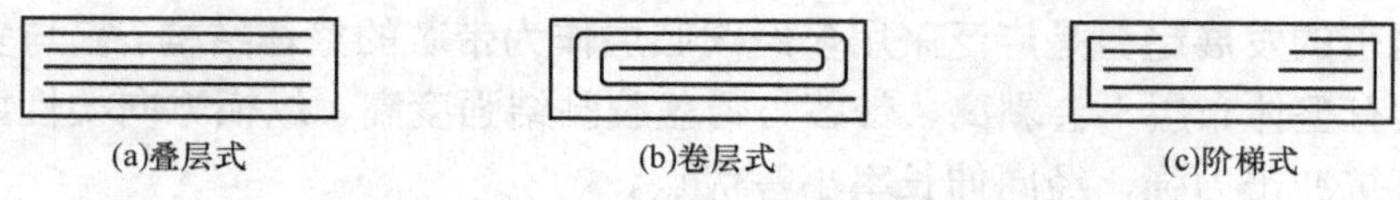

图 3–6　橡胶输送带的横断面结构

① *叠层式*。采用普通棉帆布或化纤织物帆布作带芯层，配以优质耐磨的覆盖胶制成。这种结构的橡胶输送带弹性好，易弯曲，价格较便宜，在粮油工业中应用广泛。

② *卷层式*。采用棉帆布作带芯层，压制成无覆盖胶层或只有一面有覆盖胶层的帆布带，其强度较好，弹性稍次，价格较高，适宜在较好工作条件下，输送干燥的、摩擦较小的物料。

③ 阶梯式。采用强力或普通棉帆布作带芯层，配以质量最好的耐磨覆盖胶或耐热覆盖胶制成，适用于输送磨磋性较大的物料或有特殊要求的场合。

（2）橡胶输送带的分类

橡胶输送带按用途可分为轻型、普通型、耐热型和强力型 4 种。在输送粮食类物料时，通常选用轻型输送带，其中织物芯层输送带的规格和技术参数（参考值）如表 3–2 所示。

表 3–2 织物芯层输送带的规格和技术参数（参考值）

<table>
<tr><th rowspan="2">抗拉体材料</th><th rowspan="2">输送带型号</th><th rowspan="2">拉断强度/［N/（mm·层）］</th><th rowspan="2">每层厚度/mm</th><th rowspan="2">每层长度质量/（kg/m）</th><th rowspan="2">伸长率（定负荷）</th><th rowspan="2">带宽范围/mm</th><th rowspan="2">层数范围</th><th colspan="2">覆盖胶厚度/长度质量/［mm/（kg/m）］</th></tr>
<tr><th>上</th><th>下</th></tr>
<tr><td>棉织物芯层</td><td>CC–56</td><td>56</td><td>1.5</td><td>1.36</td><td>1.5～2</td><td>500～1 400</td><td>3～8</td><td rowspan="9">1.5/1.7
3.0/3.4
4.5/5.1
6.0/6.8
8.0/9.5</td><td rowspan="9">1.5/1.7
3.0/3.4</td></tr>
<tr><td rowspan="5">尼龙织物芯层</td><td>NN–100</td><td>100</td><td>1.0</td><td>1.02</td><td>1.5～2</td><td>500～1 200</td><td>2～4</td></tr>
<tr><td>NN–150</td><td>150</td><td>1.1</td><td>1.12</td><td>1.5～2</td><td>650～1 400</td><td>3～6</td></tr>
<tr><td>NN–200</td><td>200</td><td>1.2</td><td>1.22</td><td>1.5～2</td><td>650～1 400</td><td>3～6</td></tr>
<tr><td>NN–250</td><td>250</td><td>1.3</td><td>1.32</td><td>1.5～2</td><td>650～1 400</td><td>3～6</td></tr>
<tr><td>NN–300</td><td>300</td><td>1.4</td><td>1.42</td><td>1.5～2</td><td>650～1 400</td><td>3～6</td></tr>
<tr><td rowspan="3">聚酯织物芯层</td><td>EP–100</td><td>100</td><td>1.2</td><td>1.22</td><td>≤1.5</td><td>650～1 400</td><td>2～4</td></tr>
<tr><td>EP–200</td><td>200</td><td>1.3</td><td>1.32</td><td>≤1.5</td><td>650～1 400</td><td>3～6</td></tr>
<tr><td>EP–300</td><td>300</td><td>1.5</td><td>1.52</td><td>≤1.5</td><td>650～1 400</td><td>3～6</td></tr>
</table>

QD80 型带式输送机是粮油食品部门输送散粒物料或袋装物料的理想设备，它所用的输送带是轻型橡胶输送带。轻型橡胶输送带的规格如表 3–3 所示。

表 3–3 轻型橡胶输送带的规格

带宽/mm	300	400	500	650	800	1 000	1 200
布层数	4～8	5～8	6～8	7～8	7～8	8～9	8～10
宽度允许公差/mm	±6	±6	±6	±8	±8	±12	±12

注：布层数应根据使用负荷选择，一般为 5～8 层。粮食部门目前采用的带宽范围为 300～650 mm。

橡胶输送带的发展趋势是广泛采用多经线芯层作为带芯的整体结构。它与多芯层橡胶输送带相比，具有整体布层不会剥离、带芯与覆盖胶黏结强度高、纵横方向柔性好、边缘抗磨性能好、带芯抗冲击力强、经向伸长率小等优点。

（3）橡胶输送带的连接

带式输送机工作时，输送带周而复始地循环运动。输送带的连接是影响其使用寿命的最关键问题之一，接头质量直接影响输送带的整体强度。要确保输送带正常运行和节约橡胶，需要选择合适的接头型式，并确保接头质量，保证输送带接头处的抗拉强度、成槽性和挠性不受或尽量少受影响。

橡胶输送带常用连接方法可分为机械连接法和黏合连接法两类，如图 3–7 所示。

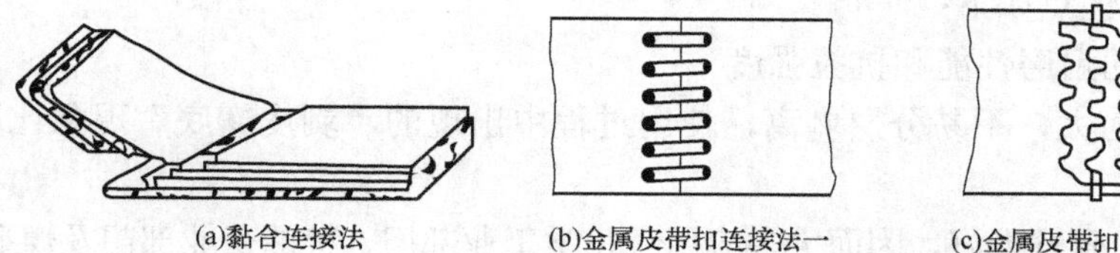

图 3–7　橡胶输送带的连接方式

黏合连接法［见图 3–7（a）］有热硫化法和冷黏合法两种。热硫化法是将橡胶输送带接头部位的帆布层和胶层按一定形式（斜角形、直角形和人字形）和角度剖切成对称的差级阶梯，涂以胶浆，对正接头后使其黏着，然后在一定压力（0.9～2.5 MPa）和一定温度（135～145 ℃）下，加热保温一段时间（25～40 min），经过硫化反应使生橡胶变成硫化橡胶，以使接头部位获得最佳的黏着强度。由于热硫化法不仅需要一套专门的工具，且费时，粮食厂仓一般不用。目前的发展趋势是采用冷黏合法，此法比热硫化法简单易行，将橡胶输送带两端按其帆布芯层切割成斜阶梯形，在不损伤带芯的情况下，用钢丝、砂轮或锉刀除去芯层表面的残胶，并用汽油或四氯化碳、甲苯清洗干净，然后涂上胶粘剂（橡胶输送带制造厂负责提供）并互相对齐，放在螺杆加压板上进行固化即可。螺杆加压板的压力约 3 N/cm^2，固化时间随气温而异，常温下，一般为 5～7 h。黏合接头具有较高的使用强度（为橡胶输送带强度的 85%～90%）；能防止带芯腐蚀，输送带使用寿命长；接头光滑且无间隙，输送带运行平稳，无冲击，挠性、成槽性好。但该法费用较高，接头时间长。总的看来，硫化法是较为理想的方法，应优先采用。对于输送量大、输送距离长的输送机，应尽可能采用黏合连接法。

机械连接有多种形式，应用最广泛的是金属皮带扣连接［见图 3–7（b）、（c）］，所用的连接件为皮带扣，操作时要保证橡胶输送带端面与橡胶输送带纵向严格成直角，以免橡胶输送带运行时跑偏，甚至被撕裂；对槽形带，接头皮带扣也应相应分段，以保证接头处成槽性良好。盖板连接时所用连接件为铜制或钢制片盖板，接头平整，成槽性好，但挠性差。机械连接法操作时间短，操作简便，费用低，但接头强度低（仅为橡胶输送带强度的 35%～40%），接头处带芯易受物料和环境影响，接头表面不平，易被刮板清扫器卡阻，物料细粒可能从接缝中漏出，接头重量大，运行时易产生冲击的噪声。

橡胶输送带产品规格的统一标记方法是：

$$B \times i \times (\delta_1 + \delta_2) \times L_0$$

式中：B——橡胶输送带宽度，mm；

i——橡胶输送带的芯层数；

δ_1——上覆盖层厚度，mm；

δ_2——下覆盖层厚度，mm；

L_0——橡胶输送带长度，m。

2）塑料输送带

塑料输送带是一种新型输送带，它用塑料代替橡胶，有多层芯和整芯两种。多层芯塑料输送带和普通橡胶输送带相似，强度为 56 N/（mm・层）；整芯塑料输送带以维尼纶–棉纺织物或纯维尼化编织成整体平带芯，用聚氯乙烯塑料作覆盖物。整芯塑料输送带制造工艺简单、生产率高、质量好、成本低。

塑料输送带的优点如下：

① 具有较高的耐磨性能和抗拉强度

② 层间附着力大，不易分层剥离，使用过程中出现的“剥皮露底”现象比橡胶输送带少得多。

③ 耐油、酸、碱性能好，因而大多应用于化学工业部门、粮油工业部门及煤矿井下等处。

塑料输送带的缺点如下：

① 对气候变化的适应性较差，夏天变软伸长，冬天变硬收缩。

② 耐热性差，在日晒和高温中易老化。

③ 输送倾角大时物料易打滑。

塑料输送带的接头方式有机械连接和塑化连接两种。塑料输送带机械连接与橡胶输送带相似，连接强度较低（强度验算时安全系数取为18）。塑化连接时，将整芯拆散，相互编织打结连接，再在接头处覆以塑料片，加热加压将带端连接起来。塑化接头强度可达带芯强度的75%～80%（安全系数取为9），并可防止带芯外露，工艺也不复杂，应优先选用该法。

使用塑料输送带时，周围环境或物料温度的适宜值为−5～60 ℃，应避免尖利器物的碰撞，注意与火源隔离在1 m以上。塑料输送带的运行速度不宜过大，一般以2～2.5 m/s为宜，其驱动滚筒的直径，原则上与等强度的橡胶输送带相同。

3）钢绳芯输送带

钢绳芯输送带用钢丝绳做带芯，用橡胶做覆盖物。带芯钢绳用高碳钢钢丝捻制，常用结构为7×7（6股1芯，每股7根钢丝），钢绳直径为1.2～9.5 mm，钢绳要镀铜或镀锌，以保证钢丝绳与橡胶之间有较大的黏着力，同时该镀层能在输送带覆盖胶损坏、钢绳露出时起防锈保护作用。钢丝绳采用左右旋两种形式，在输送带中相间排列，以保证输送带在承受拉力时表面不扭曲。

钢绳芯输送带的主要优点是：带芯抗拉强度高（比同规格的布织橡胶输送带大10～15倍），伸长率很小（为0.1%～0.5%），成槽性好，耐疲劳和抗冲击性能好，与同样强度的橡胶输送带比可采用较小直径的滚筒，接头寿命长。其缺点主要是：横向强度低，价格较高。

钢绳芯输送带主要用于单机长度大、生产率高的带式输送机，经常用在所需工作张力超过织物输送带张力范围的地方，或用在受拉紧行程限制、不能适应织物输送带长度变化的设备上。

钢绳芯输送带采用热硫化法连接。要求接头中相互排列的钢绳端头间必须有足够的空隙，以容纳另一端的钢绳端头。接头的长度必须保证张力从一根钢绳芯通过在其周围围抱的橡胶传递给输送带另一端的钢绳芯端头。接头处的钢绳按错位对接或搭接的方式布置在生胶中，硫化后依靠钢绳与其周围橡胶间的黏着力传递拉力，接头强度可达带芯强度的85%～90%。

3.2.2 驱动装置

驱动装置是带式输送机的动力部分，它将原动机的动力传递到驱动滚筒轴上，利用驱动滚筒表面与橡胶输送带间的摩擦力提供牵引力，以克服输送运行中所遇到的各种阻力。它主要由电动机、传动装置（用减速器或三角带传动减速）、滚筒、控制系统和安全装置等组成。

目前常用的带式输送机驱动装置可分为外部驱动和内部驱动两种，其中油冷式电动滚筒是一种新型内部驱动装置，图3－8为TDY75型油冷式电动滚筒结构示意图。

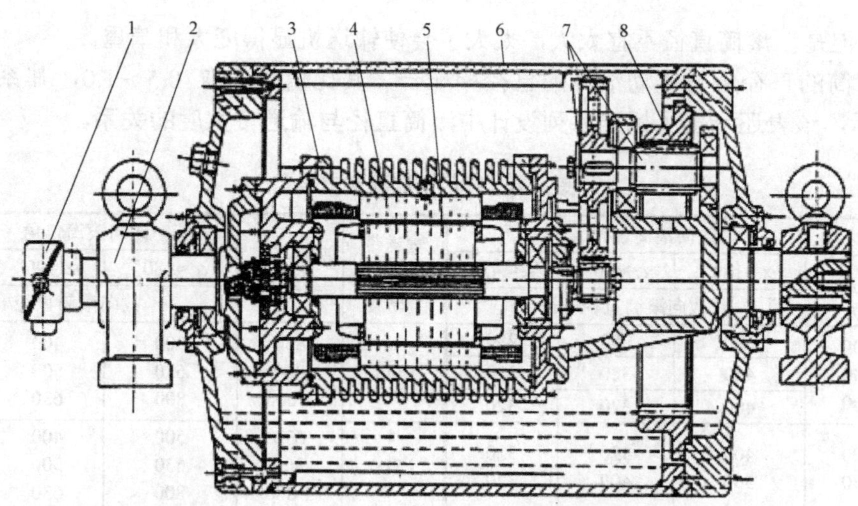

1—接线盒；2—轴承座；3—电动机外壳；4—电动机定子；5—电动机转子；6—滚筒外壳；7—正齿轮；8—内齿圈。

图 3-8　TDY75 型油冷式电动滚筒结构示意图

1. 滚筒的作用和分类

带式输送机的滚筒按作用可分为驱动滚筒和改向滚筒两大类。驱动滚筒是传递动力的主要部件，驱动滚筒多为转轴式，它的轴承座安装在机座上，滚筒壳体通过轮辐固定在轴上，借助于其表面与输送带间摩擦力使输送带运行。驱动滚筒可以采用光面，也可在其表面覆盖一层橡胶层，以提高输送带与驱动滚筒表面间的摩擦系数。

改向滚筒也称导向滚筒，多为定轴式，定轴固定在机座上，轴承座装在轮毂与固定轴之间。改向滚筒均为光面滚筒，用于改变输送带的运行方向。改向滚筒分别用于 180°、90° 和小于 45° 的改向。180° 改向多用于输送机尾部或上拉紧滚筒，90° 改向用于垂直拉紧装置上部的改向滚筒，45° 改向仅用作增面滚筒（以增大输送带在驱动滚筒上的包角）。

滚筒按材料可分为钢板焊接滚筒和铸造滚筒。滚筒外表面的几何形状有鼓形、圆柱-圆台形和圆柱形，如图 3-9 所示。滚筒工作表面常制成鼓形（中间凸起），这是防止输送带跑偏的措施之一。

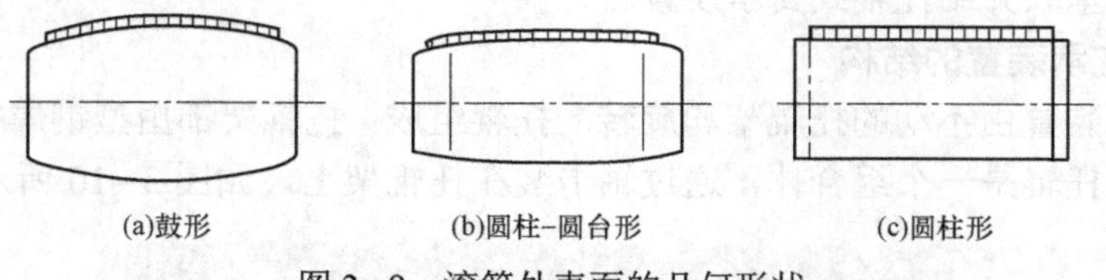

(a)鼓形　　(b)圆柱-圆台形　　(c)圆柱形

图 3-9　滚筒外表面的几何形状

2. 滚筒尺寸的确定

1）直径的确定

滚筒直径的大小，关系到输送带的磨损速度和因反复弯曲引起的层裂程度，直接影响输送带的使用年限。适宜的滚筒直径，能使输送带在一定张力作用下，绕过滚筒时带芯层之间的各种应力低于黏合物的疲劳强度，对保护输送带有利。滚筒直径越大，输送带压向滚筒的面积越大，输送带在滚筒上的弯曲程度越缓和，芯层间的剪切应力越小，由此而引起的层裂现象越轻。但是，滚筒直径不宜太大，太大了会使输送机显得庞大和笨重。

改向滚筒的直径应与驱动滚筒的直径相配合，其比值一般取 0.5～1.0，其系列尺寸如表 3–4 所示，该表还示出了标准系列设计中滚筒直径与输送带宽度的关系。

表 3–4　常用滚筒配套直径

输送带宽度/mm	驱动滚筒直径/mm	改向滚筒包角（α） 改向滚筒直径/mm $\alpha\approx180°$	 $\alpha\approx90°$	 $\alpha<45°$	输送带宽度/mm	驱动滚筒直径/mm	改向滚筒包角（α） 改向滚筒直径/mm $\alpha\approx180°$	 $\alpha\approx90°$	 $\alpha<45°$
300	400	320	250	250	1 000	630	500	400	400
400	500	400	320	320		800	630	500	400
500	500	400	320	320		1 000	800	630	500
650	500	400	320	320	1 200	630	500	400	400
	630	500	400	320		800	630	500	400
						1 000	800	630	500
800	500	400	320	320	1 400	800	630	500	500
	630	500	400	320		1 000	800	630	500
	800	630	500	400		1 250	1 000	800	630

注：移动式胶带输送机的滚筒配套直径一般为表列值的 0.7～0.8 倍。

2）长度的确定

滚筒长度 L 应比输送带宽度 B 大一些，一般取：

$$L=B+（60\sim100）\text{mm}$$

上式中，L、B 的单位均为 mm。

3.2.3　支承装置

1. 支承装置的作用和分类

支承装置用来承托输送带和物料的重量，并用以减少输送带下垂的垂度，对输送带有一定导向作用，保证输送带的正常工作。

支承装置分托辊式、导轨式、气垫式、液垫式和磁垫式几种，在粮油仓中常用的是托辊式支承装置。这里只介绍托辊式支承装置。

2. 托辊式支承装置的结构

托辊式支承装置由不动的托辊架和旋转的托辊组成。托辊架都由型钢焊接而成，用螺栓固定在机架上。托辊是一个组合体，通过轴卡装在托辊架上，如图 3–10 所示。

图 3–10　托辊

托辊一般由辊筒、心轴、轴承座、滚动轴承、压盖、轴承盖和弹簧等组成。辊筒常用无缝钢管制成，轴承座用优质薄钢板冲压而成，也有用铸铁加工而成。

胶带输送机的托辊支承装置形式很多。根据托辊位置分为上托辊和下托辊。上托辊输送散粒物料时多用槽形托辊，输送包装物料的上托辊或下托辊均用平直形托辊。支承装置如图 3-11 所示。

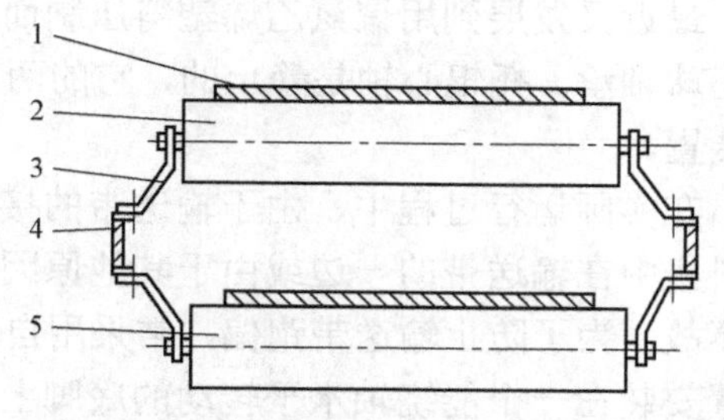

1—输送带；2—上托辊；3—托辊架；4—机架；5—下托辊。

图 3-11　支承装置

图 3-12 为托辊支承装置的常见形式。单辊的平直支承装置如图 3-12（a）、图 3-12（b）所示，它们是用来作为承托散装物料胶带输送机的无载分支，或者用作包装物料胶带输送机有载分支的支承装置。槽形支承装置如图 3-12（c）～图 3-12（f）所示，是用来支承输送散装物料时的有载分支。其中图 3-12（c）是单节槽式支承装置，这种形式结构简单，易于制造，其主要缺点是由于托辊两端和中间的直径不同，在同样的转速下产生的线速度不一样，因此输送带和托辊之间有相对滑动摩擦，容易磨损输送带，故不宜推广使用。图 3-12（d）是双节槽式支承装置，它由两个倾斜角为 15°～20°的托辊组成，这种形式与三节式相比可节省一个托辊，因而可以简化结构、减轻机重，适用于输送量不大、输送距离较短的输送机，但其缺点是由于负荷很重的中间部位没有支撑，易造成输送带中间折裂，故不适用于输送带宽和输送量大的输送机，同时，由于它的支承点在两侧，当输送距离远时，其横向稳定性较差。图 3-12（e）、图 3-12（f）是三节槽式支承装置，均由两个倾斜托辊和一个水平托辊和托辊架组成。这种形式，由于两侧和中间都有支承托辊，故可承受较大的输送量，且工作平稳。两侧倾斜的托辊倾斜角可为 30°。为了增大槽形，将倾斜角增大，使输送带成为深槽形或 U 形。实践证明，倾斜角以 45°为最好，这种深槽形支承装置使输送带装粮多，不易撒粮。同时，对于同样宽度的输送带，输送量比原来增加很多，且功率消耗增加不多。但它的输送带弯曲较严重，因此输送带不宜太厚。

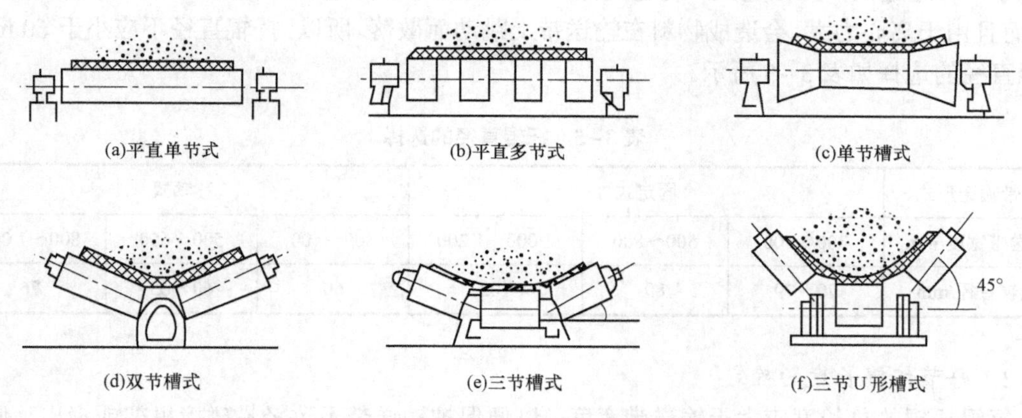

图 3-12　托辊支承装置的常见形式

最近又发展到用聚氯乙烯塑料压制而成的支承装置，它的滚动轴承多数用轻窄系列单列向心球轴承。托辊心轴是静止的，它的两端铣成扁平形，卡在支架的凹槽内。托辊两端有密封装置。

在实际运行过程中，由于输送带的接头连接不良，头、尾轮和支承装置安装不够精确，物料集中在输送带的一边或由于其他原因，都会使输送带跑偏，甚至从托辊上滑出，造成生产事故。为了防止输送带跑偏，常采用自动调心支承装置（见图 3–13），它是将普通的支承装置安装在一个能绕轴水平转动的底脚上，在紧靠两倾斜托辊外面，各装置一个旁导辊，旁导辊与侧托辊构成直角。输送带在正常工作时，旁导辊在输送带的外侧并不与它接触，当输送带跑偏时，即与一侧旁导辊接触，给旁导辊以正压力和摩擦力，这两个力的合力作用，使整个托辊架转动一个角度，输送带沿运行方向所产生的力可分解成使托辊支架绕心轴转动的力和使托辊支架轴向移动的力。由于托辊支架是固定的，不能做轴向移动，因而托辊作用给输送带的反力促使输送带复位。当旁导辊的正压力和摩擦力消失后，整个支承座架也回到正常位置。调心支承装置适用于较长的固定式胶带输送机，一般每隔 10 m 安装一个。但要注意，不得把旁导辊直接安装在固定的支承装置上，若用此法来防止输送带的跑偏与滑出，反而会造成输送带边缘的损伤，缩短输送带的使用寿命。

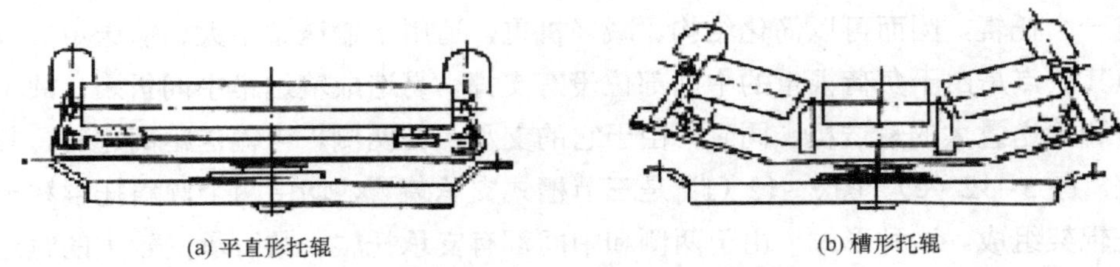

(a) 平直形托辊　　(b) 槽形托辊

图 3–13　自动调心支承装置

3. 托辊式支承装置的选择

1）托辊直径的选择

托辊尺寸，其直径与输送带宽度有关。在相同带速下，托辊直径与其转速成反比，即直径越小，转速越高；直径越大，转速越低。但托辊转速不得超过 300 r/min，否则不仅增加磨损，而且由于离心力大，会造成物料在输送带上跳动而散落。所以，托辊直径不应小于 60 mm。托辊直径的选择如表 3–5 所示。

表 3–5　托辊直径的选择

胶带输送形式	固定式			移动式		
输送带宽度/mm	300～400	500～800	1 000～1 200	300～400	500～650	800～1 000
托辊直径/mm	70～79	89	102	60	60～65	76

2）每节托辊长度的确定

每组托辊的总长度应大于输送带宽度，以便保护输送带不致轻易碰撞机架或滑出，使输送带稍有横向移动的余地。具体数据按以下式分别计算：

单辊平直支承装置每节长度：　$L=B+（50\sim100）mm$　　（3–1）

双辊槽形支承装置每节长度：　$L=（0.6\sim0.65）B$　　（3–2）

三辊槽形支承装置每节长度：　$L=（0.38\sim0.4）B$　　（3–3）

式中：L——每节托辊的长度，mm；

B——输送带宽度，mm。

3）*支承装置安装间距的确定*

支承装置的安装间距过大，输送带就会下垂，输送带通过托辊时就会跳动，阻力增大，输送带的磨损和动力消耗也增大，输送带上的物料就会由于离心力的作用而被抛出输送带。但若支承装置间距过小，会使支承装置数量增多，机重增加，成本增大，动力消耗大。

对于密度 $\rho<1\ t/m^3$ 的物料，一般可采用下列公式计算：

承载分支（上支承）的支承装置间距：

$$L_{上}=1\,750-0.625B \tag{3–4}$$

无载分支（下支承）的支承装置间距：

$$L_{下}=2L_{上} \tag{3–5}$$

式中：B——输送带宽度，mm。

支持装置间距也可按表 3–6 选用，然后校验。

在进料端，支持装置间距缩小一半，以适应物料的冲击，一般可取 400～600 mm。

表 3–6　支承装置的间距　　单位：mm

输送带宽度	300	400	500	650	800	1 000	1 200	1 400～1 600
承载分支的支承装置间距	1 500	1 500	1 500	1 400	1 400	1 300	1 300	1 200
无载分支的支承装置间距	3 000	3 000	3 000	2 800	2 800	2 600	2 600	2 500

对于输送散粮的槽形带，在进入、离开滚筒时，有一个槽形变平行、平行变槽形的过程。在这个过程中，输送带的边缘被拉长，会出现应力集中的不利情况。解决方法可从两个方面着手：一方面，可以降低滚筒，使其上表面线与槽形带半高位置平齐；另一方面，使滚筒与邻近的一个支承装置保持适宜距离 L。这些对缓和上述的情况是有益的。L 确定见式（3–6）、式（3–7）。

侧托辊倾角为 30° 的槽形带：

$$L\geqslant1.18B \tag{3–6}$$

侧托辊倾角为 45° 的槽形带：

$$L\geqslant1.68B \tag{3–7}$$

式中，B 为输送带宽度，mm。

尾轮到第一组平直形支承装置间距约 400 mm。

输送包装物料时，承载分支支承装置间距约为料包长度的三分之一；无载分支支承装置间距为 2 500～3 000 mm。

3.2.4 张紧装置

1. 张紧装置的作用

① 保证输送带有足够的张力，以使输送带和驱动滚筒间产生足够的摩擦力，避免牵引力不足引起输送带在驱动滚筒上打滑。

② 保证输送机的加料点和其他各点输送带具有适当的张力，限制输送带下垂度，保证正常输送。

③ 消除或补偿输送带长度的变化。

2. 张紧装置的类型

张紧装置，就其工作原理来说，有螺杆式张紧装置、重力式张紧装置和动力式张紧装置。也可按操作方式将张紧装置分为手动张紧装置和自动张紧装置。常用的张紧装置有螺杆式张紧装置、重锤式张紧装置和固定绞车式张紧装置等。

1）螺杆式张紧装置

螺杆式张紧装置如图 3-14 所示。其优点是结构简单紧凑、重量轻、费用低、占用空间小、不增加输送带弯曲次数。缺点是需采用手动方式定期调整，而输送带张力在工作过程中是不断变化的，故此张紧装置所产生的输送带张力往往总是过高或过低，偶然过载时没有自动调节的可能性，工作时操作人员须依其工作经验，及时做出适当的调整；同时，该张紧装置调节范围小。因此，这种张紧装置仅推荐用于因空间限制不能使用自动张紧装置的地方，或者用在张紧条件要求不高的较短的轻型带式输送机上，通常用于移动式带式输送机或机长在 80 m 以下的固定式输送机上。

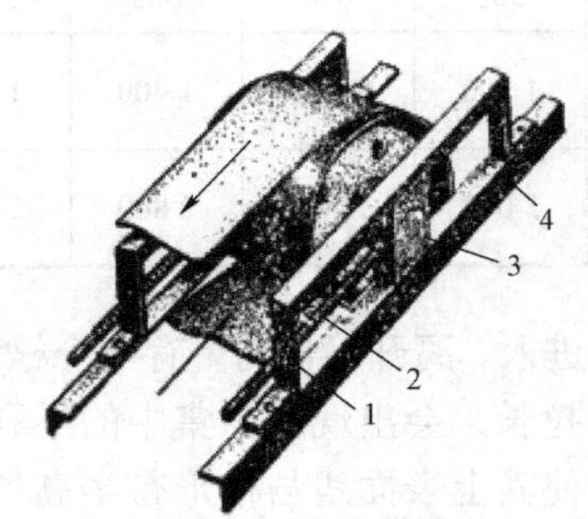

1—螺母；2—螺杆；3—滑块；4—导轨。

图 3-14 螺杆式张紧装置

2）重锤式张紧装置

常用的重锤式张紧装置有水平小车式和垂直导架式。水平小车式张紧装置如图 3-15 所示。它设在输送机的尾部，张紧滚筒安装在小车上，小车被重锤牵引沿水平或倾斜轨道移动，从而张紧输送带。这种装置结构简单可靠，可以较准确地保持输送带张力为定值，且调节范围较大，同时不需要另设张紧滚筒，不增加输送带弯曲次数。该装置能够自动地保证输送带张力恒定，自动地补偿由于温度改变、伸长和磨损而造成的牵引构件（输送带）长度的变化，同时能在偶然过载时降低输送带的高峰载荷值。其缺点是结构比较庞大，有时会产生跳动现象。水平小车重锤式张紧装置适用于长距离、大功率的输送机。

垂直导架式张紧装置如图 3-16 所示，它主要由三个滚筒组成，即由两个固定的改向滚筒和一个活动的张紧滚筒组成。张紧滚筒在重锤重力作用下可沿垂直导架移动，通过张紧无载分支使输送带保持必要的张力。该装置的优点是工作平稳、可靠，可以利用输送机走廊的空间，便于布置；缺点是结构复杂，检修麻烦，改向滚筒数目多，增加了输送带弯曲次数，且物料易落入输送带与张紧滚筒之间而使输送带损坏或物料破碎。采用该装置的先决条件是输送机下方有足够的空间，能足以放置考虑了张紧行程的悬挂的张紧滚筒和重锤。

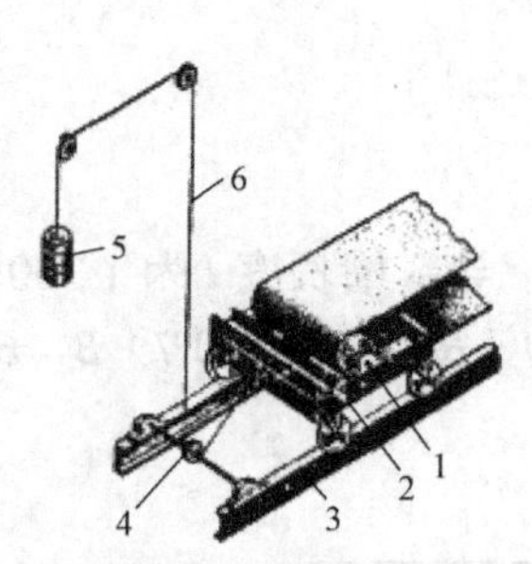

1—张紧滚筒；2—小车；3—轨道；4—滑轮；5—重锤；6—钢丝绳。

图 3–15　水平小车式张紧装置

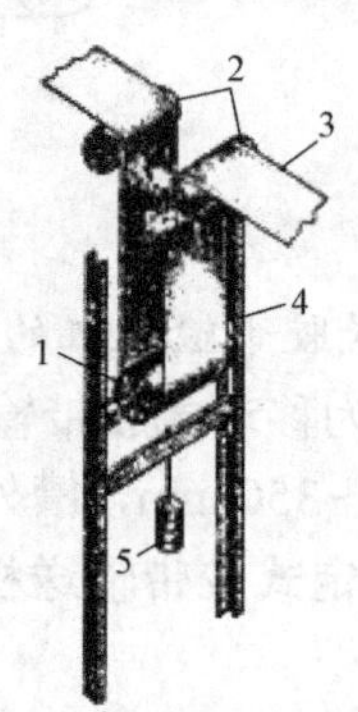

1—张紧滚筒；2—改向滚筒；3—输送带；4—导轨；5—重锤。

图 3–16　垂直导架式张紧装置

3）固定绞车式张紧装置

固定绞车式张紧装置是把用来张紧的钢丝绳一端固定在张紧滚筒轴上，另一端连接在绞车上，用绞车把钢绳拉紧，达到张紧输送带的目的。现在很少使用这种装置。

3.2.5　进料装置

1. 进料装置的作用与要求

当物料直接流到输送带上时，由于物料流动速度的大小和方向与输送带不一致，必然存在相对运动，会造成物料的飞溅抛撒；同时，还会造成对输送带的冲击和磨损。为此，应设置进料装置以缓和物料流动，对粮流进行导流，以防止粮粒的抛撒。因此要求物料从尽可能低的位置下落到输送带的中心部位；进料方向尽可能和输送带运行方向一致；进料的速度要接近输送带的运行速度；进料量要保证均匀地定量供给。

2. 进料装置的类型

进料装置按被输送物料的性质和输送机的形式而定。包装物料可用滑槽进料或直接将其装载到输送机上，散装物料需要用进料斗进料。

1）固定式胶带输送机的进料斗

图 3–17 为固定式胶带输送机的进料斗。进料斗下部与由两块导板组成的导料槽相连，导板与输送带之间有一定间隙，并通过胶布与输送带接触，以防输送带磨损。进料斗可用薄钢板或木板制成，并固定在机架上。此种进料斗的尺寸要求为：漏斗后座下端的 b 点较前座 a 点伸出约 50 mm，以避免 a 点处的粮粒直接落入输送带；漏斗后座的倾角 α 应较粮粒对漏斗板座的摩擦角大 5°～10°，以避免粮粒滞留在斗座上；两导板之间的距离 B_1 是输送带宽度的 0.6～0.7 倍，导板高度 300 mm，导板长度 1 400～2 000 mm，以便粮粒有时间完成随输送带一起流动的加速过程。

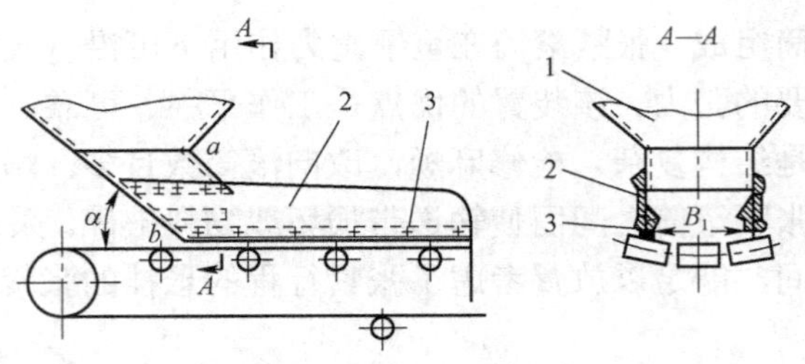

图 3-17 固定式胶带输送机的进料斗

2）移动式胶带输送机的进料斗

图 3-18 为移动式胶带输送机的进料斗。图 3-18 中，导料槽长度 l 为 1 300～1 700 mm，高度 h 为 300～350 mm，槽外宽度 B_2 为机架宽，槽内宽度 B_1=（0.6～0.7）B，B 为输送带宽度。短距离固定式胶带输送机有时也采用此种进料斗。

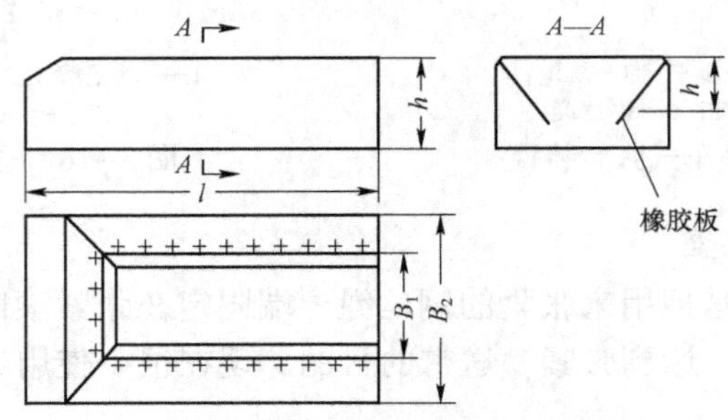

图 3-18 移动式胶带输送机的进料斗

目前，为了减少物料进入输送带时的灰尘飞扬，常在上述装置的顶上加装外罩吸气管进行除尘，故进料装置可将漏斗改为溜管，如图 3-19 所示。

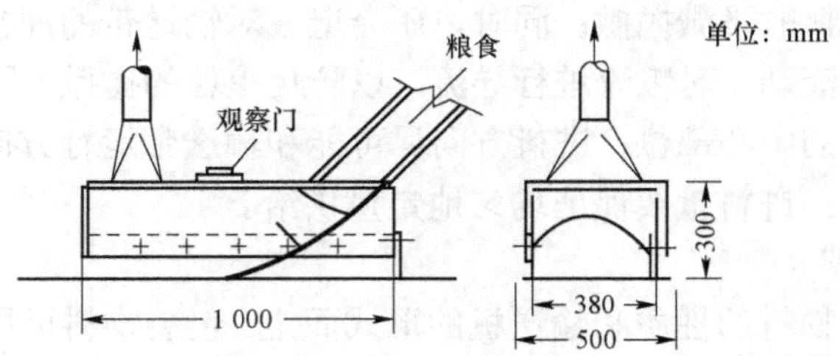

图 3-19 进料端采用吸尘装置和溜管

3.2.6 卸料装置

1. 卸料装置的作用与要求

使用卸料装置的目的在于：方便卸尽物料；所卸的物料或粮包不得受到损伤；有利于后续作业机的工作。所以要求所卸物料集中、平稳地落下，避免物料飞溅、抛撒，对粮包应避免冲击地面引起炸包。

2. 卸料装置的类型

卸料装置分末端卸料和中间卸料两种，中间卸料又分为挡板卸料和卸料小车卸料。

1）末端卸料装置

末端卸料装置如图3-20所示。输送粮包，可在头部滚筒处装置一倾斜淌板，淌板倾斜角大于粮包对淌板的摩擦角5°～10°。卸散粮，可采用卸料斗，卸料斗形状应与物料抛出的轨迹相适应。如果轨迹落点远，而卸料斗尺寸又太小，则卸料斗内座受物料冲击，会很快磨损，一般用部分粮粒做开机试验，观察物料实际飞行的情况来确定，也可以从物料飞行的抛物线来确定。

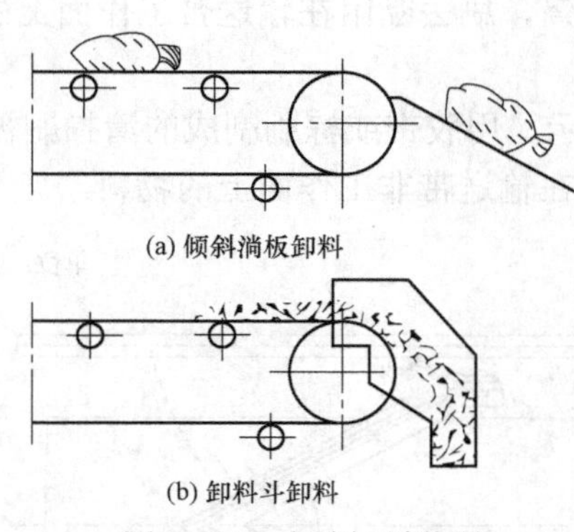

(a) 倾斜淌板卸料

(b) 卸料斗卸料

图3-20　末端卸料装置

2）中间卸料装置

（1）挡板卸料

输送包装物料的固定式输送机，需要在中途卸料时，常采用挡板卸料。在一般情况下，挡板与输送带的纵向轴线的倾斜角为30°～45°。

（2）卸料小车卸料

输送粒状物料的固定式输送机，需要在中间卸料时，须用卸料小车。卸料小车是在一辆能沿着输送机机架移动的小车上安装两个改向滚筒，使输送带在改向滚筒上绕成S形，如图3-21所示。物料在上部滚筒上卸料，由卸料斗承接后，从输送带的两侧用溜管引出。卸料小车在卸料车架上移动的方法有手动式、摩擦驱动式和电动式三种。卸料小车使用方便，可以随处卸尽物料，但外形尺寸大，结构较复杂，输送带弯曲次数较多，阻力增大。

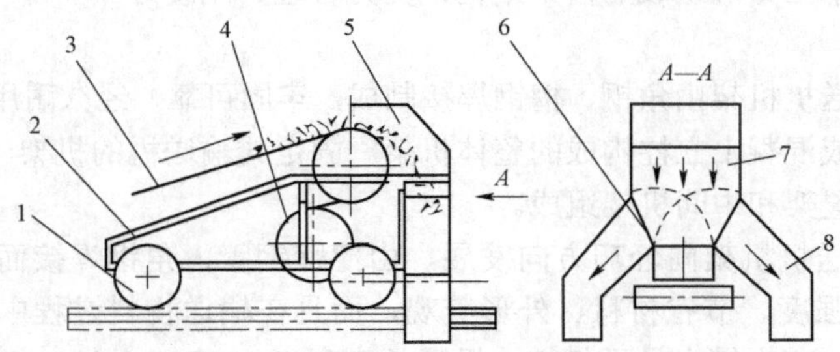

1—走行轮；2—卸料车架；3—输送带；4—改向滚筒；5—卸料料筒；6—排料活门；7—卸料斗；8—溜管。

图3-21　卸料小车卸料

3.2.7　清扫装置

1. 清扫装置的种类和作用

清扫装置有两种：安装在端部滚筒处称为端部清扫器，用以扫除卸料后仍黏附在输送带工作面上的物料；安装在尾部滚筒前的称为空段清扫器，用以扫除输送带非工作面上的物料，以防止物料顺着输送带运行而进入滚筒与输送带之间，损坏输送带，造成物料破碎。

2. 端部清扫器

端部清扫器由帆布带或胶带制成的清扫刷、扁钢制成的摇臂和重块、清扫器轴等组成。利用重块使清扫刷紧贴端部滚筒，刷去黏附在输送带工作面上的物料。

3. 空段清扫器

空段清扫器如图 3-22 所示，用胶带或棕刷制成的清扫刷被固定在人字形角钢上，再通过扁钢与机架连接，以清除落在输送带非工作面上的物料。

单位：mm

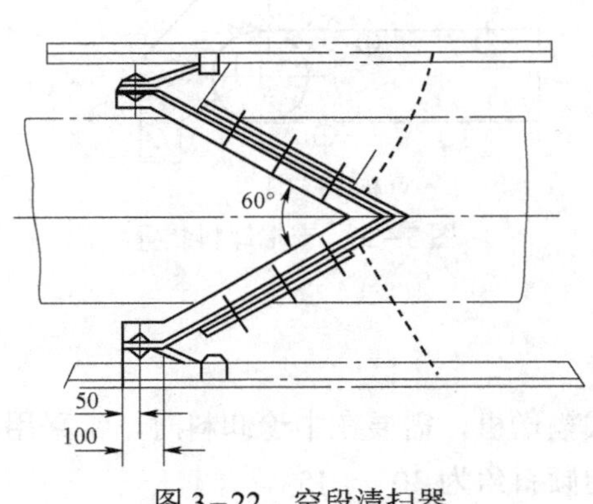

图 3-22　空段清扫器

3.2.8　机架

1. 机架的作用与要求

机架承受整个输送机的重量，并使其他多个部件具有确定的安装位置。因而要求牢固可靠、制造容易、结构轻巧、便于操作。

机架多采用若干三角形组成的桁架结构，受力合理，刚度好。

2. 机架的类型

固定式胶带输送机机架由角钢、槽钢焊接制成，牢固可靠，经久耐用。也有用角钢或槽钢作纵梁，用砖柱或混凝土立柱构成的整体机架。固定式输送机的机架一般由驱动装置架、驱动轮架、张紧装置架和中间机架组成。

移动式胶带输送机机架向轻巧方向发展，由薄壁钢管、角钢焊接而成。钢管用作机架材料，不仅能保证强度、节省材料、外形美观，而且在输送物料过程中抛撒出来的物料不容易积存在机架上，灰尘等也易于打扫。机架长度有 5 m、7 m、8 m、10 m、12 m 和 15 m 等几种规格。

3.2.9　安全装置

1. 安全装置的种类和作用

对于倾斜式胶带输送机，输送物料时，若电动机因故停止工作，输送带由于输送物料的重力作用可能产生反向运动而逆转，为了防止这种反向运动，常在驱动装置处设置安全装置。常用的安全装置有带式制动器和滚柱逆止器。

2. 带式制动器

带式制动器如图 3-23 所示，它将带条的一端固定在机架上，另一端放在输送带的空载回行段内，并使其尽可能接近滚筒。输送机工作时，带条与输送带逆向运动，使带条离开滚筒；若电动机停止工作，使输送带在物料重力作用下反向运动，则带条就被卷入滚筒与输送带之间，使输送带的反向运动停止。带式制动器结构简单、造价低，在输送机平均倾角小于 18° 时制动较可靠。但它制动时胶带必须先倒转一段，而且驱动轮直径越大，倒转距离越长。

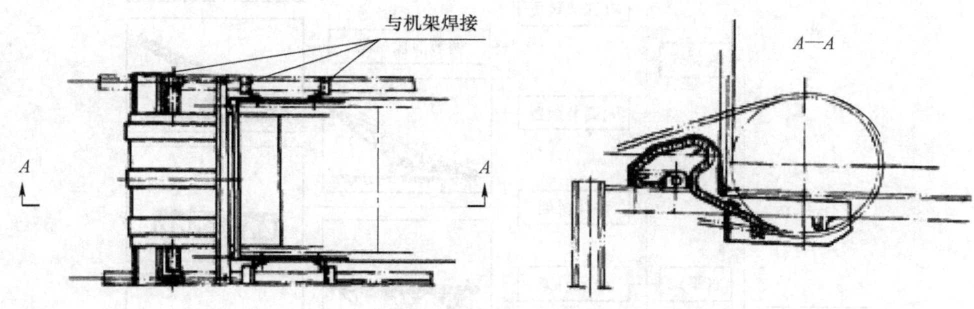

图 3-23　带式制动器

3. 滚柱逆止器

滚柱逆止器如图 3-24 所示。在输送机正常工作时，滚柱处在棘轮切口最宽处，因此它不妨碍棘轮的运转。当输送机停车时，在物料重力作用下，输送带逆转，棘轮也跟着逆转，滚柱被带入固定圈与棘轮切口狭窄处，滚柱被卡住，输送带就停止逆转。这种制动器工作非常可靠，并已系列化，可按减速器进行选配，最大制动力矩为 47.5 kN・m。

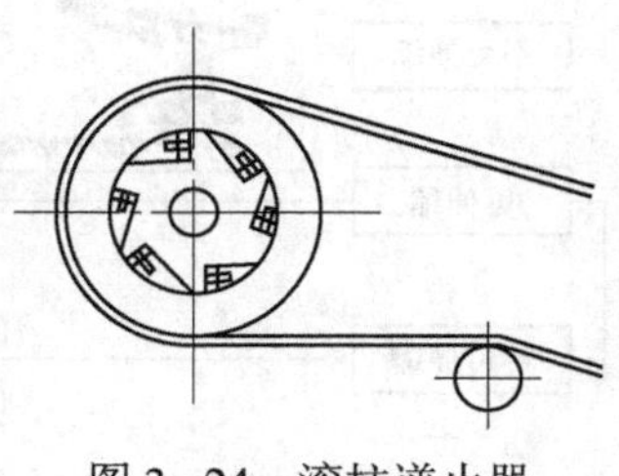

图 3-24　滚柱逆止器

3.3 移动式胶带输送机

移动式胶带输送机是一种应用广泛的装卸输送设备。它机动性强，使用效率高，能及时布置输送作业线，达到装卸要求。此类机型机身长一般不超过 15 m，均采用末端卸料和槽型支承装置。

3.3.1 常见类型

作业需要不同，移动式胶带输送机的结构也不同。移动式胶带输送机常见类型如图 3-25 所示。

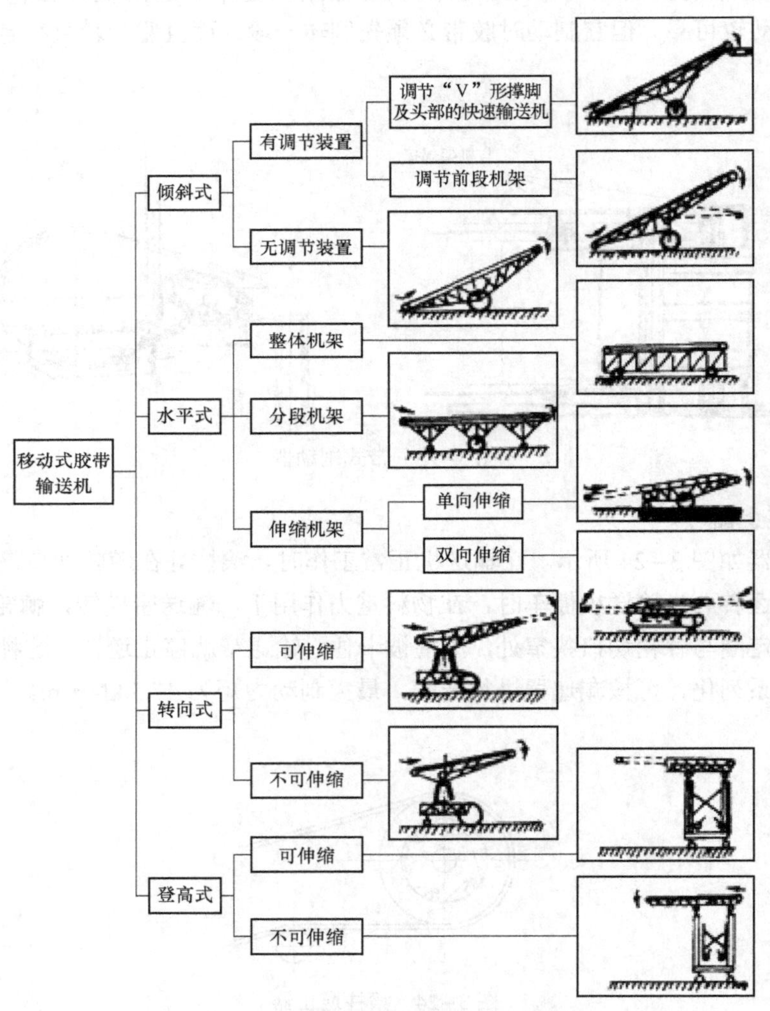

图 3-25 移动式胶带输送机常见类型

1. 倾斜式胶带输送机

此类胶带输送机具有可调节的“V”形撑脚、可调节的前段机架，能调节输送机的倾角。

有的机型是在卸料端再增加一较快速的短胶带输送用于抛料。抛料装置能自转 180°，这样使抛物面大大增加，因而可用作高仓进仓设备。图 3-26 是高抛输送机的结构。

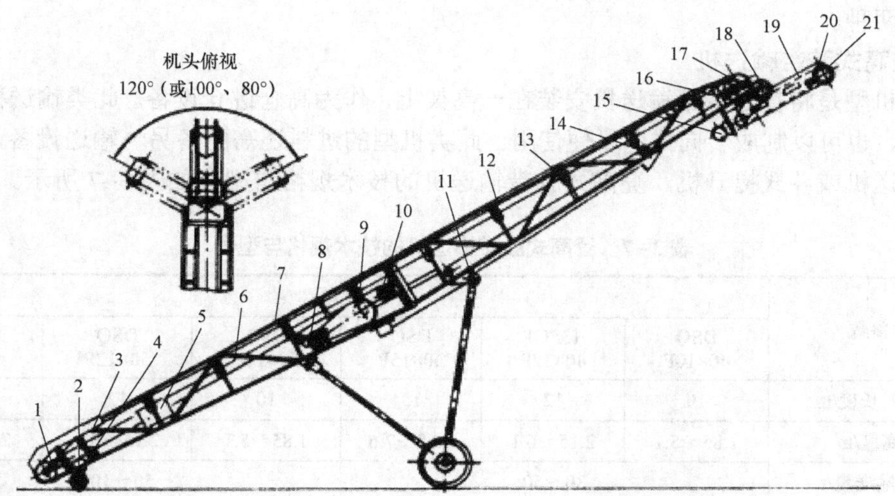

1—主机张紧装置；2—万向走轮；3—进料斗；4—清扫器；5—按钮箱；6—花纹胶带；7—后机架；8—主机驱动装置；9—防护罩；10—导向装置；11—升降装置；12—机架；13—槽形支承装置；14—平直支承装置；15—抛运驱动装置；16—抛运机转盘；17—接料槽；18—自动摆头机头；19—抛运机箱体；20—抛运张紧装置；21—抛运胶带。

图 3-26　高抛输送机的结构

2. 转向式胶带输送机

此类机型的机身可以旋转 360°，还可以升降，故作业面大大增加。此类机型是将一普通胶带输送机安装在一种转向机构上（见图 3-27），是一种较好的进仓设备。

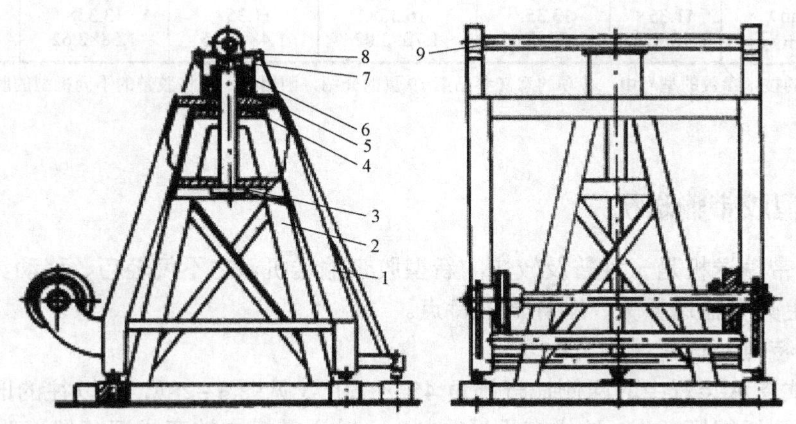

1—转塔；2—定塔；3—固定心轴；4、6—单列止推球轴承；5—单列向心球轴承；7—垫木；8—滑动轴承座；9—中心轴。

图 3-27　转向机构

3. 水平式胶带输送机

此类机型的胶带输送机分整体机架、分段机架和伸缩机架 3 种，后者的机身可以在一定范围内伸长或缩短，常用于联合作业时调节作业线长度或起衔接作用，其伸缩有单向伸缩和双向伸缩两种。

4. 登高式胶带输送机

此类机型是将普通胶带输送机安装在一高架上，作为高仓进仓设备。此类输送机可以制成伸缩式，也可以制成转向式，以便使用。此类机型的进料还需配备另一输送设备，如倾斜式胶带输送机或斗式提升机。登高式胶带输送机的技术规格与型号如表 3–7 所示。

表 3–7　登高式胶带输送机的技术规格与型号

技术参数	型号					
	DSQ 40×10F	13SC1 40×12P	DSQ 40×15P	DSQ 50×10P	DSQ 50×12P	DSQ 50×15P
主机有效长度/m	10	12	15	10	12	15
输送高度/m	1.85～5.1	2.15～6.1	2.65～7.6	1.85～5.1	2.15～6.1	2.65～7.6
每小时输送量/t	30～50			50～100		
花纹胶带规格*	400×2×（3+1.5）			500×3×（3+1.5）		
抛运胶带规格*	300×2×（1.5+1.5）			400×2×（1.5+1.5）		
胶带线速/（m/s）	主机 2.5、抛运机 5					
主机驱动滚筒直径/mm	192			250	320	
其余滚筒直径/mm	159			192		
抛运动力配备/kW	1.1			1.5		
主机动力配备/kW	3.0		4.0	3.0	4.0	
最大水平输送距离/m	17.5	19.5	23.5	17.5	19.5	23.5
适宜使用的仓房跨度/m	6～16	12～18	15～20	6～16	12～18	15～20
外形尺寸［（长/m）×（宽/m）×（高/m）］	11.35×1.48×2.35	13.35×1.58×2.62	16.35×1.78×3.02	11.35×1.48×2.35	13.35×1.58×2.62	16.35×1.78×3.02

注：带“*”的技术参数的型号中，各项的意义参见第 19 页的介绍，因用同一规格胶带的不同机型的胶带长度不同，故表中略去“L_0”项。

3.3.2　深槽型胶带输送机

深槽型胶带输送机是一种普及较快的新型胶带输送机，它不仅轻巧、移动灵活（一人就可以推动），更具有输送量大、动耗低的特点。

它的结构特点及优越性如下：

① 三节式支承装置中的两侧托辊倾角 45°～60°（见图 3–28），较以往的旧式胶带输送机支承装置两侧托辊倾角大，这样在承受物料时，输送带横向被弯成深槽型。理论研究证明，这种侧托辊的高倾角增加了输送带承载粮食的横截面积，加上散粒物料在深槽中不容易抛撒，可以提高带速到 3～4 m/s，从而使输送量大大增加（带宽 400 mm 的输送机每小时可输送稻谷 60 t 以上）。实践证明采用 45° 角的托辊倾角较为合理。

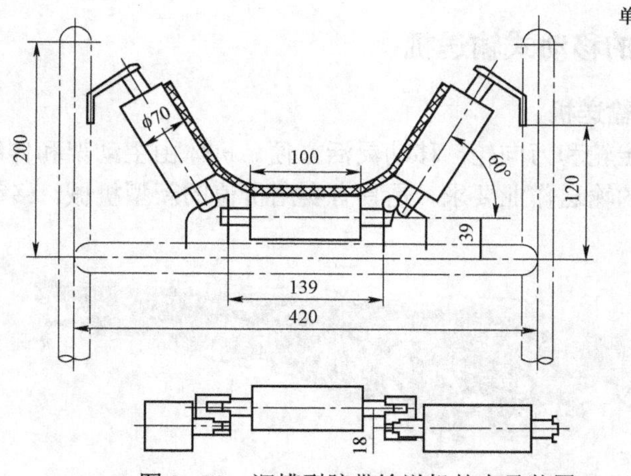

图3-28 深槽型胶带输送机的支承装置

② 带有“V”形撑脚的升降装置（见图3-29）。采用钢丝绳升降机构，调节机头作业高度，机身倾角可达30°。

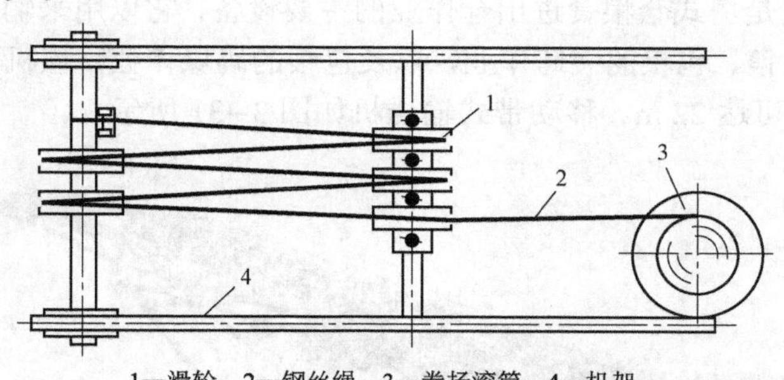

1—滑轮；2—钢丝绳；3—卷扬滚筒；4—机架。

图3-29 带有“V”形撑脚的升降装置

③ 输送带采用两层芯薄带，上、下面胶层厚度均为1.5 mm。

④ 机架采用中ϕ25×2.5或ϕ20×2的无缝钢管焊成，托辊用硬质塑料或橡胶辊筒，电动机容量小（2.3～3.4 kW）。采用“V”形带传动，电动机安装在机身中部，使整个结构显得轻巧，加上前后走轮灵活，所以使用方便，移动灵活。

⑤ 若在输送带上方加上罩盖，则可做到密闭吸尘，防止灰尘飞扬，可以露天作业，风雨无阻。

带宽350 mm、机长12 m的深槽型胶带输送机的技术规格如表3-8所示。

表3-8 带宽350 mm、机长12 m的深槽型胶带输送机的技术规格

参数名	参数值	参数名	参数值
输送机长度/m	12	驱动滚筒直径/mm	170
每小时输送量/t	50（稻谷）	驱动滚筒转速/（r/min）	390
输送带规格/mm	350×2×（1.5+1.5）	上托辊倾角	60°
输送带线速/（m/s）	3.5	电动机功率/kW	3
机身倾角	8°～30°	外形尺寸［（长/mm）×（宽/mm）×（高/mm）］	12 000×1 400×（2 600～6 500）
输送高度/m	2.6～6.5	质量/kg	约600

3.3.3 几种专用性能的移动式输送机

1. 移动式水平伸缩输送机

该机前中后装有行走轮和万向轮，移动灵活方便。机体由主动架和伸缩机架组成，能适应各种场所对颗粒物料的输送作业要求，是具有实用价值的新型机械。移动式水平伸缩输送机如图 3–30 所示。

图 3–30 移动式水平伸缩输送机

2. 移动带式输送机

移动带式输送机是房式仓粮食进出仓作业的主要设备，它以用来输送散粮和包粮，完成散粮进出仓作业，散粮、包粮的装卸作业，以及包粮的码垛作业，该机可以前后伸缩，伸出距离达 9 m，总长度可达 22 m。移动带式输送机如图 3–31 所示。

图 3–31 移动带式输送机

3. 移动式转向输送机

该机适用于平房仓的散粮入仓作业，可在 90° 范围内左右旋转，使粮均匀布满，减少了工人在入仓作业中需经常移动设备的麻烦。该设备的行走轮位于尾部，解决了当粮食堆积一定高度因粮食自流造成的粮食埋没行走轮的问题。该设备的输送量可达 50 t/h。移动式转向输送机如图 3–32 所示。

图 3–32 移动式转向输送机

4. 移动转向升降式补仓机

该设备适用于平房仓（或其他类似仓型）的散粮（或其他散料）进仓作业，与移动式输送机配套，在房式仓外通过窗口进行散粮进仓。移动转向升降式补仓机如图 3–33 所示。

移动转向升降式补仓机的性能特点如下：

① 装粮高度达 6 m 以上，装粮时无死角，减少了装粮后平仓的作业量。

② 装粮高度可随仓房窗口高度进行调整。

③ 整机采用电动行走，移动方便。

④ 卷扬机构使装仓机非工作状态时倾斜放下。

图 3–33　移动转向升降式补仓机

5. 移动式提升入仓机

移动式提升入仓机是大型房式粮仓专用的移动式进粮补仓设备，该机可入仓内一次性将粮食堆高到 6 m 高度，还可以在窗外通过窗口进行补仓作业。移动式提升入仓机如图 3–34 所示。

图 3–34　移动式提升入仓机

3.4　胶带输送机的设计计算

3.4.1　原始数据及工作条件

胶带输送机的设计计算，首先应具有下列原始数据。

① 物料名称和每小时输送量 Q。

② 输送物料的性质：

a）输送包装物料时，输送件的单位重量和外形尺寸、输送件的相互距离；

b）输送散装物料时，物料的大小、物料的密度、物料在输送带上的堆积角、温度、湿度、黏度、磨损性等；

c）工作环境：露天、室内、架空、地槽、潮湿和灰尘多少等；

d）卸料方式和卸料装置的形式；

e）接料点数目和位置；

f）输送机布置形式和输送长度、高度。

3.4.2 输送量的计算

1. 散装物料输送量的计算

胶带输送机的输送量主要取决于被输送物料在输送带上堆积的横截面积、胶带线速和物料容重，可用式（3–8）表示。

$$Q=3\,600Fv\rho \tag{3-8}$$

式中：Q——每小时输送量，t；

F——物料在胶带上堆积的截面积，m^2；

v——带速，m/s；

ρ——物料的密度，t/m^3。

1）带速

正确地选定带速是保证粮食安全输送的重要环节，胶带输送机的带速可按表 3–9～表 3–11 选择。输送机倾斜角与倾斜系数的关系如表 3–12 所示。

表 3–9 胶带输送机输送不同物料时的带速

物料名称	带速/（m/s）
小麦、玉米、大米	2.5～4.0
稻谷、高粱	2.0～3.5
麸皮、米糠	1.5～2.0
面粉、灰尘、谷壳	0.8～1.2
包装面粉、谷物	1～1.5

表 3–10 胶带输送机在不同带宽时的带速

带宽/mm	400	500～650	800～1 000
粉状物料/（m/s）	—	0.8～1.25	0.8～1.25
粒状物料/（m/s）	1.5～2.0	2.0～3.0	2.0～4.0

表 3-11 带速与输送机倾斜角的关系

输送机倾斜角度/（°）	3	4	8	12	16	20	22	25
倾斜与水平时的带速比	1.0	0.99	0.97	0.93	0.89	0.81	0.76	0.70

表 3-12 输送机倾斜角与倾角系数的关系

输送机倾斜角度/（°）	0～7	8～15	16～20	21～25
倾角系数	1.0	0.95～0.90	0.90～0.80	0.80～0.75

从表 3-9～表 3-11 中可以看出：密度较大物料，可用较高带速；密度较小物料，应选较低带速；散装物料应选择较高带速；包装物料应选择较低带速；输送距离远、水平输送可用较高带速；带宽可用较高带速，带窄应选较低带速。

2）物料在胶带上堆积的横截面积

物料在胶带上堆积的横截面积与支承装置侧托辊的倾斜角度、胶带线速、被输送物料的物理性质和胶带工作情况等许多因素有关，故往往用经验公式求得。式（3-9）～式（3-13）是不同侧托辊倾角时的输送量计算公式。

对于侧托辊倾角α=30°的三节槽式胶带输送机，按式（3-9）计算：

$$Q=200B^2v\rho C \tag{3-9}$$

对于侧托辊倾角α=30°的二节槽式胶带输送机，按式（3-10）计算：

$$Q=220B^2v\rho C \tag{3-10}$$

对于侧托辊倾角α=45°的三节槽式胶带输送机，按式（3-11）计算：

$$Q=240B^2v\rho C \tag{3-11}$$

对于侧托辊倾角α=60°的三节槽式胶带输送机，按式（3-12）计算：

$$Q=250B^2v\rho C \tag{3-12}$$

对于平直托辊的胶带输送机，按式（3-13）计算：

$$Q=150B^2v\rho C \tag{3-13}$$

式中：Q——每小时输送量，t；

C——倾斜输送的倾角系数；

B——输送带宽度，mm；

v——胶带线速，m/s；

ρ——物料密度，t/m³。

若已知 Q，要计算输送带宽度，则分别用如下公式计算：

$\alpha=30^\circ$(三节)：
$$B=0.071\sqrt{\frac{Q}{v\rho C}} \tag{3-14}$$

$\alpha=30^\circ$(二节)：
$$B=0.067\sqrt{\frac{Q}{v\rho C}} \tag{3-15}$$

$\alpha=45^\circ$(三节)：
$$B=0.065\sqrt{\frac{Q}{v\rho C}} \tag{3-16}$$

$\alpha = 60^{\circ}$(三节)：
$$B = 0.063\sqrt{\frac{Q}{v\rho C}} \tag{3-17}$$

平直托辊
$$B = 0.082\sqrt{\frac{Q}{v\rho C}} + 0.05 \tag{3-18}$$

3）举例

［**例 3-1**］某仓库每小时要求输送 100 t（密度为 0.75 t/m^3）粮食，试选用水平输送机的胶带宽度。已知带宽规格为：500 mm、650 mm、800 mm、1 000 mm，带速为 2～3 m/s。

解：带速暂选 v=3 m/s，因使用水平输送机，故

倾角系数 C=1

若选用侧托辊倾角为 60° 的三节槽式胶带，则：

$$B = 0.063\sqrt{Q / v\rho C} \approx 0.42\ (\text{m}) = 420\ (\text{mm})$$

查胶带规格知，可选宽 500 mm 的输送带，带速为 v=2.12 m/s。

若选用侧托辊倾角为 45° 的三节槽式胶带，则：

$$B = 0.065\sqrt{Q / v\rho C} \approx 0.43\ (\text{m}) = 430\ (\text{mm})$$

可选宽 500 mm 的输送带，带速为 v=2.25 m/s。

若选用侧托辊倾角为 30° 的二节槽式胶带，则：

$$B = 0.067\sqrt{Q / v\rho C} \approx 0.45\ (\text{m}) = 450\ (\text{mm})$$

可选宽 500 mm 的输送带，带速为 v=2.39 m/s。

若选用侧托辊倾角为 30° 的三节槽式胶带，则：

$$B = 0.071\sqrt{Q / v\rho C} \approx 0.47\ (\text{m}) = 470\ (\text{mm})$$

可选宽 500 mm 的输送带，带速为 v=2.69 m/s。

查胶带规格知，可选宽 500 mm 的输送带，带速为 v=2.12 m/s。

从上述计算可以看出，选用 B=500 mm、侧托辊倾角为 30° 的三节槽式胶带较为合理。

2. 包装粮食输送量的计算

运包装粮食的胶带输送机，其每小时输送量 Q 按式（3-19）计算。

$$Q=3.6Gv/a \tag{3-19}$$

式中：G——每包粮食质量，kg；

v——带速，m/s；

a——两包之间的平均中心距离，m；

Q——每小时输送量，t。

输送粮包时，输送带宽度应比粮包宽 100～200 mm。

3.4.3 功率计算

胶带输送机的功率计算分两步：第一，根据已知条件用经验公式计算出驱动滚筒轴功率；第二，根据轴功率计算出电动机所需功率，然后选用合适型号的电动机。

1. 计算驱动滚筒轴功率

驱动滚筒轴功率按式（3-20）计算：

$$N_0=（K_1lv+K_2Ql\pm0.002\ 73Qh）K_3\times K_4+K_5\rho \tag{3-20}$$

式中：N_0——驱动滚筒轴功率，kW；

K_1lv——输送带及托辊转动部分运行功率，kW；

K_2Ql——水平输送物料功率，kW；

$0.002\ 73Qh$——垂直提升物料功率，kW。当物料向上输送时取正（+）值，向下输送取负（−）值；

$K_5\rho$——加速物料需用功率，kW；

l——输送机水平投影长度，m；

h——输送机垂直提升高度，m。当采用卸料小车时，应加卸料小车的提升高度。

Q——每小时输送量，t；

v——输送带线速，m/s；

ρ——物料的密度，t/m^3；

K_1——输送带及托辊转动部分运行功率系数，如表 3-13 所示；

ω——支承装置阻力系数，如表 3-14 所示；

K_2——物料水平输送功率系数，如表 3-15 所示；

K_3——尾部滚筒功率系数，如表 3-16 所示；

K_4——导向滚筒功率系数，如表 3-17 所示；

K_5——加速物料功率系数，如表 3-18 所示。

表 3-13　系数 K_1

带宽/mm	支承装置阻力系数 ω			
	0.035 0	0.040 0	0.050 0	0.060 0
500	0.011 7	0.013 4	0.016 7	0.020 0
650	0.014 5	0.016 5	0.020 6	0.024 7
800	0.019 2	0.022 0	0.027 4	0.032 9
1 000	0.026 8	0.030 6	0.038 2	0.045 9
1 200	0.037 1	0.042 4	0.053 0	0.063 5

表 3-14　支承装置阻力系数 ω

支承装置形式	轴承形式	
	滚动轴承	滑动轴承
槽形支承装置	0.040	0.060
平直支承装置	0.035	0.050

表 3-15　系数 K_2

支承装置阻力系数 ω	0.035	0.04	0.05	0.06
K_2	0.000 10	0.000 11	0.000 14	0.000 16

表 3–16　系数 K_3

倾斜角	胶带输送机水平投影长度/m						
	5～10	>10～15	>15～30	>30～45	>45～60	>60～100	>100
0°	1.8～3.0	1.4～2.0	1.3～1.7	1.2～1.4	1.1～1.2	1.06～1.1	1.04～1.10
3°	1.5～1.6	1.2～1.3	1.15～1.2	1.07～1.10	1.05～1.07	1.03～1.05	1.02～1.03
6°	1.3～1.4	1.14～1.18	1.10～1.12	1.06	1.04	1.03	1.02
12°	1.19	1.10	1.06	1.03	1.02	1.02	1.01
16°	1.15	1.08	1.05	1.03	1.02	1.01	1.01
36°	1.12	1.06	1.04	1.02	1.01	1.01	1.01

注：支承装置阻力系数ω大时，K_3取值小。

表 3–17　系数 K_4

驱动滚筒	导向滚筒名称			
	增大包角用	重锤式张紧装置	卸料小车	凸形
光　面	1.014	1.10	1.16	1.03
胶　面	1.005	1.03	1.11	1.02

表 3–18　系数 K_5

带宽/mm	带速/（m/s）			
	1.6	2.0	2.5	3.15
500	0.07	0.13	0.25	—
650	0.11	0.22	0.42	—
800	0.16	0.32	0.62	1.25
1 000	0.26	0.51	1.00	2.00
1 200	0.38	0.74	1.43	2.88

2. 计算电动机所需功率

电动机所需功率按式（3–21）计算：

$$N=kN_0/\eta_0 \tag{3–21}$$

式中：N——电动机所需功率，kW；

N_0——驱动滚筒轴功率，kW；

k——功率储备系数，k=1.2～1.4；

η_0——总传动效率，各种传动形式的传动效率如表 3–19 所示。

表 3–19　各种传动形式的传动效率

传动形式	传动效率
驱动装置（滚动轴承）	0.98
一对 V 带轮	0.92
一对开式圆柱齿轮	0.94
减速器	0.95
一对蜗轮蜗杆	0.70

如果电动机通过 n 级传动，则总传动效率为各级传动效率的乘积。例如，某电动机通过一对 V 带轮和开式圆柱齿轮传动驱动滚筒，则总传动效率为：

$$
\begin{aligned}
\eta_0 &= \eta_{\text{V}} \times \eta_{\text{齿}} \times \eta_{\text{轴}} \\
&= 0.92 \times 0.94 \times 0.98 \\
&\approx 0.85
\end{aligned}
$$

3. 举例

［**例 3-2**］某台固定式胶带输送机，其布置形式及尺寸如图 3-35 所示，要求每小时输送稻谷 70 t（密度为 0.56 t/m³），设有卸料小车中间卸料，驱动滚筒采用光面滚筒，用两导向滚筒增加包角两次，承载分支采用三节槽形支承装置，侧托辊倾角 30°，无载分支采用平直支承装置，托辊用滚动轴承，使用两对开式圆柱齿轮传动。求胶带规格、支承装置和滚筒尺寸及电动机功率。

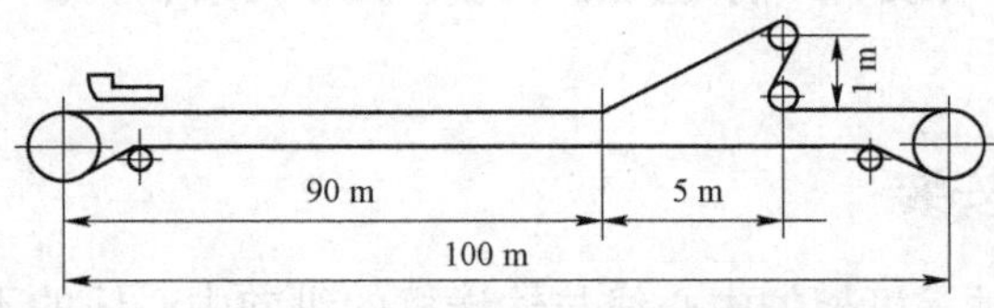

图 3-35　固定式胶带输送机布置图

解：

（1）胶带规格

由表 3-9，选带速为 3 m/s。

由题意知：Q=70 t，ρ=0.56 t/m³，根据表 3-12 选倾角系数 C 为 1，代入式（3-14）得：

$$
\begin{aligned}
B &= 0.071\sqrt{Q/(v\rho C)} \\
&= 0.071\sqrt{70/(3\times 0.56\times 1)} \\
&\approx 0.46\ (\text{m}) \\
&= 460\ (\text{mm})
\end{aligned}
$$

因此，可选带宽为 500 mm 的橡胶输送带，实际带速取 2.5 m/s。

（2）支承装置尺寸

① 槽形支承装置：托辊直径由表 3-5 可选 89 mm，由式（3-3）求得每节托辊长度为 L=200 mm。查表 3-6 知承载分支的支承装置间距 l=1 500 mm，距进料端 600 mm。

② 平直支承装置：托辊直径仍可选 89 mm，托辊长度为 600 mm，支承装置间距 3 000 mm。

③ 自动调心支承装置设置 9 个。

（3）滚筒尺寸

由表 3-4 知：驱动滚筒直径为 500 mm，张紧滚筒直径为 400 mm，改向滚筒直径为 320 mm，滚筒长度选 600 mm。

（4）驱动滚筒轴功率

已知 l=100 m、v=2.5 m/s、Q=70 t、h=1 m、ρ=0.56 t/m。查表 3-13～表 3-18 得：ω=0.04，K_1=0.013 4，K_2=0.000 11，K_3=1.06，K_5=0.25。

采用光面驱动滚筒，导向滚筒增加包角两次，则 K_4=1.014×1.014，卸料小车 K_4=1.16，总的 K_4=1.014×1.014×1.16 ≃ 1.19

将以上各系数值代入式（3–20），得

$$N_0 = (K_1 lv + K_2 Ql \pm 0.002\,73Qh)\,K_3 \times K_4 + K_5 \rho$$
$$= (0.013\,4 \times 100 \times 2.5 + 0.000\,11 \times 70 \times 100 + 0.002\,73 \times 70 \times 1) \times 1.06 \times 1.19 + 0.25 \times 0.56$$
$$\simeq 5.58\ (\text{kW})$$

4. 计算电动机需用功率

根据式（3–21），$N=kN_0/\eta$，取 $k=1.4$，$\eta=0.87$，则

$$N = 1.4 \times 5.58/0.87 \simeq 8.98\ (\text{kW})$$

可选用 Y160M–4 型电动机，其额定功率为 11 kW。

3.5 胶带输送机的安装、操作与维护

3.5.1 胶带输送机的安装

胶带输送机在安装时，机架的中心线与输送机的纵向中心线的不重合度允差为 3 mm，相对标高允差为 2 mm，机架的跨距允差为±1.5 mm。

支承装置安装时，要求各组托辊应安装在同一水平线上，每米允差为 2 mm。固定胶带输送机在生产中常安装于空中或地下，安装在空中需要空中走廊，安装在地下需要有地槽。空中走廊的高度要考虑走廊下是否通行车辆，安装在地槽内要考虑防水防潮的措施。走廊与地槽的宽度要考虑操作人员的通行和维修需要，一般应留 700 mm 宽的通道。不走人的一边要考虑安装维修的需要，一般要求输送机外侧到地槽或空中走廊内壁净空不小于 200 mm。

3.5.2 胶带输送机的操作与保养

为了使胶带输送机在生产使用中达到功率消耗低、机器磨损少、输送效率高、物料无损耗的经济指标，必须在日常工作中正确操作和保养。

胶带输送机工作时，所有托辊都应回转，不能有个别托辊不转现象。若个别托辊不转，会造成输送带运动阻力增大、功率消耗增加，同时还将造成输送带和托辊严重磨损。因此，在工作时应经常检查托辊回转情况，及时消除发现的故障。

普通橡胶带严禁与汽油、柴油、机油等油脂类物质接触，以免输送带受腐蚀。还应经常检查输送带，消除表面黏附的杂物。若发现输送带表面或接头处有磨损或缺口，应及时修补好，以免扩大。

胶带输送机的进料必须保持均匀。物料过多会造成超载和物料抛撒；物料过少会影响输送量。要防止进料斗导料槽板与输送带直接接触，以免造成输送带表面磨损。

胶带输送机必须在停止进料且机上物料卸完后才能停机。若中途突然停车，在事故排除后，卸下输送带上的物料后再起动。

多台胶带输送机联合工作，开机从卸料端那台输送机开始，停机时先停止进料，再从进

料端那台输送机开始停止输送机工作，然后逐一向前停机。若中间某台机器发生故障，则应首先停止进料，停止进料端的输送机，进行维修，否则就会造成物料的堵塞。

胶带输送机不使用时，应盖上油布，避免日晒、夜露和雨淋，以免输送机腐蚀和生锈。若较长时间不使用，应调松输送带，入库保存。

在进行检修时，输送机的拆卸步骤如下：

①先拆导料槽、保护罩、传动零件，然后将输送带卸下，再拆上下托辊和滚筒。

②清洗和检修拆下的零部件，上油安装。

安装步骤与拆卸时顺序相反。安装完毕，要进行必要的调整，再投产使用。

3.5.3　常见故障及排除法

胶带输送机常见故障及其排除方法如表 3–20 所示。

表 3–20　胶带输送机常见故障及其排除方法

故障	原因	排除方法
输送带跑偏	① 驱动滚筒和张紧滚筒（或头尾滚筒）装置不平行。 ② 托辊不正（即托辊轴线与输送机中心线不垂直）。 ③ 输送带接头不正。 ④ 进料位置不平	① 调整驱动滚筒轴承位置或调节张紧装置使之平行。输送带向右偏，紧右边螺杆；输送带向左偏，紧左边螺杆。 ② 将跑偏一边的托辊支架顺带子运行方向向前移动一些。 ③ 重新接正机头。 ④ 调整进料位置。 ⑤ 将机架放平
输送带打滑	① 输送带张力不够。 ② 滚筒表面太光滑。 ③ 滚筒轴承转动不灵。 ④ 输送机过载	① 调节张紧装置，将输送带拉紧。 ② 可在轮面上覆一层胶。 ③ 重新拆洗、加油或更换轴承。 ④ 调整输送量
轴承发热	① 缺油。 ② 油孔堵塞，轴承内有脏物。 ③ 轴瓦或滚珠损坏。 ④ 轴承装置不当	① 加油。 ② 疏通油孔，拆洗轴承。 ③ 更换轴瓦或滚动轴承。 ④ 重新调整安装
托辊不转	① 输送带未接触托辊。 ② 轴承缺油、太脏或损坏	① 调整托辊位置。 ② 修理或更换轴承
输送带撕裂	① 物料中有较大带尖角异物（如金属零件或竹木片等）混入，这种物料被卡于进料斗或挡板与输送带之间引起纵向划破输送带。 ② 输送带跑偏后零件卡往接头引起撕裂	① 加强管理，及时清出混入的异物。 ② 发现跑偏应及时纠正
输送带接头撕裂	① 接头质量太差。 ② 张紧装置调节过紧。 ③ 输送带垂度太大	① 按要求重新连接接头。 ② 放松张紧装置。 ③ 调整输送带长度

3.5.4 输送带损坏综合分析

输送带是胶带输送机中比较贵重的部件，也是容易损坏的部件，因此应尽量保护好输送带。

输送带在运行中只能与滚筒、支承装置在滚动中接触，防止输送带在运行中与其他部件接触摩擦（如进料、卸料装置和机架等），否则会使输送带损坏。

输送带跑偏严重会造成其边缘严重磨损，甚至撕裂。有的地方采用固定在机架上的旁托辊来阻止输送带跑偏，这种方法是很不好的。因为这种旁托辊没有使输送带复位的能力，反而会造成输送带边缘损坏。正确的方法是找出输送带跑偏原因，并排除它。也可安装自动调心支承装置以防止长距离输送时的跑偏。

输送带的接头的损坏也是常见的故障。输送带连接质量太差，张紧力太大，会加重机械接头的损坏，应推广硫化胶接法，同时加强操作管理。

支承装置的结构对胶带影响较大。不要使用单节槽形支承装置，少用双节槽式支承装置，多选用三节槽式支承装置。侧托辊的倾角不宜太大，以45°为好。深槽型输送机还应注意选用薄层输送带。

应尽量避免输送带日晒、雨淋和与有机溶剂的接触，防止胶带老化损坏。

思考与练习题3

1. 简述胶带输送机的工作过程。
2. 胶带输送机由哪些主要构件组成？
3. 胶带输送机为什么能广泛使用？它有哪些优缺点？
4. 输送带的作用与要求是什么？它的一般结构怎样？
5. 橡胶输送带产品规格“500×4×（3+1.5）×120”的含义是什么？
6. 驱动滚筒的作用与要求是什么？为什么要中间突起？
7. 增加驱动滚筒的牵引力应主要考虑哪几个方面？
8. 支承装置的作用与要求是什么？托辊式支承装置的主要类型有哪些？
9. 怎样选择托辊式支承装置？
10. 驱动装置的主要构件有哪些？
11. 常见胶带输送机的张紧装置有几种？各有哪些优缺点？
12. 进料装置的作用与要求是什么？确定固定式进料装置应注意哪几个主要问题？
13. 常用移动式胶带输送机的类型及应用特点有哪些？
14. 倾斜式移动输送机具有可调节的“V”形撑脚的作用是什么？
15. 提高胶带输送机输送量的主要途径是什么？
16. 怎样确定胶带输送机的带速？
17. 某仓库应用的胶带输送机，要求每小时输送量为120 t。已知粮食的密度$\rho=0.75\ \mathrm{t/m^3}$，倾角系数$C$=0.9。试选此输送机的输送带宽度及运行速度。
18. 设计一条水平输送散装物料的输送机，原始条件是：输送小麦（密度为$0.75\ \mathrm{t/m^3}$）；

每小时输送量为100 t；输送距离为100 m；末端卸料（也能中间采用卸料小车卸料）；工作条件和工作环境一般；输送带运行速度为2.5 m/s；采用三节槽式托辊、托辊倾角为30°；传动采用减速器。要求计算并选用：普通型胶带规格、托辊支承装置（直径大小、类型、安装间距等）、滚筒尺寸、电动机规格等。

19. 试分析输送带跑偏的原因和排除方法。

20. 试分析保护输送带的主要途径是什么。

第 4 章　斗式提升机

4.1　概　　述

4.1.1　一般结构和工作过程

斗式提升机又叫斗提机、升运机。它属于具有挠性牵引构件的连续输送设备。斗式提升机的结构如图 4–1 所示。它的牵引构件环绕并张紧于头轮和底轮之间，在料斗带上每隔一定的距离固定一个承载物料的料斗。全部构件均用外壳封闭，防止了灰尘的飞扬和物料的抛撒。外壳上端称为机头，下端称为机座，中间称为机筒。机筒的长短可根据提升高度由若干

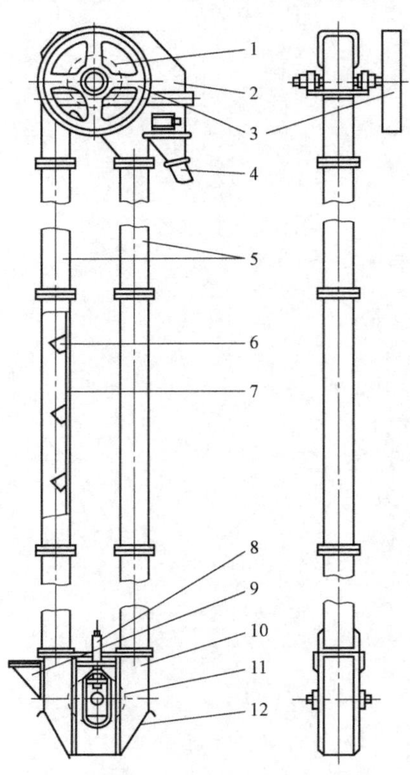

1—头轮；2—机头；3—传动轮；4—出料口；5—机筒；6—料斗；

7—料斗带；8—张紧装置；9—进料口；10—机座；11—底轮；12—插板。

图 4–1　斗式提升机的结构

节组成。提升机的驱动装置与头轮轴相连，提供给提升机必要的动力。张紧装置与底轮相连，提供给牵引件必要的张力，以保证提升机正常运转。机头上装有止逆器。为防头轮逆转，机筒中装有牵引构件跑偏报警器，当牵引构件跑偏时即会报警。机头端设有防爆孔，以便排泄爆炸性气体，防止粉尘爆炸。

4.1.2　应用范围、分类和特点

1. 应用范围

斗式提升机是一种垂直输送散粒、碎块物料的输送设备，也可以大倾角（$\alpha>70°$）的倾斜向上输送物料。因此，在粮食加工厂、油厂、饲料厂、食品厂、粮食仓库、建筑材料厂和港口、仓库中得到了广泛的应用。

2. 分类

斗式提升机按输送物料的方向分为垂直输送和倾斜输送。在一般情况下，多采用垂直输送方式，当垂直输送不能满足特殊工艺要求时，才采用倾斜输送。由于倾斜式斗式提升机的牵引构件在垂度过大时需增设支承装置，因而结构较复杂，故一般很少采用倾斜式斗式提升机。

按安装方式的不同，斗式提升机又可分为固定式和移动式两类。固定式斗式提升机安装在车间、工作塔和仓房内外，其生产能力较大；移动式斗式提升机使用灵活方便，在粮仓中多为装卸设备，也可作为卸船的备仓设备。

按牵引构件的不同，斗式提升机又可分为带式和链式两种。在一般情况下，当料温不超过 60 ℃时采用带式斗式提升机，当料温超过 60 ℃时采用链式斗式提升机。

按卸料的方式不同，斗式提升机又可分为离心式、重力式和混合式三种。离心式斗式提升机适合输送流动性较好的颗粒物料；重力式斗式提升机适合输送含水量较高，黏性、散落性不好的物料；混合式斗式提升机介于前两者之间，在粮食厂仓中较为多用。

3. 特点

斗式提升机的特点是：横截面尺寸较小，占地面积少；提升高度和输送能力大；有较好的封闭性能；耗用动力小，为 0.005 9～0.006 kW・h/（t・m），仅为气力输送的 1/10～1/5；过载时容易出现堵塞故障，料斗容易磨损。

4.1.3　型号表示方法

斗式提升机的完整型号表示包括：专业代号、品种代号、产品代号（名称及代号）、规格（计算单位）等部分。

① 专业代号：T（粮油机械通用设备）。

② 品种代号：DT（斗式提升机）。

③ 产品代号：如表 4-1 所示。

表 4-1　斗式提升机的产品代号

代号	G	Y	X	L
型式	固定式	移动式	悬吊式	链条式

④ 规格：头轮直径/料斗宽度，计量单位用 cm。

例如，“T DT G 48/18”表示该粮油机械通用设备为固定式斗式提升机，其头轮直径为 48 cm，料斗宽度为 18 cm。

4.2 斗式提升机的工作过程

斗式提升机的工作过程分为三个阶段：物料装入料斗的过程，即装料过程；物料从机座提升到机头的过程，即提升过程；物料从机头卸出的过程，即卸料过程。装料是否装满、提升是否稳定、卸料是否卸空是决定斗式提升机提升效率的重要因素。

4.2.1 装料过程

1. 装满系数及影响装满系数的主要因素

料斗的装满过程直接影响斗式提升机的输送能力。衡量装料好坏的标志用料斗的装满系数 φ 来表示，装满系数越大，斗式提升机的输送效率通常就越高。装满系数的计算公式为：

$$\varphi = \frac{\text{料斗内装盛物料的体积}}{\text{料斗的几何体积}} \tag{4-1}$$

在不同带速、不同进料方式下，料斗的装满系数如表 4-2 所示。

表 4-2 料斗的装满系数

料斗带速/（m/s）	进料方式		
	顺向进料	逆向进料	由粮堆舀取
1～1.5	0.85	0.90	0.6
1.5～2.5	0.75	0.85	0.5
2.5～4.0	0.70	0.80	0.45

影响装满系数的因素很多，主要与料斗的形式、牵引构件的线速度、机座的装料方式和物料的物理特性等因素有关。

① 在一般情况下，深型料斗用于输送容易流动的、散落性较好的物料；浅型料斗用于输送潮湿的、散落性不良的物料。

② 当牵引构件的线速度低时，装满系数就大；当牵引构件的线速度较高时，装满系数较小。

③ 当物料的散落性较好时，装满系数就大些，反之装满系数较小。

影响装满系数的因素要综合分析，不能单独考虑。同时，装满系数也不是越大越好，因为料斗装得过满，势必要增加机座内物料的高度，这样会增加装料时的阻力，同时也容易造成堵塞，在提升过程中会增加撒料量，在卸料过程中会增加回料量。

2. 装料方式及特点

斗式提升机的装料方式有两种：即顺向进料和逆向进料。

1）顺向进料

加料方向与料斗运动方向一致，叫顺向进料，如图 4-2（a）所示。在这种情况下，物料进入机座时与料斗的背面相遇，此时料斗不能立即装料，只有当料斗在机座内的物料堆中推移时才开始装料，当料斗离开物料堆向上提升时装料结束。

2）逆向进料

加料方向与料斗运动方向相反，叫逆向进料，如图 4-2（b）所示。在这种情况下，物料进入机座时与料斗正面相遇，物料直接进到料斗内，因此装满系数较大，机座内堆积物料较少，大大减小了料斗在机座内推移堆积物料的阻力。

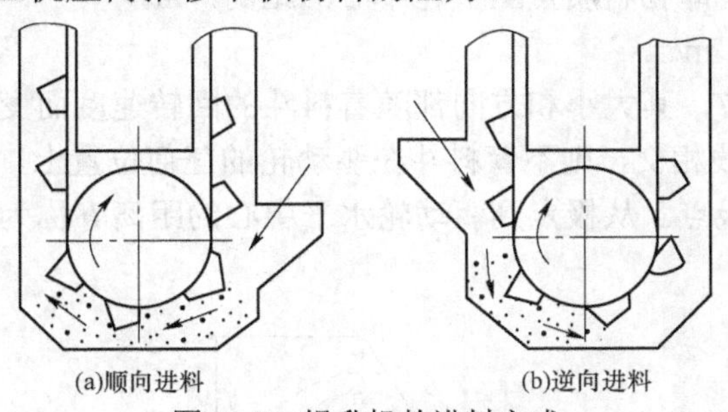

图 4-2　提升机的进料方式

从上述两种装料方式可以看出，顺向进料不利于料斗的装载，装满系数小，而且料斗在机座料堆中移动的线路长，阻力较大，动力消耗也大。进料口的下部位置应低于底轮的水平轴线，以缩小物料在机座内从进料口到装料点的距离。由于进料口的位置低并与卸料口同方向，故可减少设备的占地面积和与其连接设备的安装高度。逆向进料时，为了增加料斗直接进料的机会，进料口的下部位置应高于张紧轮的水平轴线。但由于进料口的位置高，且与卸料口反方向，故会增加设备的安装面积和高度。

在实际生产中，斗式提升机的进料方式根据工艺需要而定，尽量考虑逆向进料，但有时为了利于工艺安排，也采用顺向进料或同时采用顺向进料和逆向进料。料斗的装满系数一般为：输送颗粒料时 φ=0.75；输送粉料时 φ=0.55。

4.2.2　提升过程

斗式提升机的提升过程是指料斗绕过底轮的水平中心线后到进入头轮为止的这一过程。在提升过程中，要求升运平稳、不撒料。造成撒料的原因，一是料斗和斗内物料的重量使料斗过度倾斜；二是由于料斗带发生间断性打滑造成料斗的振动。二者都是因为料斗带的张力不足引起的，所以给料斗带一个合适的张力就可以保证提升过程平稳，避免提升过程中出现大量撒料现象，提高工作效率。

4.2.3　卸料过程

斗式提升机的卸料过程是指料斗进入头轮后，随头轮做回转运动而将物料从料斗内倒出的过程。

1．极点、极距、速度系数

1）极点、极距

在提升过程中，当料斗尚未到达驱动轮时，物料在料斗内只受到重力 G 的作用。当料斗随着牵引构件一起绕驱动轮做回转运动时，料斗内的物料除受重力 G 的作用外，还受到离心惯性力 F 的作用。其计算公式如下：

$$\left.\begin{aligned} G &= mg \\ F &= m\frac{v^2}{r} \end{aligned}\right\} \tag{4-2}$$

式中：m——料斗内物料颗粒的质量，kg；

g——重力加速度，m/s^2；

r——回转半径，即物料质点至头轮中心的距离，m；

v——提升速度，m/s。

以上两个力的合力 T，其大小和方向都随着料斗的回转速度而变动。如果合力 T 的延长线与驱动轮的垂直中心线相交，则不管料斗在驱动轮的任何位置上，合力的延长线都将交于同一点 P，这个点称为极点。从极点到驱动轮水平中心的距离 h 称为极距。斗内物料受力情况如图 4-3 所示。

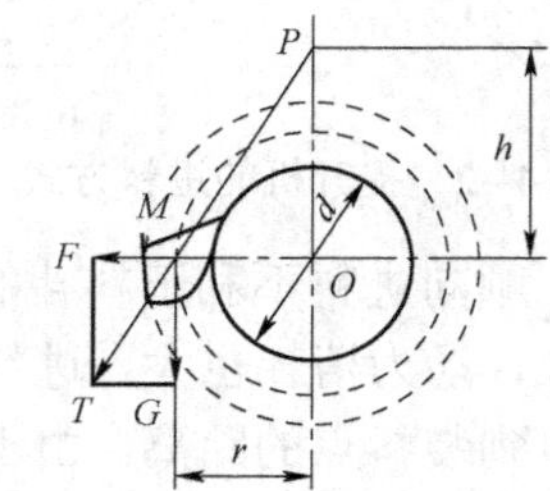

d—头轮直径；r—回转半径。

图 4-3　斗内物料受力情况

从图 4-3 中可以看到两个相似三角形，即△CTM 及△POM。由此可得比例关系如式（4-3）所示。

$$\frac{h}{r}=\frac{G}{F}=\frac{mg}{mv^2/r} \tag{4-3}$$

$h=g\dfrac{r^2}{v^2}$，因为 $v=\dfrac{\pi rn}{30}$，所以 $h=\dfrac{gr^2 30^2}{\pi^2 r^2 n^2}\approx\dfrac{895}{n^2}$。

上式中：n——头轮转速，r/min；h——极距，m。

2）速度系数 K

假若头轮回转时，料斗内物料质点所受到的离心惯性力等于其重力，即 $F=G$

因为：$F=\dfrac{mv^2}{r}$，$G=mg$，则

故

$$v^2=gr \tag{4-4}$$

如果不计少量误差而近似地认为 r 等于头轮半径$\left(\dfrac{d}{2}\right)$，则上式可改写成：

$$v^2=\frac{gd}{2} \text{ 或 } v=2.2\sqrt{d} \tag{4-5}$$

把式（4-5）写成普通形式则为：

$$v = K\sqrt{d} \quad (4-6)$$

式中：d——头轮直径，m;

v——料斗内物料质点的运动速度，即料斗带的运动速度，m/s;

K——速度系数。

根据式（4-6）中料斗速度和头轮直径之间的关系，由速度系数 K 值的大小就可以判断出斗式提升机的卸料方式，但也可以用极距 h 来判断斗式提升机的卸料方式。

2. 卸料方式及其特点

物料从料斗中卸出的方式有三种，即离心式卸料、重力式卸料和混合式卸料。这三种不同的卸料形式的区别在于极点 P 所处的位置不同，同时由于 P 所处的位置不同，所选择的速度系数 K 值大小也不同。因此，根据速度系数 K 值的大小也可以判断卸料方式。

1）离心式卸料及特点

如图 4-4（a）所示，当 $h<R_1$ 时，即极点 P 位于驱动轮圆周内时，离心力大于重力，料斗内物料将沿着斗的外壁运动，因此卸料方式为离心式卸料。此种卸料方式，料斗运动速度较高，通常取 1.5～3.5 m/s，故也称快速提升机。离心卸料适用于输送散落性较好的颗粒物料。为了保证输送量、防止物料回流和碰撞机壳，必须正确选择驱动轮的直径和转速，以及出料口的位置。此种卸料方式 $K>2.2$。选择此种卸料方式时，料斗一般用深斗或无底料斗。

2）重力式卸料及特点

如图 4-4（b）所示，当 $h>R_2$ 时，即极点 P 位于料斗外缘的圆周外，此时重力大于离心力，料斗做重力式卸料。此种卸料方式的物料沿着料斗的内壁运动，料斗的运动速度一般为 0.6～1 m/s，故也称慢速斗式提升机。重力式卸料适用于输送含水分较高、黏性和散落性不好的物料，也用于输送块状物料，因其速度慢，所以可减少物料在装料和卸料时对料斗和机头的撞击和磨损。此种卸料方式 $K<2.2$。选择此种卸料方式时，料斗用浅斗。

3）混合式卸料及特点

如图 4-4（c）所示，当 $R_1<h<R_2$ 时，极点 P 位于 R_1 和 R_2 之间，料斗做离心－重力混合式卸料。在此种卸料方式下，物料将同时沿料斗的内壁和外壁卸出。采用混合方式卸料的斗式提升机，料斗带速一般为 1～1.5 m/s。此种卸料方式在粮食工业中采用较多，它集前两种卸料方式的优点于一体，尤其在输送怕破碎的物料时更具有优越性。此种卸料方式 $K=2.2$。在选择料斗时，可依据物料的特性来选择。

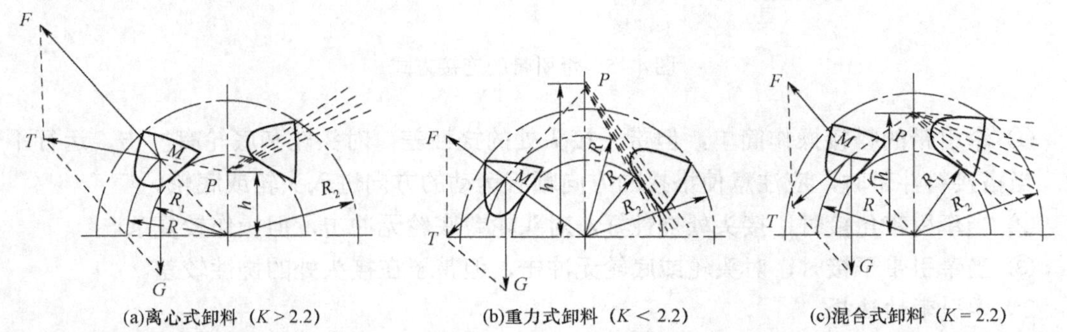

R_1—料斗内缘沿头轮回转的半径，mm；R_2—料斗外缘的半径，mm；h—极点到驱动轮水平中心的距离，mm；M—物料的位置。

图 4-4　提升机卸料方式

4.3 斗式提升机的主要部件

斗式提升机的主要部件有：牵引构件、料斗、驱动轮、张紧轮、机头、机筒、机座等。

4.3.1 牵引构件

斗式提升机的牵引构件有带式和链式两种：带式的为牵引带，链式的为牵引链。

1. 牵引带

牵引带也叫料斗带，属带式牵引件，有帆布带和橡胶带两种。对牵引带的要求是强度高、挠性好、延伸性小、重量轻。

帆布带也叫纱布带，是采用棉纱编织而成的。它具有重量轻、挠性好、价格便宜等优点，但强度较低，一般用于输送量和提升高度都不太大、物料水分正常、工作环境干燥的斗式提升机上。

橡胶带与橡胶输送带相似，所不同的是表面没有橡胶覆盖层，它强度较高，但价格较贵，主要用于输送量和提升高度都较大的斗式提升机。

1）牵引带的连接

牵引带的连接方式有三种：搭接［见图4-5（a）］、角接［见图4-5（b）］和平接［见图4-5（c）］。

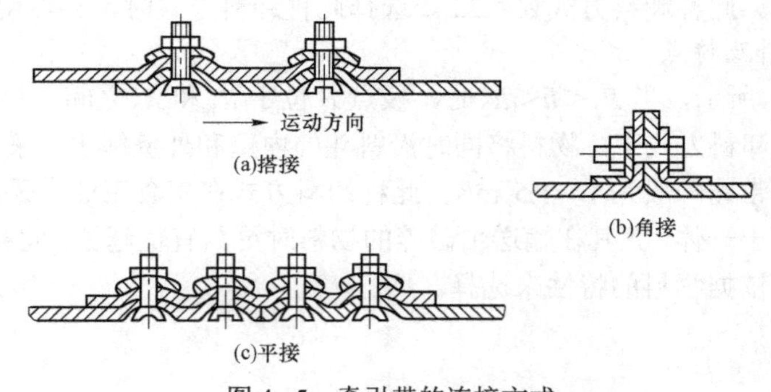

图4-5 牵引带的连接方式

① 牵引带的搭接操作简单，但带子接头处的挠性差，对头轮和底轮有冲击，运行不平稳。当搭接料斗带时，应注意使搭接的方向顺着运动的方向进入头轮或底轮。

② 当牵引带角接时，接头处挠性好，对头轮或底轮无冲击，但操作较复杂。

③ 当牵引带平接时，对头轮或底轮无冲击，但带子在接头处的挠性较差。

2）牵引带的选择

如前所述，当输送量不大、提升高度不高、输送物料干燥时，可选用帆布带作为牵引带，而其他情况则要选用橡胶带作为牵引带。当输送较潮湿的物料（如刚经过洗麦机的湿麦，或蒸谷米厂刚浸泡过的湿稻谷）时，则需选用加覆盖橡胶层的橡胶带作为牵引带。牵引带的宽度，应该比所装料斗宽 10～20 mm，以防止料斗带跑偏时料斗与机壳发生摩擦和碰撞。牵引带的厚度，应参照橡胶传动带规格选用。

2. 牵引链

斗式提升机的牵引构件宜使用链条，称作牵引链。当负载较小时，可使用单排链；当负载较大时，可使用双排链或多排链。链条的优点是强度大，伸长量小，传递运动可靠，易于固接料斗；缺点是自重大，价格高，运转时有冲击、振动和噪声。当输送粮食时，链条不能润滑，因此磨损较快。由于链传动中链将承受附加动载荷，因此链速不可过大。常用的链条有环链和板链。

① 环链。环链有焊接圆环链、锻造圆环链和铸造圆环链之分。焊接圆环链用圆钢制成，它的节距误差大，因其铰点是点接触，故耐磨性差，目前很少使用。锻造圆环链由优质钢锻造而成，并经过热处理，表面硬度大、耐磨。另一种锻造链是钩头方框链，它是用方框环上的钩头相互连接而成的，此种链的铰接处是开启的，因此拆装非常方便，当链与轮齿啮合时，轮齿与钩头接触，接触面积较大，耐磨性较好，因而使用较多。

② 板链。板链中常用的是套筒滚子链，其受张力元件是“∞”形的内外链板，铰链处由销轴和套筒组成，与链轮齿接触的部位为活套在套筒上的滚子，这种链条结构合理、强度高、磨损少，但价格较高。

4.3.2 料斗

1. 料斗的分类

料斗是斗式提升机装盛物料的主要构件。按照料斗的材料不同，分为金属料斗和塑料料斗。金属料斗是由 1～2 mm 厚的薄钢板经焊、铆接或冲压制成，优点是料斗容积大、耐磨、容易装料和卸料。塑料料斗由聚丙烯塑料制成，不仅具有金属料斗的优点，而且其结构轻巧、成本低、重量轻、阻力小、能耗低，与机筒摩擦不产生火星，故目前被推广使用。

按照料斗的形状不同，分为深型料斗、浅型料斗、无底料斗、大半圆斗和圆形斗等多种。

1）深型料斗及几何尺寸

深型料斗如图 4-6（a）所示，主要用来输送散落性较好的物料，如小麦、玉米、稻谷等。其特点是前壁斜度小，斗口与后壁夹角为 65°，深度大，装料和卸料有一定难度，需要配合离心卸料或混合卸料设备使用。

深型料斗规格如表 4-3 所示，表中各物理量的意义见图 4-6（a）中的标注。

2）浅型料斗及几何尺寸

浅型料斗如图 4-6（b）所示，主要是用来输送散落性较差的物料，如面粉、米糠、麸皮或油料等。其特点是前壁斜度大，斗口与后壁夹角为 45°，深度小，故装料和卸料都较方便，一般配合重力式卸料设备使用。

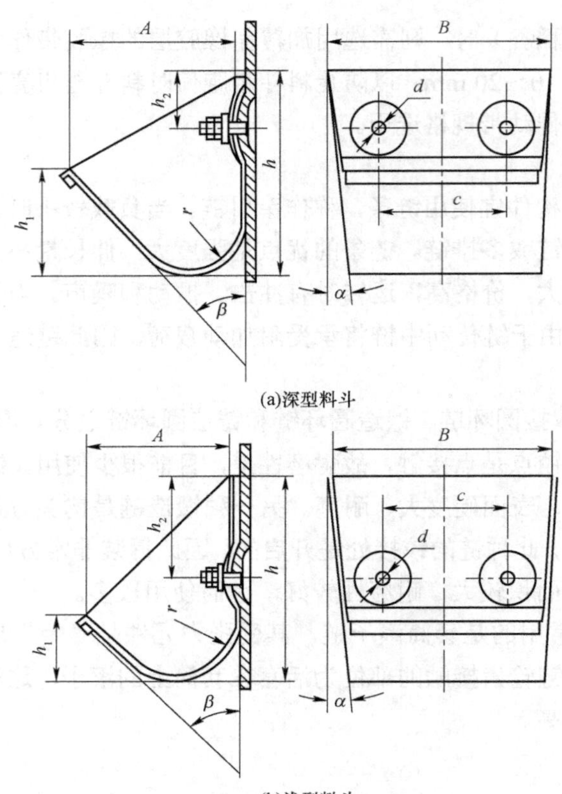

图 4-6　深型料斗和浅型料斗

浅型料斗规格如表 4-4 所示，表中各物理量的意义见图 4-6（b）中的标注。

表 4-3　深型料斗规格

型号	料斗带宽/mm	料斗尺寸/mm								螺钉数	钢板厚度/mm	料斗间距/mm	料斗容积/m^3	料斗容积/料斗间距 /m^2
		B	A	h	h_1	h_2	r	c	d					
DS90×75	100	90	75	90	44	30	20	50	7	2	1.0	200～250	0.3	1.2～1.5
DS110×75	125	110	75	90	44	30	20	60	7	2	1.5	200～250	0.37	1.48～1.85
DS110×90	125	110	90	96	45	30	22	60	7	2	1.5	200～250	0.48	1.92～2.4
DS130×110	150	130	110	132	66	35	22	90	7	2	1.5	250～300	0.95	3.15～3.8
DS130×125	150	130	125	150	75	40	22	80	9	2	1.5	250～300	1.21	4.05～4.85
DS180×125	200	180	125	150	75	40	22	60	9	3	1.5	300～400	1.70	4.25～5.7
DS180×140	200	180	140	168	84	44	30	60	9	3	1.5	300～400	2.10	5.25～7.0
DS230×125	250	230	125	150	75	40	30	85	9	3	2.0	400	2.20	5.5
DS230×140	250	230	140	168	84	44	35	85	9	3	2.0	400	2.70	6.75
DS280×125	300	280	125	150	75	40	35	100	9	3	2.0	400	2.65	6.6
DS280×140	300	280	140	168	84	44	35	100	9	3	2.0	400	3.30	8.25

注：料斗间距＝斗深+两斗间距

表 4–4　浅型料斗规格

型号	料斗带宽/mm	料斗尺寸/mm								螺钉数	钢板厚度/mm	料斗间距/mm	料斗容积/m^3	$\frac{料斗容积}{料斗间距}$/m^2
		B	A	h	h_1	h_2	r	c	d					
DS90×70	100	90	70	107	33	45	30	50	3	2	0.8	200	0.36	1.8
DS110×75	125	110	75	107	33	45	30	50	3	2	0.8	200	0.44	2.2
DS110×90	125	110	90	143	33	55	40	60	9	2	0.8	200	0.72	3.6
DS130×110	150	130	110	156	46	75	45	80	9	2	1.0	300	1.10	3.67
DS130×125	150	130	125	175	50	85	53	80	9	2	1.0	300	1.42	4.73
DS180×125	200	180	125	175	50	85	53	60	9	3	1.0	350	1.97	5.63
DS180×140	200	180	140	195	55	85	60	60	9	3	1.0	400	2.45	6.12
DS230×125	250	230	125	175	50	85	53	85	9	3	1.0	350	2.52	7.2
DS230×140	250	230	140	195	55	85	60	85	9	3	1.0	400	3.15	7.88
DS280×125	300	280	125	175	50	85	53	100	9	3	1.0	350	3.06	8.74
DS280×140	300	280	140	195	55	85	60	100	9	3	1.0	400	3.82	9.55

注：料斗间距、容积同深型料斗。

3）无底料斗及几何尺寸

无底料斗如图 4–7 所示，是一种高效提升料斗机上使用的料斗。这种斗式提升机线速度快，输送量大，料斗安装时通常是 5～10 只料斗为一组连续排列，最后一只是有底料斗。在每组料斗中两料斗的间隔为 5～15 mm，两组料斗之间的间隔为 100～200 mm。无底料斗的容积以一组为单位计算，其尺寸规格如表 4–5 所示，表中各物理量的意义见图 4–7 中的标注。

表 4–5　无底料斗规格

型号	料斗带宽	料斗尺寸/mm						螺钉数	钢板厚度/mm	料斗间距/mm	单只料斗容积/m^3	每组料斗容积/m^3	$\frac{单只料斗容积}{料斗间距}$/m^2
		B	A	h	h_1	c	d						
DW90×75–5	100	90	75	40	20	50	7	2	1.5	320	0.18	0.9	2.82
DW90×75–10	100	90	75	40	20	50	7	2	1.5	550	0.18	1.8	3.28
DW110×90–5	125	110	90	45	22	60	7	2	1.5	345	0.31	1.55	4.50
DW110×90–10	125	110	90	45	22	60	7	2	1.5	600	0.31	3.10	5.18
DW130×110–5	150	130	110	45	22	80	9	2	2.0	345	0.48	2.40	6.94
DW130×110–10	150	130	110	45	22	80	9	2	2.0	600	0.48	4.80	8.00
DW180×125–5	200	180	125	60	30	60	9	3	2.0	420	0.99	4.45	11.80
DW180×125–10	200	180	125	60	30	60	9	3	2.0	750	0.99	0.90	13.20
DW230×140–5	250	230	140	70	35	85	9	3	2.0	540	1.70	8.50	15.70
DW230×140–10	250	230	140	70	35	85	9	3	2.0	940	1.70	17.00	18.10
DW280×140–5	300	280	140	70	35	100	9	3	2.0	940	2.10	10.50	19.40
DW280×140–10	300	280	140	70	35	100	9	3	2.0	940	2.10	21.00	22.30

注：单只料斗容积≈h（$Ah-0.466Ah-0.233Bh$），B、h 物理意义同前。

无底料斗严格地讲是一种超深型料斗，因为每一组料斗的最后一只仍是有底料斗。在这个有底料斗上的其他料斗，均是用下一个料斗的物料面作为它的底面，而各料斗又排列较密，间距较小，故被输送物料在输送时分成一段一段的锯齿状物料柱，从而大大提高了输送量，因而与同类型的普通料斗相比较，其输送量大，效率也较高。由于无底料斗在绕过头轮时，一只只料斗成辐射状，因此也能保证每只料斗的装料与抛卸。在设计时应注意：第一，无底料斗只能采用离心卸料方式；第二，只能输送散落性好的颗粒状物料；第三，只能采用逆向进料，并要求进料口的底部要高于底轮的水平中心线；第四，每组料斗的安装长度不能超过底轮周长的四分之一。

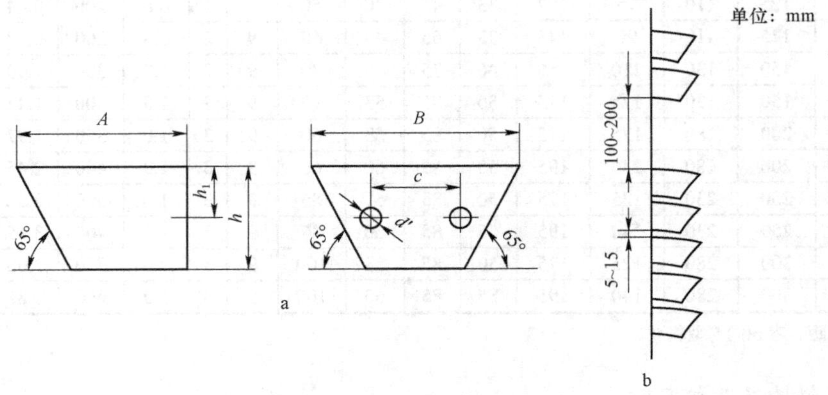

图 4-7　无底料斗

4）大半圆斗和圆形斗

大半圆斗和圆形斗是一种新颖料斗，它的特点是容量大，制造方便，可以做成深型料斗和无底料斗两种形式，深型料斗适合于输送粒状物，浅型料斗可输送粉状物。

2. 料斗与牵引构件的连接

料斗与牵引带的连接通常用螺钉，这种螺钉的头特别大，并有尖刺或筋，以便嵌入牵引带内防止滑动。螺钉的形状如图 4-8 所示。

料斗的安装形式如图 4-9 所示。安装间距 a 根据输送量和料斗的规格计算出后，还要符合如下关系：

$$\left.\begin{aligned}&\text{重力式卸料：}\quad a\geqslant(2.5\sim3.5)h\\&\text{混合式卸料：}\quad a\geqslant(2.0\sim2.5)h\\&\text{离心式卸料：}\quad a\geqslant(1.5\sim2.0)h\end{aligned}\right\}\qquad(4-7)$$

式中：h——料斗的深度，mm。

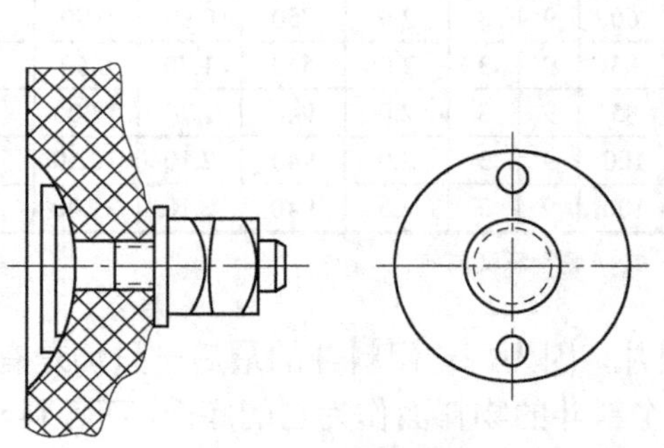

图 4-8　螺钉的形状

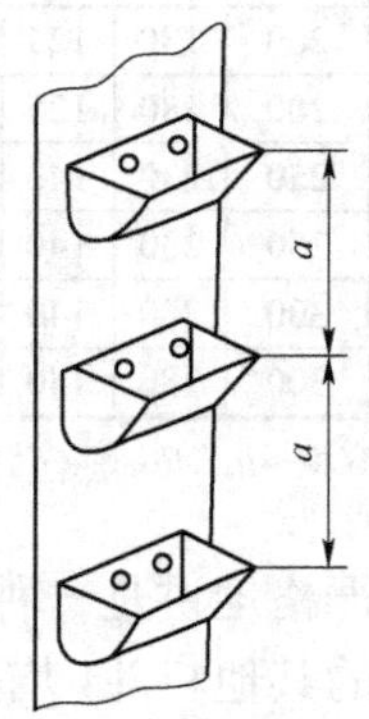

图 4-9　料斗的安装形式

牵引链与料斗的连接有两种形式。单链牵引时，一般采用斗背连接的方式；双链牵引时，则用料斗侧连接方式，把料斗装在两条链条之间。因单链牵引容易扭曲，故一般用于提升高度较低、料斗容量较小的斗式提升机。如果提升高度较高，链的下垂量也大，斗式提升机运行时链振动也很厉害，容易扭曲；若采用双链牵引料斗，则避免了单链牵引的弱点，斗式提升机运行得也较平稳。

4.3.3　驱动轮与张紧轮

驱动轮也叫头轮，张紧轮也叫底轮。带牵引的斗式提升机用鼓轮，链牵引的斗式提升机用链轮。

1. 鼓轮

鼓轮是用铸铁和钢板制成的，中间表面凸起 3～4 mm，以防带子跑偏。

1）头轮直径的选择

一般情况下，斗式提升机的头轮和底轮直径相同。头轮的直径（d）要与卸料方式配合，一般用式（4–8）计算：

$$\left.\begin{aligned}&\text{离心式卸料：}d=(0.185\sim0.204)v^2\\&\text{混合式卸料：}d=(0.205\sim0.286)v^2\\&\text{重力式卸料：}d=(0.306\sim0.612)v^2\end{aligned}\right\}\qquad(4\text{–}8)$$

式中：v——带速，m/s。

2）头轮直径的系列尺寸

头轮的直径可用前面的方法计算出，也可按表 4–6 选择。

表 4–6　最大提升高度和头轮直径的关系

提升高度/m	＜15		15～＜20	20～＜25		25～＜30		30～＜35		≥35	
头轮直径/mm	200		260	360		480		630		630	
料斗宽度/mm	90	110	130	180	230	180	230	280	340	280	340

3）斗式提升机的高度与头轮直径的关系

在一般情况下，当头式提机的高度较大时，头轮的直径相应地也要大些，此时底轮的直径就小于头轮。

2. 链轮

链轮常用铸钢或球墨铸铁制成。

链轮齿数根据速度选择，链轮齿数为 6、8、10、12、14、16、18、20 等。当斗式提升机的提升速度小时，齿数取小值，反之取大值，通常取 12～16。

4.3.4　机头

1. 主要结构

机头由头轮、传动轮、外壳、卸料口、短轴、轴承等组成，其结构如图 4–10 所示。

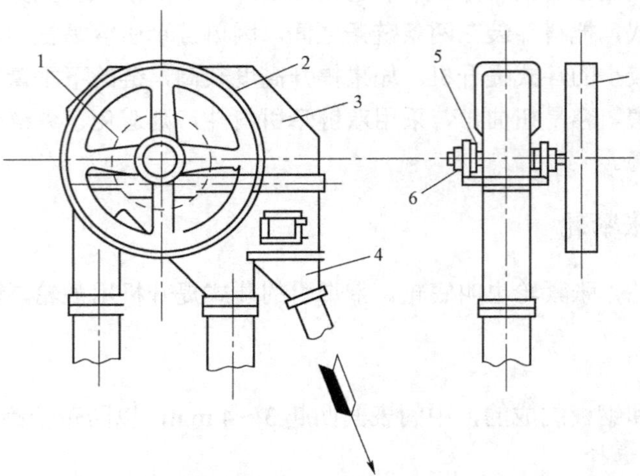

1—头轮；2—传动轮；3—外壳；4—卸料口；5—短轴；6—轴承。

图 4-10　机头的结构

2. 外壳的外形尺寸

提升机的机头外壳一般用薄钢板制成。机头外壳的外形尺寸，应该与从料斗内卸出的物料运行轨迹相适应。物料的运行轨迹由许多条抛物线组成，由于离心卸料和重力卸料的卸料方式不同，故不同的卸料方式其机头外壳的外形和尺寸均不同。

1）重力式卸料机头外壳的特点

重力卸料时，料斗内物料在到达头轮顶点以前，一般不会卸出，只有当通过头轮顶点并再转过一个角度后，才开始卸料，而且卸出的物料比较集中，其轨迹是倾斜向下的，水平方向抛射距离短，所以外壳可以制成平顶式，卸料口水平距离较近（见图 4-11）。

2）离心式卸料机头外壳的特点

离心卸料时，从回转运动开始，稍转过一定角度就已有少量物料抛出，从开始抛料到物料倒空，发生在头轮较大一段圆弧上，而且抛出的物料是分散的，部分物料倾斜向上，部分物料水平抛射距离较远，如图 4-12 所示。如果机头外壳的高度和长度不足，势必使一部分物料碰到机壳顶部而折回到下行机筒中，造成较多的回料，同时也会造成物料的破碎和机壳的磨损，故外壳一般做成圆弧状的。

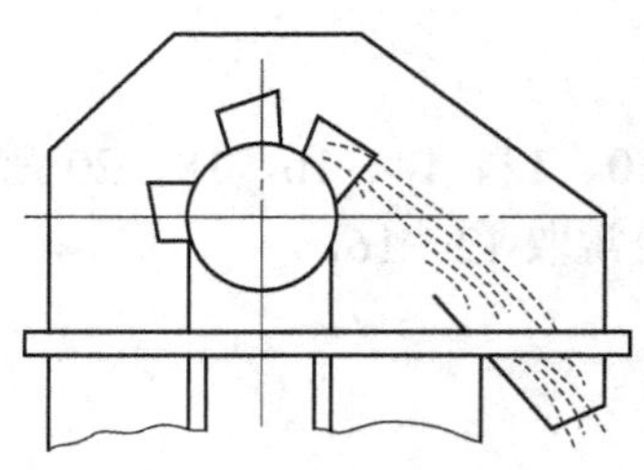

图 4-11　重力式卸料机头外壳

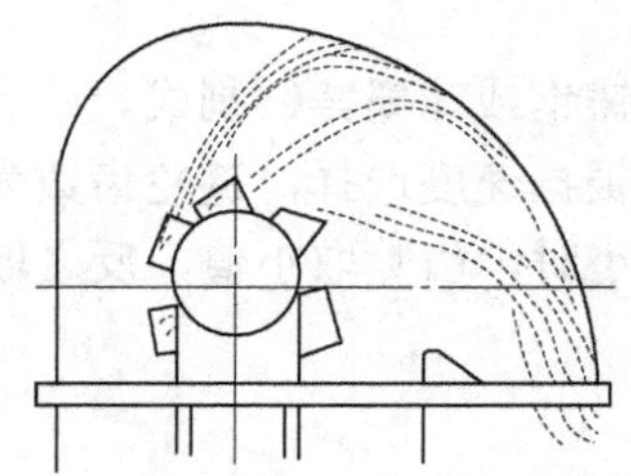

图 4-12　离心式卸料机头外壳

3）止逆装置

为了防止提升机因故障停车而逆转，机头上安装有止逆装置。通常采用的止逆装置有棘轮止逆器和滚柱止逆器，其结构如图 4-13 所示。在两种止逆装置中，滚柱止逆器较为常用，其工作过程为：棘轮用键与头轮轴连接在一起，棘轮上有装入滚柱的缺口，当轴与棘轮向起升方向旋转时，滚柱被摩擦力带到棘轮和固定的外壳之间空隙最宽的部分而不阻止轴和棘轮的旋转；当轴和棘轮向重物下降方向旋转时，滚柱则被摩擦力带到窄的部分并在外壳和棘轮之间被卡住，以阻止轴的旋转从而防止驱动轮逆转。为了使滚柱可靠地卡住，还装有弹簧。

棘轮止逆器的工作过程是：当棘轮在沿着载荷上升的方向旋转时，棘爪可以从棘齿的背面自由滑过。如果棘轮发生反转，棘爪便因其自重或依靠弹簧的作用而嵌入棘轮的齿槽中，制止了棘轮的逆向旋转。

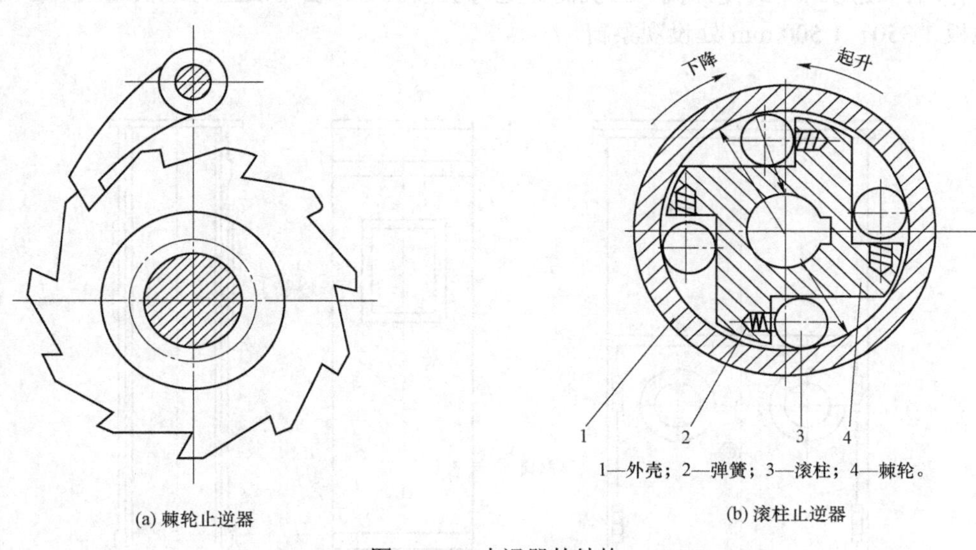

(a) 棘轮止逆器　　(b) 滚柱止逆器

图 4-13　止退器的结构

4.3.5　机筒

斗式提升机的机筒有矩形和圆形两种，一般矩形机筒较为常见。

1. 结构及尺寸

机筒横截面为矩形的矩形机筒，其大小应保证料斗带和料斗在运行时不碰撞筒壁。设计时，机筒左右两壁的距离应比料斗带宽 1.2～1.3 倍，前后两壁的距离应是料斗凸度的 1.6～2.0 倍。

对于圆形机筒，其断面尺寸即圆筒直径以矩形机筒的断面最大尺寸来参照选择。

2. 矩形机筒

矩形机筒有双筒式和单筒式两种。牵引带提升机常用双筒式，牵引链提升机则采用单筒式。机筒可以由薄钢板、木板或水泥板制成，也可由砖砌成，一般由薄钢板制成的较为常见。为了便于安装，由薄钢板制作的机筒，通常制成 1 500～2 000 mm 长的节段，为了方便连接，节段两端用角钢做法兰。

机筒通过每层楼面时，都应设置观察玻璃窗，以便观察斗式提升机的运行情况。观察窗的宽度与机筒宽度相等，长度为300～500 mm。观察窗的安装高度，其中心离地面约1.0 m，以便操作工人观察。

在机筒全长的中段，还应在机筒上设置一个检修门，或称安装门。此门可以打开，在安装和连接牵引带、修理或更换料斗时使用。检修门的长度为1.7 m。

3. 圆形机筒

圆形机筒是近年来新推出的机筒，用无缝钢管制造。它的特点是强度高、制造方便、外形美观，可以安装在室外，迎风阻力小。

与矩形机筒一样，圆形机筒在通过每一层楼面时也应设置观察窗，每台提升机还应设置检修门，其位置应适宜操作工人观察和检修，检修门多设在二楼，如图4-14所示。在立筒库的工作塔内使用的斗式提升机，当机筒穿过每层楼板时，要用法兰与地板连接，在每个楼层离地板1 350～1 500 mm处设观察窗。

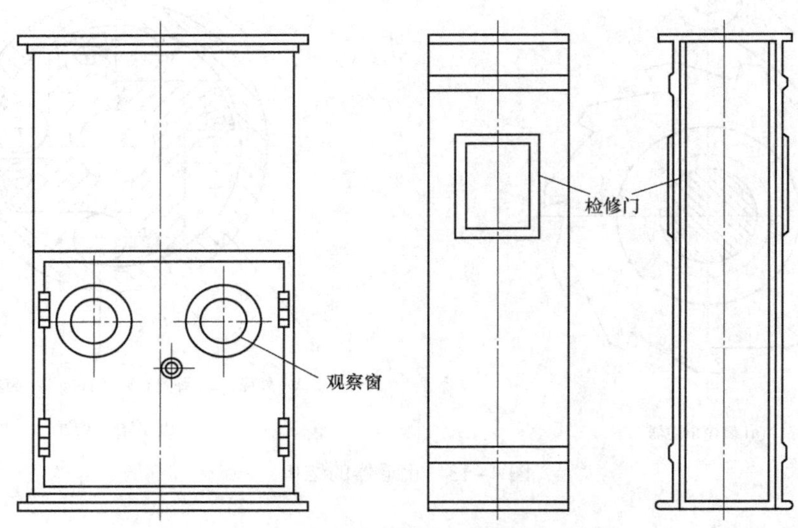

图4-14　机筒上的检修门和观察窗

4.3.6　机座

1. 机座的主要结构

斗式提升机的机座由张紧轮、张紧装置、机座壳和进料口等组成。斗式提升机的机座直接安装在地面上。根据不同的进料方法，装置不同的进料口。在机座底端左右两边的斜壁上，装有活动闸板，以便堵塞时排出机内物料。

2. 机座的外壳及进料斗

斗式提升机机座外壳及进料口通常用角钢和薄钢板制成，其结构如图4-15所示。

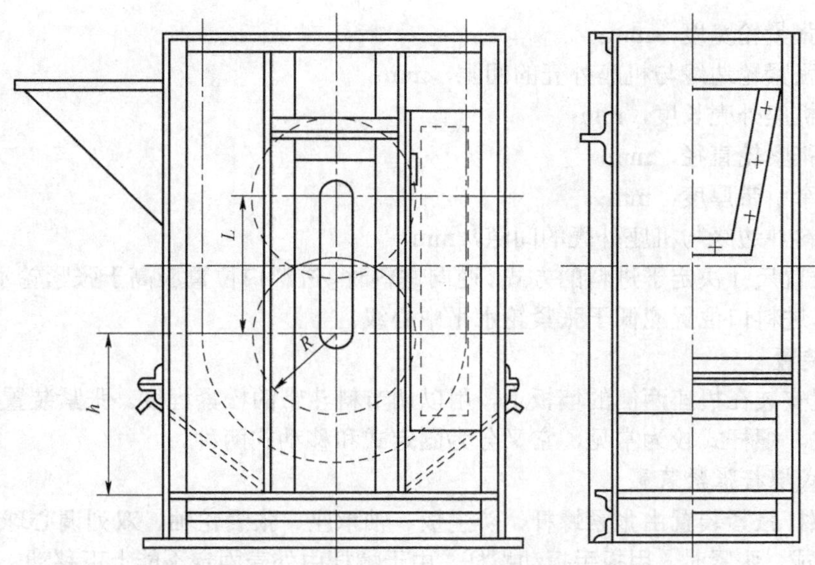

h——张紧轮轴的最低中心的高度；R——张紧轮轴半径；L——张紧行程。

图 4–15　机座的结构

机座外壳的尺寸主要依据底轮和料斗的尺寸来确定，如图 4–16 所示。机座外壳的宽度与机筒宽度相同，其高度要保证张紧轮调到最高点时低于机座上口。通常张紧行程 L 为 120～300 mm，张紧轮轴的最低中心的高度 h 应符合式（4–9）的要求：

$$h=R+\delta+A+30 \tag{4-9}$$

式中：h——张紧轮轴最低中心位置高度，mm；

R——张紧轮轴半径，mm；

δ——牵引带厚度，mm；

A——料斗凸度，mm；

30——料斗外缘与机座底的间隙，mm。

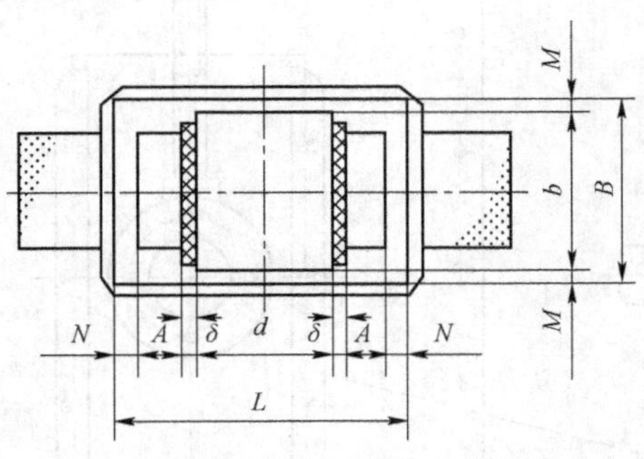

图 4–16　机座外壳的尺寸

机座外壳的长度可按式（4–10）计算：

$$\left.\begin{aligned}B=b+2M\\L+d+2\delta+2N\end{aligned}\right\} \tag{4-10}$$

式中：B——机座外壳宽度，mm；

b——张紧轮宽度，mm；

M——张紧轮边缘与机座外壳的间隙，mm；

L——机座外壳长度，mm；

d——张紧轮直径，mm：

δ——牵引带厚度，mm；

N——料斗边缘与机座外壳的间隙，mm。

进料斗位置尺寸决定于进料的方式。逆向进料时，进料口位置应高于张紧轮水平中心线；顺向进料时，进料口位置应低于张紧轮水平中心线。

3. 张紧装置

张紧装置安装在机座两侧的墙板上，用以调节料斗带的松紧程度。张紧装置有两种：螺杆式与重锤式。螺杆式较为常见，它又分为固定式和移动式两种。

1）固定式螺杆张紧装置

固定式螺杆张紧装置由张紧螺杆、防尘板、轴承座、张紧轮轴、双列调心球轴承、轴承盖、导向板组成。张紧时，用扳手扳动螺杆，由于螺杆由外壳固定不能上下移动，所以防尘板上的螺母就带着轴承座上下移动，从而带动张紧轮轴也上下移动而达到张紧或松开的目的。

2）移动式螺杆张紧装置

如图 4-17 所示，移动式螺杆张紧装置由手轮、螺杆、防尘板、轴承座、张紧轮轴、轴承盖、圆螺母、双列调心球轴承、导向板、销子和固定板组成。张紧时，拧动手轮，螺杆就上下移动，因螺杆端部有固定板与轴承座连接，所以轴承座就带着防尘板和张紧轮轴随螺杆一起上下移动，从而达到调节张紧轮改变牵引带松紧程度的目的。

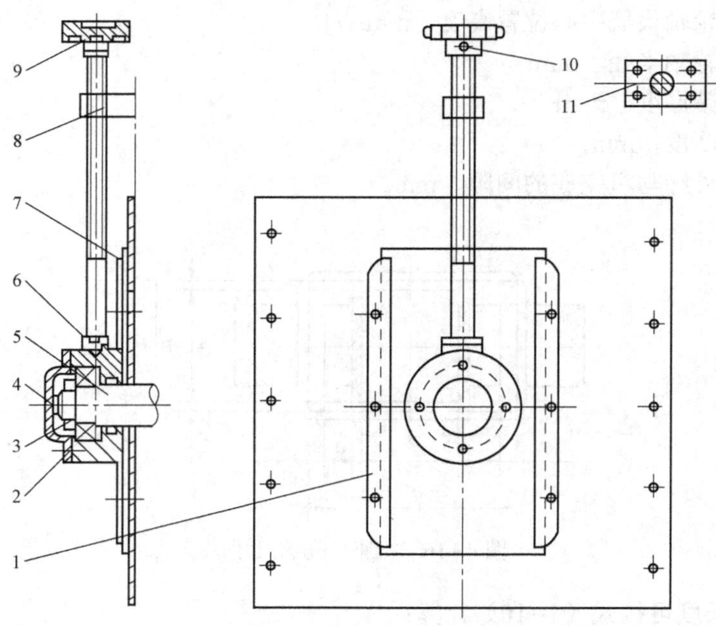

1—导向板；2—双列调心球轴承；3—圆螺母；4—轴承盖；5—张紧轮轴；6—轴承座；7—防尘板；8—螺杆；9—手轮；10—销子；11—固定板。

图 4-17　移动式螺杆张紧装置的结构

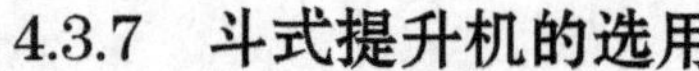

4.3.7　斗式提升机的选用

在粮食仓库、立筒库，以及碾米厂、制粉厂、杂粮和饲料加工厂中，当需要垂直升运颗粒与粉状物料时，均可根据需要来选择斗式提升机。

4.4　斗式提升机的设计计算

4.4.1　输送量的计算

当斗式提升机的输送量取决于每 m 牵引带上物料的流量和物料的提升速度时，则每秒的输送量为物料提升速度 v 与单位距离物流运输量 q 之积 qv，每小时的输送量 Q 为：

$$Q=3\,600qv \tag{4-11}$$

式中：$q=\dfrac{i}{a}\rho\varphi$，

i——料斗的容积，L；

a——料斗的间距，m；

ρ——物料的密度，kg/m^3；

φ——料斗的装满系数（见表 4-7）；

v——牵引带的运动速度，m/s；物料提升速度 v 的取值如下：对于流动性好的物料：v=2.5～3.5 m/s；对于稻谷、小麦等物料：v=1～2.5 m/s；对于粉料：v=0.6～1.5 m/s；对于块料：v=0.6～1 m/s。

代入式（4-11）得到提升机每小时的输送量为：

$$Q=3.6\frac{i}{a}\rho\varphi v \tag{4-12}$$

式（4-12）中，Q 的单位为 t。由于供料的不均匀或其他原因，计算的输送量往往大于实际输送量，实际输送量用计算的输送量除以供料不均匀系数得到。

$$Q_{实}=\frac{Q}{K} \tag{4-13}$$

式中：K——供料不均匀系数，取 1.2～1.6。

表 4-7　料斗的装满系数

料斗线速度/（m/s）	深型料斗	浅型料斗	无底料斗
1.5～2.5	0.75～0.9	0.7～0.85	0.85～0.95
2.5～4.0	0.7～0.8		

4.4.2 功率的计算

斗式提升机所需的驱动功率取决于牵引带运动时所克服的一系列阻力，其中包括提升物料的阻力、运行部分的阻力和料斗装料时的阻力等。料斗装料时的阻力较为复杂，需通过实验确定其大小。

斗式提升机的轴功率可按经验公式计算：

$$N_0 = 1.15\frac{1\,000Qh}{3\,600\times102} + \frac{1\,000k_1qhvK^2}{3\,600\times102} = \frac{Qh}{367}(1.15 + k_1k_2v) \tag{4-14}$$

式中：N_0——轴功率，kW；

Q——每小时输送量，t；

h——提升高度，m；

q——牵引带上每米载荷，kg/m；

v——牵引带运动速度，m/s；

k_1——提升物料的阻力系数（见表 4-8）；

k_2——带式提升机取值 1.6，链式提升机取值 1.3。

表 4-8 提升物料的阻力系数

每小时输送量 Q/t	＜10	10～＜25	25～＜50	50～＜100	≥100
k_1	0.6	0.5	0.45	0.4	0.35

为了便于计算，将运行部分和料斗提取物料的阻力取一常数η来代表，则式（4-14）简化为：

$$N_0 = \frac{Qh}{367\eta} \tag{4-15}$$

式中：η——牵引件运转机械效率，根据提升高度来确定，参考取值如表 4-9 所示。

表 4-9 η参考取值

提升高度 h/m	＜30	30～＜40	40～＜50	50～＜60
η	0.7	0.75	0.8	0.85

斗式提升机的电动机所需功率按下式计算：

$$N = k\frac{N_0}{\eta_0} \tag{4-16}$$

式中：N——电动机功率，kW；

N_0——轴功率，kW；

k——功率储备系数（见表 4-10）；

η_0——总传动效率，取值如表 3–19 所示。

表 4–10　功率储备系数

提升高度/m	<10	10～<20	≥20
k	1.45	1.25	1.15

［例 4–1］某斗式提升机每小时的输送量为 30 t，提升高度为 20 m，由一对 V 带轮和齿轮减速器传动，试求提升机所需的驱动功率和电动机功率。

解：已知 Q=30 t，h=20 m，根据表 4–9，取η=0.7，代入式（4–15）得：

$$N_0 = \frac{Qh}{367\eta} = \frac{30\times 20}{367\times 0.7} \approx 2.34\ (\text{kW})$$

由于提升机为 3 级传动，总传动效率为各级传动效率之积，故

$$\eta_0 = \eta_1\times\eta_2\times\eta_3$$

查表 3–19：η_1=0.92，η_2=0.95，η_3=0.98

$$\eta_0 = 0.92\times 0.95\times 0.98 \approx 0.857$$

查表 4–10，功率储备系数 k 取值 1.25，代入式（4–16）得电动机功率：

$$N = k\frac{N_0}{\eta_0} = 1.25\times\frac{2.34}{0.857} \approx 3.41\ (\text{kW})$$

查电动机技术参数表，可选 Y112M–2 额定功率为 4.0 kW 的电动机一台。

4.5　斗式提升机的安装、操作与维护

4.5.1　安装要求

① 当安装斗式提升机时，应先固定好机座，把机座固定在基础预埋的地脚螺钉上。为了便于校正机座的水平度和增大承重面积，可在机座底部与基础之间垫以 30～50 mm 厚的木板。

② 根据工艺要求，将机筒自下而上逐节安装至机头。头轮轴对水平面的平行度误差不大于 0.3 mm，机身全高的垂直度及扭曲度偏差不大于 8 mm，底轮轴与头轮轴位于同一铅垂面内，其扭曲度偏差不大于 7 mm。

③ 机筒法兰连接处用橡胶（或石棉）衬，并紧固连接螺栓，法兰边的连接处不得有明显的错位和缝隙。

④ 在工作塔和车间内安装的斗式提升机，当穿过每层楼板时，均应该用法兰与楼板固定，以防止其倾斜和位移。如果无须穿过楼板，应该安装支撑或支架来固定斗式提升机的机壳，其中支架可固定提升机于附近的建筑物上。

⑤ 机壳安装完毕后，再安装料斗带和料斗。料斗带需经预拉伸后方可打孔装料斗，然后将料斗带由提升机的机头放入，绕过头轮和底轮，由检修门拉出，通过专门的料斗带拉紧

工具将料斗带拉紧（这时应把底轮调到最高位置）。

⑥ 提升机装配完成后，向各润滑系统中加注必要的润滑油，先做 2 h 无负荷试车。在无负荷试车满意后，再进行 16 h 的有负荷试车。经检验无误后，便可投入生产使用。

4.5.2 操作与维护

① 开车前应做常规检查，即检查紧固件、安全防护及设备润滑情况等。

② 斗式提升机必须空载起动，进料必须均匀，出料管必须畅通，以免进料过多或排料不畅引起堵塞。若发生堵塞，应立即停止进料和停机，将机座上的插板拉开，排出物料（注意，不能把手伸进去扒料），直至料斗带能重新运行，然后再把插板插上，再开机、进料。

③ 当斗式提升机运转时，应保证料斗带在机筒正中间运行。如果发现料斗带有跑偏现象或因料斗带松弛而引起料斗和机筒摩擦现象，要及时调整张紧装置的螺杆，使其正常运行。

④ 严防大块异物落入机座，以免损坏料斗和影响斗式提升机运行。当用斗式提升机提升没有经过清理的物料时，应在进料口加设铁栅网，以防稻草、麦秆、绳子等杂物进入机座而缠死机件。

⑤ 应定期检查斗式提升机料斗带的张紧程度、料斗与料斗带的连接是否牢固等。若发现螺钉松动、脱落及料斗歪斜和破损现象，应及时检修或更换，以免发生重大事故。

⑥ 若发生突然停机情况，必须先将机座内积存的物料排出，然后才能再次开机。

⑦ 停车时先停料，待机内物料排空后再停机。

4.5.3 防爆要求

据统计，粮食立筒库粉尘爆炸，有 23%起源于斗式提升机。因此斗式提升机的防爆问题应该引起足够的重视。目前国内较常见的斗式提升机防爆方法如下：

① 装设泄爆孔。当压力增大时，能自动泄爆降压。泄爆孔多数设置于机头，也可设置于机座。泄爆孔是在机壳上开设的若干个圆孔，平时盖上特制的橡胶圆盖，当机内压力增大时，橡胶圆盖就被冲开从而泄爆，避免事故发生。

② 在斗式提升机传动轴的轴头上装设速度监控仪。

③ 采用热电偶检查轴承的温度，防止因轴承发热而引起粉尘爆炸。

④ 采用塑料料斗，以避免在机中产生碰撞火花。目前国内已有多家工厂生产塑料料斗，用聚丙烯或聚乙烯加 1% 抗静电剂压制成形。塑料料斗有重量轻、耐磨、制造容易、寿命长等优点，而且在使用的过程中不会因碰撞而产生火花。在提升粉料时，常在料斗底部钻若干个直径为 6 mm 的小孔，以减少负压，使装料、下料顺利。

⑤ 装设皮带位移监控仪。皮带位移监控仪是一个压力传感器，用于防止因皮带横向偏移对机侧壁产生挤压摩擦事故、使料斗碰撞机壳引起的火灾事故，以及损坏料斗带和料斗的事故。

⑥ 在驱动轮表面加胶衬，以防牵引带打滑。

⑦ 在进料口或出料口装设吸风管，以降低机内粉尘浓度，使其不能产生粉尘爆炸。

4.5.4 常见故障及排除方法

斗式提升机常见故障及排除方法如表 4–11 所示。

表 4-11　斗式提升机常见故障及排除方法

故障	原因	排除方法
堵塞严重	① 操作不当。 ② 进料不均匀。 ③ 提升中撒料过多。 ④ 回料过多。 ⑤ 料斗带打滑	① 按正确方法操作。 ② 做到均匀进料。 ③ 增大张紧力，做到稳定提升。 ④ 找出原因，尽量减少回料量。 ⑤ 增大张紧力
回料过多	① 卸料方式与被输送的物料不对应。 ② 料斗形式与被输送的物料不对应。 ③ 料斗形式与卸料方式不对应。 ④ 机头外壳形状和尺寸与卸料方式不对应。 ⑤ 挡板位置不对。 ⑥ 带速过快或过慢。 ⑦ 排料不畅	① 根据物料特性选择卸料方式。 ② 根据物料特性选择料斗形式。 ③ 按要求选用卸料方式和料斗形式。 ④ 重新设计，改变机头外壳形状和尺寸。 ⑤ 调整挡板，使之低于头轮边缘。 ⑥ 调整带速。 ⑦ 疏通排料管
料斗带打滑	① 过载。 ② 张紧力不够	① 减少进料量。 ② 增大张紧力
输送量降低	① 料斗带打滑。 ② 进料量不够。 ③ 回料量多。 ④ 料斗数量不够、歪斜损坏或脱落	① 防止打滑。 ② 增大进料量。 ③ 尽量减少回料量。 ④ 检查料斗完好情况，及时更换破损料斗
动耗过大	① 轴承安装倾斜。 ② 轴承内太脏、缺油。 ③ 轴承损坏。 ④ 回料量多。 ⑤ 张紧装置调节过紧	① 按要求重新安装轴承。 ② 清洗轴承并及时加润滑油。 ③ 更换损坏的轴承。 ④ 找原因，针对原因纠正。 ⑤ 放松张紧装置
粮粒破损率大	① 料斗外缘锋利。 ② 粮粒落入料斗带与底轮之间。 ③ 回料量过多	① 料斗上口卷边。 ② 尽量采用逆向进料，或降低机座内物料高度。 ③ 设法减少回料量
料斗带跑偏	① 头轮轴水平度超标。 ② 底轮轴与头轮轴不平行	① 调整机头轴承座垫片。 ② 调整机座张紧丝杆
机内异常响动	① 料斗带跑偏碰壁。 ② 料斗带摆动，使料斗碰壁。 ③ 料斗螺栓松动，使料斗脱落损坏。 ④ 有异物掉入机筒。 ⑤ 料斗与挡板间隙过小	① 调紧张紧丝杆。 ② 适度张紧丝杆。 ③ 紧固料斗螺栓，更换损坏的料斗。 ④ 立即停机，取出异物。 ⑤ 调整挡板位置
输送量达不到设计要求	① 进料不够。 ② 回流严重。 ③ 料斗带打滑	① 控制进料。 ② 调整挡板位置。 ③ 张紧丝杆，增加头轮、底轮摩擦
灰尘过大	① 除尘网效果不好。 ② 机壳破裂	① 找出原因并改正。 ② 及时修补

思考与练习题 4

1. 斗式提升机是什么设备？它的主要工作构件是什么？
2. 斗式提升机的工作过程是怎样的？
3. 斗式提升机的进料方式有几种？各有什么特点？
4. 斗式提升机的卸料方式有几种？各有什么特点？
5. 斗式提升机的料斗有几种形式？它们各有什么特点？
6. 塑料料斗有何特点？
7. 斗式提升机的张紧装置结构如何？如何进行调整？
8. 三种卸料方式对应的外壳各有何特点？
9. 机筒一般应满足什么条件？
10. 影响斗式提升机输送效率的因素有哪些？生产中如何避免？
11. 斗式提升机防爆的方法有哪些？
12. 某厂需用一台斗式提升机，每小时输送量为 20 t，提升高度为 15 m，输送物料是小麦（密度为 0.75 t/m^3），减速电动机驱动。试选定斗式提升机各项参数及电动机功率。
13. 已知斗式提升机张紧轮直径 d=500 mm，转速为 80 r/min，料斗宽度 B=130 mm，间距 a=250 mm，装满系数φ=0.75，物料密度ρ=0.7 t/m^3。试计算输送量。
14. 简述斗式提升机机座堵塞的原因和处理方法。
15. 简述斗式提升机物料回流的原因和处理方法。
16. 斗式提升机的完整型号表示包括哪些内容？举例说明。

第 5 章　刮板输送机

刮板输送机借助牵引构件上刮板的推力作用，使散粒物料沿着料槽移动，从而实现物料的连续输送。刮板输送机可分为普通刮板输送机和埋刮板输送机。工作时料槽内物料处于牵引构件下方的刮板输送机称为普通刮板输送机；料槽内物料将牵引构件和刮板完全埋没的刮板输送机称为埋刮板输送机。

与带式输送机不同，刮板输送机的下分支为工作分支，散粒物料聚积在料槽底部，在刮板推动下向前输送，当物料移动到料槽底部的开口处（即卸料口）时靠重力作用卸出。

5.1　普通刮板输送机

5.1.1　一般结构

图 5-1 是普通刮板输送机的结构示意图。牵引构件上固定着刮板，刮板可以在机壳内沿着料槽（机壳）的下部分运动；机壳上方开设进料口，下方开设卸料口；牵引构件环绕在驱动轮和张紧轮上，由驱动轮驱动，张紧轮张紧，为了防止牵引构件的无载分支下垂，其下方装设托辊；为了防止牵引构件的有载分支上浮，其上方装设压辊。

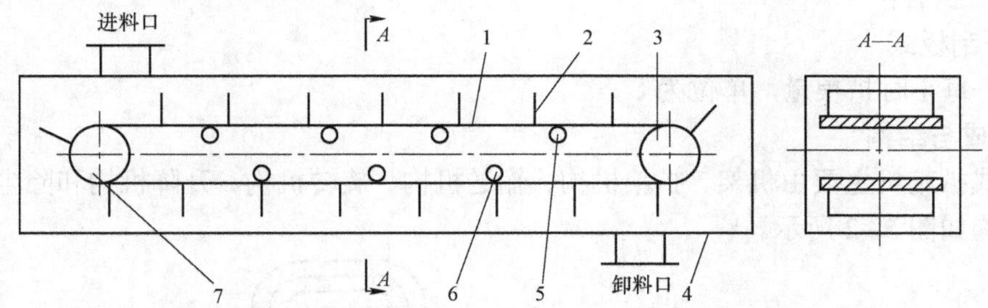

1—牵引构件；2—刮板；3—驱动轮；4—机壳；5—托辊；6—压辊；7—张紧轮。

图 5-1　普通刮板输送机的结构示意图

5.1.2　工作原理及应用

普通刮板输送机工作时，物料从进料口流入机壳，在刮板的推动下进入料槽。当物料在运动方向上受到的刮板推力足以克服料槽对物料的阻力时，物料将随刮板一起沿着料槽前进。当物料行至卸料口时，物料在自身重力作用下，从料槽底部的卸料口卸出。

普通刮板输送机根据物料的输送方向可分为：水平型、倾斜型及混合型三种。在粮油工业中刮板输送机使用的最大输送倾角为35°。倾斜输送时，随着输送倾角 β 的增加，生产率将有明显下降。

普通刮板输送机的优点是：结构简单，在输送长度上可在任意点进料或卸料；机壳密闭，可以防止输送物料时粉尘飞扬而污染环境；整机体积小，占用空间少；当其尾部不设置机壳，并将刮板插入料堆时，可自行取料。其缺点是：物料在料槽内滑行，运动阻力大，机件的磨损大；当空载或欠载工作时，由于牵引构件的有载分支下方不设支承，因此，牵引构件容易下垂，使刮板和槽底接触，增加机件的磨损，故该机种的输送距离不能太大；当刮板工作时，处于悬臂受力状态，因此刮板高度较小，故该机种的输送生产率较低。在粮油工业中普通刮板输送机常用于车间内部对轻质副产品的短距离输送。由于它有自行取料的特点，所以在粮食仓库中将其组合成各种形式的扒粮机，用于散粮的装卸。

5.2 扒 粮 机

扒粮机又称扒谷机。根据扒粮机在粮堆中挖取物料的形式不同，可以分为以下几种：刮板式扒粮机、翼轮式扒粮机、螺旋式扒粮机等。

5.2.1 刮板式扒粮机

刮板式扒粮机是以布带、胶带或链条为牵引构件，利用刮板在粮堆中挖取谷物，并通过带式输送机将谷物送至其他输送设备的一种散粮出仓设备。

1. 名称及型号

扒粮机的产品型号按专业代号、品种代号、型式代号和产品的主要规格顺序编制。例如在刮板式扒粮机型号“CPGG50”中：

C——粮仓机械；

PG——扒谷；

G——刮板式

50——每小时扒粮量，单位为 t。

2. 组成与结构

刮板式扒粮机主要由机架、扒粮机构、输送机构、旋转机构、升降机构和除尘系统等组成，其结构如图 5-2 所示。

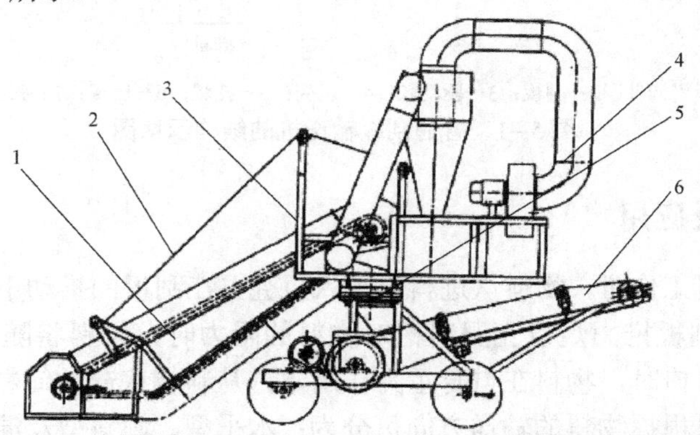

1—扒粮机构；2—升降机构；3—机架；4—除尘系统；5—旋转机构；6—输送机构。

图 5-2 刮板式扒粮机（带除尘系统）的结构

扒粮机构主要由链条、刮板、驱动装置等组成。扒粮机工作时主要依靠扒粮机构从谷物堆中挖取物料。物料从扒粮机构的尾部落入输送机构，由输送机构输送到其他输送设备或直接进行打包。

升降机构用于调整扒粮机构与地面之间的夹角，主要由钢丝绳、绞盘、蜗轮蜗杆、电动机、滑轮及手轮组成，如图 5–3 所示。

图 5–3　升降机构

旋转机构使扒粮机构能在 180° 的角度范围内旋转，使得扒粮机在不移位的情况下，扒粮机构一直能从谷物堆中挖取物料。

除尘系统的作用是改善工作环境，将含尘空气处理后排入大气。

目前，中小型储备库使用的刮板式扒粮机一般不带除尘系统，常用于露天作业，如图 5–4 所示，其工作过程如图 5–5 所示。

图 5–4　刮板式扒粮机

图 5-5　刮板式扒粮机的工作过程

刮板材料有金属和非金属（常用聚乙烯塑料）两种，刮板如图 5-6 所示。

图 5-6　刮板

5.2.2　翼轮式扒粮机

1. 名称及型号

翼轮式扒粮机型号与刮板式扒粮机型号类似，不同之处在于“G”被“Y”替代，例如在翼轮式扒粮机型号“CPGY50”中：

C——粮仓机械；

PG——扒谷；

Y——翼轮式；

50——每小时扒粮量，单位为 t。

2. 组成与结构

翼轮式扒粮机主要由翼轮扒粮机构、带式输送机、电器控制箱、除尘系统、出粮口等组成，其结构如图 5-7 所示。

翼轮式扒粮机是房式仓散粮出仓机械的一种。扒粮部分是一对能相对转动的翼轮。翼轮直径为 600 mm，由薄钢板制成，具有五个翼片。翼片前端制成圆弧形，其曲率半径为 100 mm。翼电动机经过变速（减速）后，将功率传递到翼轮上，使翼轮进行相对转动来完成扒粮任务。

工作时，翼轮式扒粮机主要依靠头部的两个翼轮从谷物堆中挖取物料。物料由带式输送机输送到其他输送设备或直接进行打包。

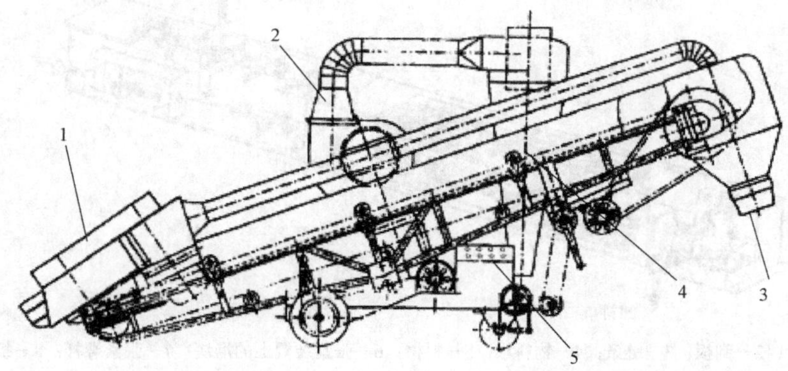

1—翼轮扒粮机构；2—除尘系统；3—出粮口；4—带式输送机；5—电器控制箱。

图 5-7　翼轮式扒粮机的结构

5.2.3　螺旋式扒粮机

螺旋式扒粮机是利用快速螺旋输送机的原理，将进料口变为开放式。可参阅螺旋式输送机相关章节的内容。

5.3　埋刮板输送机

5.3.1　概述

埋刮板输送机是由普通刮板输送机发展而来的。它的牵引构件是链条，承载构件是刮板。通常把刮板和链条组合在一起，统称为刮板链条。埋刮板输送机工作时，借助运动的刮板链条的推力，使料槽中的散粒物料与刮板链条成为一个连续的整体而被输送。在输送过程中，刮板链条埋没于被输送的物料中，故称为埋刮板输送机。埋刮板输送机是粮油、食品工业中的主要输送设备之一。

1. 埋刮板输送机的一般结构

埋刮板输送机由封闭形的机壳、刮板、链条等部分组成，如图 5-8 所示。埋刮板输送机的基本形式有水平型、垂直型和综合型。埋刮板输送机在工作时，物料由进料口进入机壳，在料槽（机壳的一部分）内受到刮板的推力，与刮板链条结成一个整体，一同向前运动，到达料槽的卸料口时，物料在重力作用下自行卸出。驱动装置的作用是将电动机的动力通过链轮传递给刮板链条。张紧装置的作用是保持刮板链条具有一定的初张力。

2. 埋刮板输送机的分类及适用范围

埋刮板输送机分为固定式和移动式两种，固定式埋刮板输送机的机壳固定安装在厂房的基础上，移动式埋刮板输送机的机壳安装在可移动的机座上，悬吊式埋刮板输送机可固定、可移动。固定式又分水平型（MS 型）、垂直型（MC 型）、混合型（MZ 型）、扣环型（MK 型）、平面环型（MP 型）、立面环型（ML 型）、给料型（MG 型）等多种形式，如图 5–9 所示。

进料口
卸料口
1
2
3
4
5
6
7
8

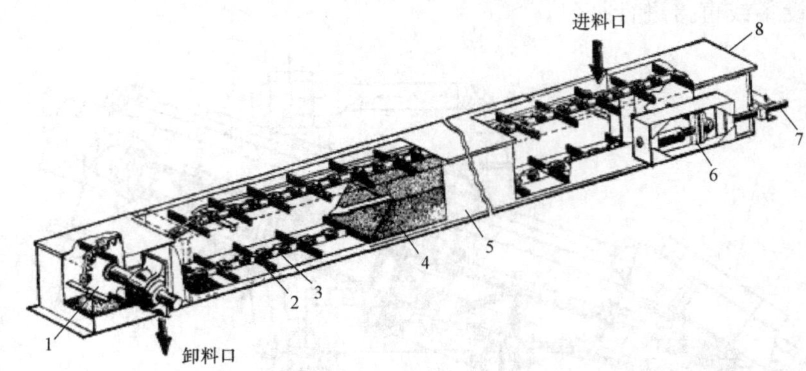

1—链轮；2—刮板；3—链条；4—物料堆；5—料槽；6—张紧装置上的滑块；7—张紧螺杆；8—机壳。

图 5–8　埋刮板输送机

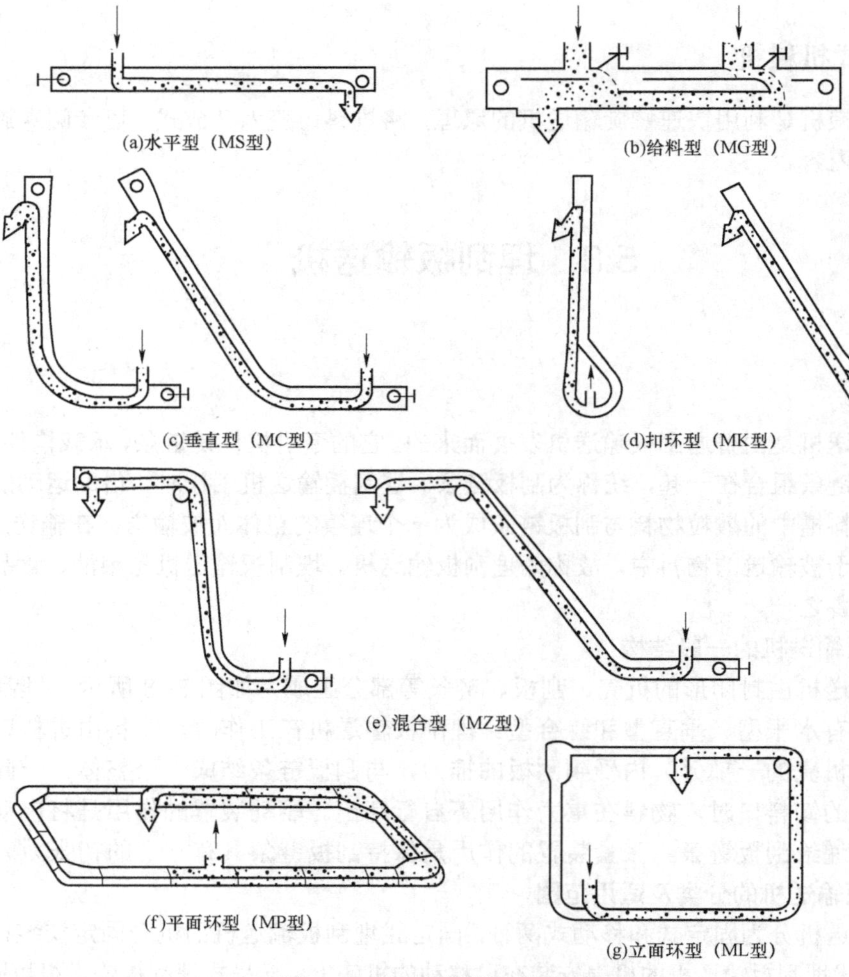

(a)水平型（MS型）
(b)给料型（MG型）
(c)垂直型（MC型）
(d)扣环型（MK型）
(e) 混合型（MZ型）
(f)平面环型（MP型）
(g)立面环型（ML型）

图 5–9　埋刮板输送机的主要形式

① MS 型是最为普遍的水平型埋刮板输送机，既可水平输送，也可小角度倾斜输送（$\beta \leqslant 15°$），其输送长度可达 80～120 m，适用于一般性散粒物料，可多点进取和多点卸料。

② MG 型是机壳中间有隔板的水平型埋刮板输送机，机壳上方开有数个进料口，可通过计量闸门调整各进料口物料的比例。有隔板的水平型埋刮板输送机的使用倾角可略大于无隔板型。

③ MC 型为垂直型埋刮板输送机，输送倾角可达 90°，提升高度可达 30 m，它能满足工艺设计的特殊需要，适用于一般性散粒物料，也可输送流动性差、卸料难的物料。

④ MZ 型为混合型埋刮板输送机，其中水平–垂直–水平型使用得较为普遍，上水平段可进行多点卸料，提升高度一般为 20 m；上水平段长度不大于 30 m，多用于向料仓进料。图 5–9（e）中水平–倾斜–水平型的上水平段不装底板，物料进入料仓后，刮板可起平仓用。

⑤ MK 型为扣环型埋刮板输送机，可以水平、倾斜和垂直输送物料，占用空间较少，还可以从料堆中自行取料，水平部分可多点卸料。

⑥ MP 型是平面环型刮板输送机，可以进行多点进料和卸料，还可以将物料分配到各个使用点，也可将各点物料收集后统一卸出，整机除有矩形环外，还可以制成其他形状的平面环形。

⑦ ML 型是立面环型刮板输送机，它可多点进料和卸料，适用于多个料仓间的循环输送，可以完成物料的进仓、出仓、倒仓、清仓等多种作业。

埋刮板输送机还可以有多种组合形式来满足生产工艺的要求。组合时，各种形式的埋刮板输送机串联或并联使用。它们可以组合成以 MS 型为主的组合形式、以 MZ 型为主的组合形式和以 MC 型为主的组合形式。埋刮板输送机可布置在室内，也可布置在室外。在室外使用时，因其是密封的，可免去其他防雨设备。

3. 埋刮板输送机的型号及基本参数

埋刮板输送机按结构分为 5 种形式：水平型（S 形）、垂直型（C 形）、Z 形、扣环型（K 形）和 U 形。粮食仓库中水平型、U 形用得较多，油厂中 C 形、Z 形用得较多。型号表示方法为：刮板输送机型号由专业代号、品种代号、型式代号和规格组成，专业代号、品种代号、型式代号均用汉语拼音字母的大写表示。规格以料槽宽度的 cm 数表示。埋刮板输送机的料槽有效宽度如表 5–1 所示，埋刮板输送机的料槽有效高度（h）如表 5–2 所示。

表 5–1　埋刮板输送机的料槽有效宽度

料槽有效宽度代号	12	16	20	25	32	40	50	63	80	100
料槽有效宽度（B）/mm	120	160	200	250	320	400	500	630	800	1 000

表 5–2　埋刮板输送机的料槽有效高度

<table>
<tr><td colspan="2">料槽有效宽度（B）/mm</td><td>120</td><td>160</td><td>200</td><td>250</td><td>320</td><td>400</td><td>500</td><td>630</td><td>800</td><td>1 000</td></tr>
<tr><td rowspan="2">料槽高度（h）/mm</td><td>S 形、U 形</td><td>120</td><td>160</td><td>200</td><td>250</td><td>320</td><td>400</td><td>500</td><td>630</td><td>800</td><td>1 000</td></tr>
<tr><td>C 形、Z 形、K 形</td><td>100</td><td>120</td><td>130</td><td>160</td><td>200</td><td>250</td><td>280</td><td>320</td><td></td><td></td></tr>
</table>

刮板链条速度为：0.16、0.20、0.25、0.32、0.40、0.50、0.63、0.80、1.0 m/s。粮仓用的刮板输送机因为输送量大，所以刮板链条速度均在 0.50 m/s 以上。

4. 埋刮板输送机的特点

埋刮板输送机的优点是：结构简单，体积小，密闭性能好，安装、维修方便，可以多点进料和卸料，若使用双向弯曲的刮板链条，则可向空间任一方位输送物料，工艺布置极为灵活。它可以输送粉状、粒状、含水量大、含油量大或含有一定易燃易爆溶剂的物料，生产率稳定，并容易调节。

埋刮板输送机的缺点是：刮板链条工作条件恶劣，滑动摩擦多，容易磨损；不适于输送黏性大的物料，输送速度低，工作效率较带式输送机或斗式提升机低。

埋刮板输送机在国外已有较长的发展历史，目前正向着机体大型化和高生产率化方面发展，水平型料槽宽度大，已达到 1 000 mm，生产率已达 1 000 t/h，当采用双排链条时，输送谷物的生产率高达 1 500 t/h；输送长度超过 150 m。垂直型料槽宽度达 500 mm 以上，生产率达 500 t/h。在我国粮油工业中，埋刮板输送机还属年轻的机种，通过近年来的生产实践，已经确立了它的重要地位。我国埋刮板输送机的设计和制造水平还比较低，产品种类少，使用范围小，产品的规格小，输送能力低。现在产品槽宽在 400 mm 以下，水平输送距离为 30～40 m，提升高度为 20 m 左右，生产率在 100 t/h 以下，这些与国外相比还有一定的差距。另外，我国的埋刮板输送机由于受到钢材的限制，无论是强度、耐磨性还是使用寿命还都比较低。

5.3.2 埋刮板输送机的工作过程

1. 链传动原理

埋刮板输送机的牵引构件为链条，在工作中，驱动链轮通过轮齿与链节的啮合，将圆周力传递给牵引链条，链条上的刮板将力再传递给被输送的物料。

链传动是一种啮合传动，与摩擦传动比较，其优点是：链条的强度高，工作安全可靠，链条受拉后伸长变形小，容易连接承载构件，耐腐蚀，不怕油和热。其缺点是：链条自重大，磨损严重，传动不平稳，不适于高速工作，工作时有冲击和噪声。

2. 链传动的失效

① *跳齿与掉链*。链条链节磨损后，节距增大，链节势必沿着轮齿齿廓向外移动，节距增大越多或链轮齿数越多，链节向外移动也越多，当向外移动的距离超过轮齿齿顶后，则形成跳齿。当跳齿时，若链轮轴倾斜或链条稍有横向摆动即形成掉链。链传动中各零件的正确安装和正确使用，是减少链条磨损的主要措施。另外，保持链条足够的初张力，也是防止跳齿和掉链的有效措施。

② *断链*。链条中的销轴、链杆或链板，被磨损后强度下降，传动时链条产生断裂，即为断链。另外，工作中的意外载荷也会引发断链。

③ *疲劳破坏*。因链条元件承受交变载荷和冲击载荷，在经过一定的循环次数后，材料的持久强度不足，从而产生疲劳破坏，即为疲劳破坏。在高速传动中，这现象更为常见。

④ *轮齿磨损*。由于链传动中啮合部位润滑不良，或虽有润滑，但链轮在恶劣环境中工作，会导致轮齿产生较大磨损，引起齿廓发生变化，从而影响传动的平稳，增加动载荷，加速链传动的失效。

一般情况下，链轮的使用寿命比链条长得多。当把链轮的齿数和链条的节数制成互为奇偶数时，可以形成均匀磨损，延长它们的使用寿命。

3. 水平输送

当埋刮板输送机水平输送，或做输送倾角 β 小于被输送物料的动摩擦角的倾斜输送时，均称为水平输送。水平输送时，承受刮板直接推力的物料层称为牵引层。牵引层以上的物料称为被牵引层，当这两层间的内摩擦力大于糟壁对被牵引层物料的外摩擦力时，被牵引层物料就会随同牵引层物料一同运动。当料层的高度与料槽宽度之比满足一定条件时，料流内颗粒之间的相互位置是稳定的。

对于水平型埋刮板输送机，料槽宽度 B 越大，物料层的高度 h 越小，对输送越有利；物料的表面越粗糙，料槽内壁越光滑，对输送越有利。当被输送物料的种类与料槽的结构确定之后，输送量 Q 只与物料的流动速度成正比，物料层高度与料槽宽度之比为定值，因此理论上水平型埋刮板输送机可以作为定量给料器使用。作为输送机械使用时，料槽的工作高度 h 与料槽宽度 B 之比值应取得低一些，这是因为料槽壁对物料运动的阻力与物料层的高度的平方成正比。为了减少输送物料时能量的损耗、提高输送的机械效率，常选用较小的物料层高度，设计时多取 $h/B=1$。

4. 垂直输送

当埋刮板输送机的输送倾角 β 大于被输送物料的动摩擦角，小于或等于 90° 时，称为垂直输送。垂直输送时，物料在垂直方向受到刮板推力、自身重力及垂直段下段的物料对上层物料的支承反力，这些垂向压力在散粒物料中会以一定比例向侧向传递，形成物料间及物料对料槽壁间的侧向压力，而侧向压力又构成使物料间相对稳定的内摩擦力及阻止物料运动的外摩擦力，当牵引层与被牵引层间的内摩擦力足以克服物料与料槽间的外摩擦力及物料的重力时，物料形成稳定的整体料流，随刮板链条一同向上运动。

实验证明，垂直输送与水平输送相似，由于链条运动的不均匀性及链条的振动，物料运动的速度往往低于刮板链条运动的速度。为了保证垂直输送的埋刮板输送机能稳定运行，垂直输送段的下方必须不断进料；机筒内壁应光滑平整，以降低摩擦阻力；用包围系数大的刮板形式（如 U 形、O 形刮板）。

5.3.3　埋刮板输送机的主要构件

1. 刮板链条

刮板链条是刮板和链条的组合体，多数将刮板和链条制造在一起，故称刮板链条。

1）刮板

刮板的形式很多，图 5−10 是各种形式的通用刮板，常用的有 T 形、U 形、V 形、O 形、O_4 形。刮板的材料可以是扁钢或圆钢，材质可以是普通碳素钢 Q235 或 Q235F。刮板可以先制成，然后再焊接到链条上，也可以与链条一起制成。埋刮板输送机的刮板形式是由机型和物料性质决定的。一般情况下，水平输送采用 T 形或 U 形刮板，垂直输送采用 U_1 形、V 形或 O 形刮板，以利卸料和清扫。对输送密度较大的物料或料槽较宽时，为了保持刮板的强度和刚度，应选用焊有斜撑的刮板。对于输送时易产生浮链的物料，刮板可倾斜 70°～80° 安装在链条上。

刮板链条上刮板的间距过大，会导致料槽内颗粒间产生相对滑移，降低生产率，增加动力的消耗。若刮板间距过小，则增大了刮板链条的自重，增大了运动阻力。为方便制造刮板间距必须是链条节距的整倍数。

刮板（除T形以外）的布置分内向和外向两种。外向布置的刮板在料槽由水平到垂直的弯道处，有载分支为紧边，无载分支为松边，故链条均与隔板接触，运转平稳，噪声小，但料槽的头部和尾部结构尺寸较大，并且当刮板之间的空间逐渐减小，对物料产生挤压时，增大了物料运行的阻力。O形刮板只适用于外向布置，若采用内向布置，在料槽弯道处，其两个分支的刮板均与隔板接触，导致刮板容易损坏，并引起噪声，但这种布置的机头和机尾结构尺寸小。MZ型埋刮板输送机只采用内向布置的刮板。

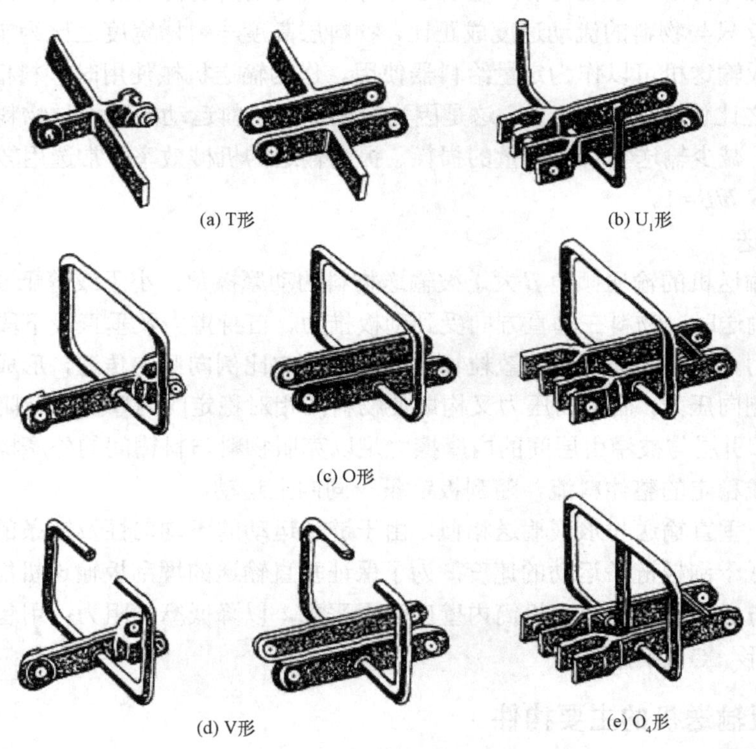

图5-10　常用刮板形式

刮板与料槽的间隙，一般取物料最大粒径的3倍，粮油工业中一般取10 mm左右。若间隙过小，物料容易卡在刮板与料槽之间，增大物料运动阻力，甚至发生断链事故；若间隙过大，会使料槽中物料的平均运动速度下降，降低输送机的生产率。

为了使埋刮板输送机在停止进料后，能将料槽内物料输送干净，可在刮板链条的整个长度上，均匀地安装2～3个清扫刮板。清扫刮板是与刮板形状相同而尺寸略大的橡胶板，用螺钉将清扫刮板固定在原有刮板上，使刮板与料槽不存在大的间隙。当清扫刮板运动时，可将料槽内剩余物料清扫干净。

2）链条

链条是埋刮板输送机的牵引构件，它属于输送用链条，其结构形式可分为模锻链、滚子

链和双板链三种（见图 5-11）。

① 模锻链（DL）。模锻链是通过锻压、钻、铣等机械加工方式制成的。刮板焊接在链杆上，如图 5-11（a）所示。使用时，用销轴将链杆连在一起形成刮板链条。这种刮板链条结构简单，可靠性高，对物料的适应性强，链条易于清扫，链杆各断面可进行等强度设计，这可在保证链杆有足够强度的同时有最小的质量，因此它的质量小于其他类型的刮板链条。但此种链条在制造时，对机械设备有一定的要求，并需要制造专用的模具，制造时机械加工量较多，因此制造成本高，适用专业厂家的大批量生产。

② 滚子链（GL）。滚子链由内外链板、滚子和销轴等零件装配而成，如图 5-11（b）所示。这种链条在工作时，由于滚子可在导轨上滚动，可减少链条的运动阻力。在传动时，链轮轮齿与滚子接触，减少了销轴的磨损，延长了链条的使用寿命。这种链条的优点是结构简单，可以用普通机械设备进行制造。套筒滚子链（TL）是滚子链的一种，它的结构是套筒紧固在内链板上，滚子活套在套筒上，然后由销轴将内外链板组合在一起。这种链条的铰接处的接触面改善了销轴的受力状况，减少了销轴的磨损。它的缺点是制造工艺复杂，造价高，灰尘容易进入转动的缝隙中，使滚子和套筒转动困难。套筒滚子链多用作传动链。

③ 双板链（BL）。双板链由 2 块钢板冲压成型，经焊接或铆接成链杆，再用销轴联成链条，如图 5-11（c）所示。这种链条的优点是结构简单，制造容易，价格低廉，便于清理、拆换和维修；缺点是铰点磨损快，寿命短。

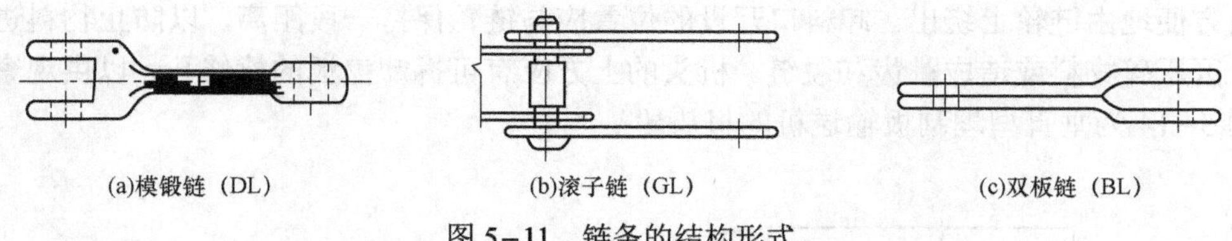

图 5-11　链条的结构形式

链条中各零件，根据其作用不同，制造时使用的材料也不同，并有不同的加工要求。链杆或链板通常使用 45 号碳素钢，并进行调质处理，硬度要求达到 HB217～HB262；或用 45Mn2 合金钢并做调质处理，硬度要求为 HB235～HB286。销轴使用 45 号碳素钢并经调质处理，硬度要求为 HB200～HB235。滚子使用 45 号碳素钢并经表面渗碳 0.7～1 mm 处理，硬度要求为 HRC35～HBC45。各零件配用时，销轴的硬度应低于链杆或链板的硬度，这样可使容易更换的销轴提前磨损，延长链条的使用寿命。

2. 链轮

链轮的结构形式如图 5-12 所示，其中 n 为齿数。由于埋刮板输送机和刮板链条与一般链条不同，因此与其配合的链轮也不同，其特点是齿距大、齿数少。对模锻链和双板链，轮齿又有着特殊的齿形，称为叉形齿，叉形齿的沟槽用来放置链杆，叉形齿的齿廓面与链杆的突出部分接触，将链轮的圆周力传给链条。

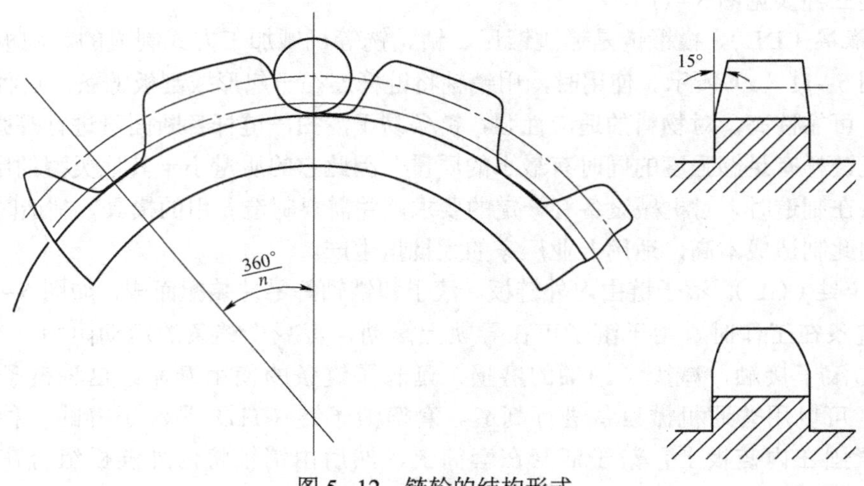

图 5-12　链轮的结构形式

3. 机壳

机壳包括有载分支用的料槽及无载分支用的防护罩，它分为机头段、水平段、垂直段、过渡段、进料段和机尾段。

1）机头段

图 5-13 为水平型埋刮板输送机的机头段，其内部安装驱动用链轮。外壳用钢板制成，并开设卸料口。在头轮的链条绕出处装有脱链器。脱链器为一段弧形导轨或一托轮，用来协助链条方便地由链轮上绕出。卸料口开设的位置应与链轮保持一段距离，以防止物料进入轮齿啮合区压碎物料或造成跳齿和脱链。机头的上方应有可拆卸盖板的检修孔，以供观察和检修。图 5-14 为垂直型埋刮板输送机的机头段。

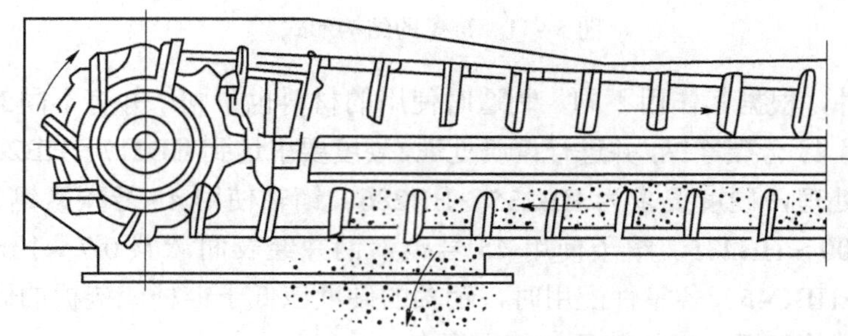

图 5-13　水平型埋刮板输送机的机头段

2）水平段

机壳的水平段，通常用钢板制成，有 0.8 m、1.5 m、2.0 m 三种长度，两端焊有法兰，安装时根据需要进行拼接；亦有使用砖或水泥板砌成料槽，上加盖板的机壳。槽内衬以光滑耐磨材料，如铸石、硬质玻璃，用来延长槽的使用寿命。水平段的作用是承担水平输送任务或为垂直输送段进料。当倾角小于被输送物料的动内摩擦角时，机壳可制成无隔板型，当倾角较大或做进料段使用时，机壳内两个分支之间应安装隔板。无隔板水平段内按一定距离安装角钢制成的横梁，横梁上安装导轨，用来承载链条的回行分支。有的机型为了增加料槽底板和隔板的使用寿命，也在其上面安装导轨，由导轨承载链条。导轨可用扁钢或工字钢制成，材质多为 45 号碳素钢，并经表面淬火，使其硬度达 HRC40～HRC50。也可使用聚酯材料作导轨。水平段的底板上根据需要可开设多个卸料口，卸料口处安装闸门，用来控制卸料量。机壳的顶板应做成可拆卸式，便于观察机器运行或维修机器。

3）垂直段

在机壳垂直段的断面上，中间为隔板，一侧空间运行有载分支，另一侧空间运行无载分支，通常无载分支机筒的高度 h 比有载分支大 10～15 mm，用来减少刮板链条与机筒的碰撞。两分支的宽度 B 相同。垂直段机壳亦制成短节，安装时再根据需要进行拼接，机壳短节的连接口两分支应相互错开，以保证安装后机壳的平直度。

4）过渡段

过渡段包括机头到水平段的过渡段，水平段到垂直段的过渡（见图 5-15），垂直段到水平段的过渡段（见图 5-16）。

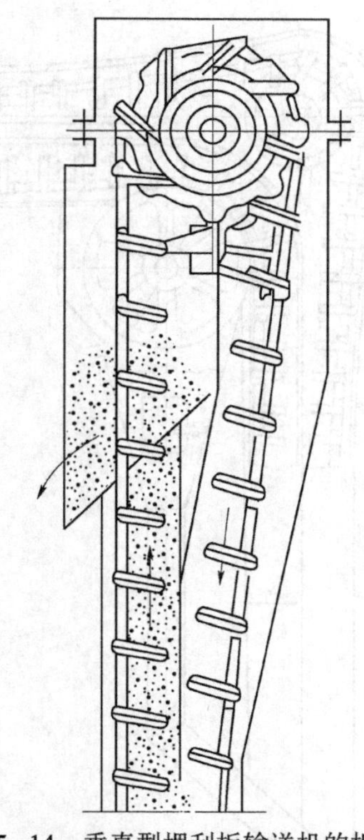

图 5-14　垂直型埋刮板输送机的机头段

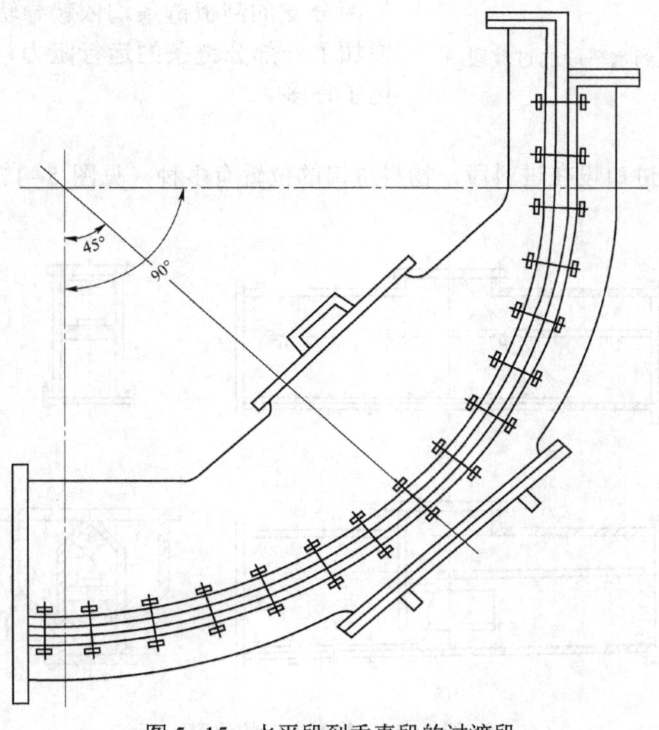

图 5-15　水平段到垂直段的过渡段

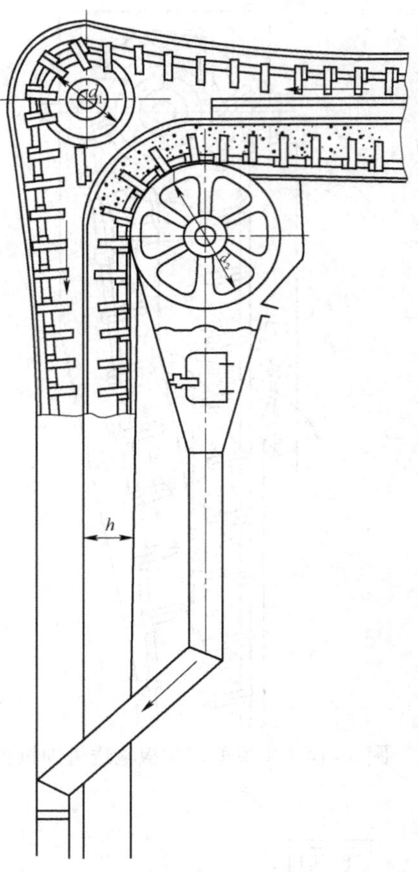

图 5-16　垂直段到水平段的过渡段

水平型机头段内，因安装头轮，所以机壳高度大于水平段机壳高度，为此中间需安装过渡段，以便把两段连在一起。这种过渡段通常长度为 1.5 m。水平段转到垂直段输送时，需经过弯曲过渡段，弯曲过渡段转角采用 30°、45°、60°、75° 及 90° 五种，其曲率半径为链条节距的 8～12 倍，当链条节距小于 100 mm 时，曲率半径应为链条节距的 10～15 倍。为了防止刮板链条在弯曲的过渡段内磨损机壳内壁或隔板，弯曲的过渡段内应安置弧形导轨或压板，弯曲过渡段的上下方应设置检修孔和排料孔，以利于检修和排除物料。

由垂直段到水平段输送时，仍需另一种形式的过渡段，该过渡段内有载分支的刮板链条依靠导向轮实行转向，导向轮为光面滚筒型结构，滚筒直径 $d_2=3.5h$，式中 h 为料槽高度。滚筒与机壳相接处漏出的物料，通过漏斗和导管送回无载分支。过渡段无载分支的刮板链条也采用导向轮进行导向，导向轮可以是有齿的链轮，也可以是无齿的光轮或托轮，导向轮的直径一般取 $d_1=2.5h$。目前有的机型在垂直段到水平段的过渡段内均装设弧形导轨，使两分支的刮板链条均依赖导轨实施转向，这虽然增加了一部分链条的运行阻力，但使机器的结构简化了许多。

5）进料段

被输送物料的进口设在进料段，物料进口的位置有多种（见图 5-17）。图 5-17 中，A

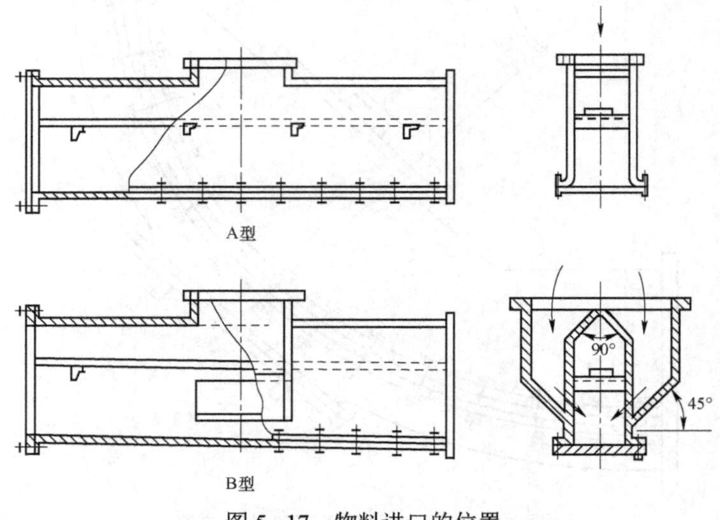

图 5-17　物料进口的位置

型为物料自机壳顶板进入的进料段，物料经进料斗流入机壳，经过链条和导轨，落入到有载分支的料槽中，这种进料段结构最简单，但只适于无隔板机壳的水平输送；B 型为物料自机壳两侧板进入的进料段，物料经过有载分支料槽的一个或两个侧壁直接进入，这种进料段结构较为复杂，但可减少物料在无载分支中的破碎及动力的浪费。

在扣环型埋刮板输送机的进料段，物料由有载分支的顶板直接进入料槽。

6）机尾段

机尾段如图 5–18 所示，该段内安装有张紧链轮或光轮（尾轮），便于刮板链条导向和张紧。张紧轮的直径一般小于驱动用链轮（头轮）的直径，使机尾段的总高度等于水平输送段的总高度。机尾段上也可开设进料口，但必须与尾轮相隔一定的距离，以防止物料进入轮与链之间。张紧轮轴承装在两块插板上，插板可在机尾侧板的滑板内滑动，插板一端与张紧装置相接。张紧装置主要有螺杆式（见图 5–19）和重力式。螺杆式张紧行程应根据料槽宽度而定，当料槽宽度小于 250 mm 时，张紧行程等于料槽宽度；当料槽宽度大于 250 mm 时，张紧行程取 250～300 mm。重力式张紧装置适用于大型号的刮板输送机，其张紧行程为 800 mm。机尾段的上方和后方应设有端盖，以供观察和检修。

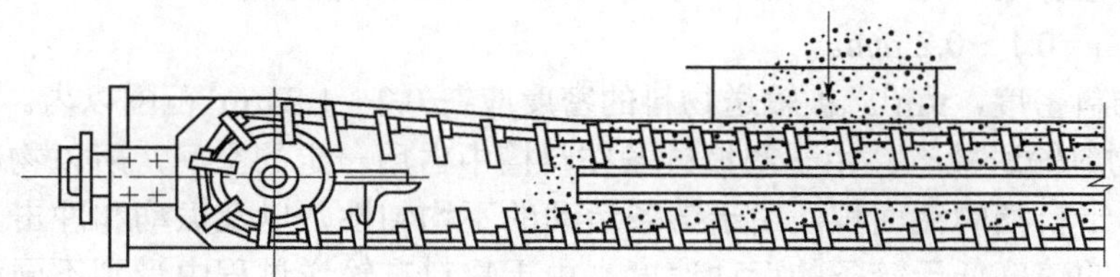

图 5–18　机尾段

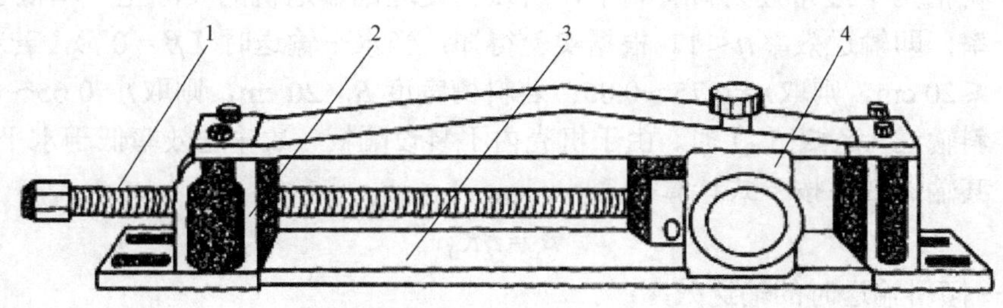

1—螺杆；2—螺母；3—滑轨；4—滑块。

图 5–19　螺杆式张紧装置

4. 驱动装置

埋刮板输送机的驱动装置通常由电动机、减速器、传动链轮、支架及防护罩等部分组成。电动机经柱销联轴器与减速器高速轴相连，减速器低速轴用开式链传动部件与头轮轴相连。联轴器也有使用液力联轴器的，它可作为一种过载保护装置，从而防止传动部件被损坏。对于驱动功率大于 15 kW 的驱动装置，要求使用液力耦合器。开式链传动部件通常使用套筒滚子链，其结构及工作参数与一般链传动部件相同。

5.3.4 埋刮板输送机的规格选择

埋刮板输送机的规格尺寸是料槽宽度，可根据输送量选择。埋刮板输送机每小时的输送量按下式计算：

$$Q=3\,600Bh\rho v\eta \tag{5-1}$$

式中：Q——每小时的输送量，t。

B——料槽有效宽度，m。料槽有效宽度目前已系列化（见表 5-1）。

h——物料层高度，即料槽有效高度，m。一般情况下，水平输送取 $h=B$，垂直输送取 $h \leqslant B$。

v——刮板链条平均运动速度，m/s。刮板链条的运动速度应根据被输送物料的特性、机型的特征、工作环境等多种条件进行选择，速度过高会加剧物料滞后于链条的现象，使生产率下降，动能损耗增高，机件磨损加剧，机械使用寿命降低。对于流动性好、悬浮性较大、磨损性较大及容易破碎或易燃易爆的物料，速度应选得低些；对于水平输送，速度可选得大些，而对于垂直输送，刮板链条的速度则应选得低些。在粮油工业中，输送小麦、玉米、豆类时取 v=0.3～0.4 m/s，对稻谷取 v=0.4～0.5 m/s，大米取 v=0.3 m/s，面粉取 v=0.2 m/s，浸出粕及胚片取 v=0.1～0.2 m/s。

ρ——物料密度，t/m^3。被输送物料的密度应在 0.2～1.8 t/m^3 范围以内。

η——物料输送效率。由于刮板链条在料槽中占用一定的空间，所以物料流的截面积小于料槽的截面积。由于链条运动的不均匀性，以及振动和冲击，使得物料输送的速度低于链条的运动速度。由于物料在输送过程中受到不同程度的压实，因此物料的实际密度会有所改变。又因物料在输送中，在料槽底部，尤其是料槽两个边角处物料有剩余，所以会使埋刮输送机的实际生产率低于理论生产率，即输送效率 $\eta<1$。根据实验得知：当水平输送时（$\beta=0°$），若料槽宽度 $B \leqslant 20$ cm，则取 η=0.75～0.85；若料槽宽度 $B>20$ cm，则取 η=0.65～0.75。当倾斜输送（$\beta \leqslant 15°$）时，由于机壳内不装设隔板，故输送效率低于水平输送效率，其输送效率按下式计算：

$$\eta_c=\eta K_0 \tag{5-2}$$

式中：η_c——倾斜输送时的输送效率；

η——水平输送时的输送效率；

K_0——效率系数，其取值如表 5-3 所示。

表 5-3 效 率 系 数

输送倾角（β）	0°～2.5°	>2.5°～5°	>5°～7.5°	>7.5°～10°	>10°～12.5°	>12.5°～15°
效率系数（K_0）	1.000	0.95	0.90	0.85	0.80	0.70

当垂直输送时（$\beta>15°$），由于使用水平进料段，且机壳内装有隔板，故输送效率高于低倾角倾斜输送，其输送效率 η=0.70～0.85。

5.3.5　埋刮板输送机的安装、操作与故障排除

埋刮板输送机运行得好坏和使用寿命的长短，不仅取决于合理的设计和良好的制造质量，还与正确的安装、使用和维护有很大关系。

1. 安装的一般原则

① 制造厂只进行各部件的组装，然后将各部件发至用户，由使用单位在现场进行整机安装与调试。用户在遇到困难时可与制造厂联系，请厂方派人员进行指导，也可将安装工作全部承包给制造厂家，直到试运行完全合格交付使用为止。

② 埋刮板输送机可安装在室内，也可安装在室外。安装在室外时应对整个设备（至少应对驱动装置、头尾部及加料口处）采取防雨措施。对于北方严寒地区，还应采取防冻措施。

③ 埋刮板输送机可安装在地面，也可安装在地坑内。当安装在地坑内时，要特别注意对地坑的防尘、防水处理，应有排水措施，还要考虑照明问题，并且必须留出适当部位，以便观察机器运行情况、清理积料及检修设备。

④ 无论有无机械安全保护措施或断链保护装置，都必须加设电动机过流保护装置，以防设备过载造成事故。

⑤ 对于输送距离较长、首尾不能相顾的情况，在其头尾部及中部或加料口附近都要设置事故开关。当数台埋刮板输送机组合输送或与其他机械设备衔接时，应设置电气联锁装置，最好在控制室集中起动。各个操作岗位与控制室应有声光信号联系系统，可由电子计算机进行控制。

⑥ 埋刮板输送机安装支架通常由用户自行设计和制造，由于各壳体均为箱形结构，强度及刚度足够，故其支承装置不必过密和过于复杂。

⑦ 发货时，制造厂已按用户工艺布置图对各段机壳的连接顺序进行了编号，安装中应按顺序组装。

⑧ 应设置设备检修通道或平台，至少在一侧设置，最好在两侧都设置，以方便观察和维修。对于大型设备，应在各部件上装设起重挂钩或起重臂以便于吊装。

2. 安装方法与技术要求

1）*安装方法*

埋刮板输送机的安装方法与机型规格、长短、高低及周围场地有关。水平型埋刮板输送机一般从头到尾顺序组装，垂直型埋刮板输送机通常有如下几种安装方法：

① *整体组装法*。将所有壳体分放在地面，从头到尾加以组合，然后将其垂直竖立，调整好后进行紧固。这种方法适用于料槽宽度较小、下水平输送距离不长、提升高度不高，且安装地点的周围空间又比较大的场合，缺点是组装质量不太容易保证。

② *倒装法*。从尾部开始，先将尾部壳体校平固定，然后从尾到头顺序组装。此法用于机型较大、高度较高，且尾部空间位置紧凑，头部空间有调节余地，头部的安装基础能在一定范围内灵活变化的场合。这种方法安装比较容易，但不太容易找准中心，安装质量也不太容易保证。

③ *顺装法*。从头部开始，先将头部固定，以头部为基准确定垂直中心，然后从头到尾顺序组装，最后予以调整和紧固。这种方法适用于任何机型规格，不论高度大小均可。这种方法便于找准垂直中心或安装平面，安装质量容易得到保证，因此应用最多。其缺点是安装

过程较复杂，需要有一定的经验。制造厂一般推荐和要求用户采取顺装法安装。

2）安装步骤及技术要求

安装步骤可分为以下三大步：先装各段壳体，调整好后再装入刮板链条，最后调节链条张紧装置。每进行一步都要进行检查，各项技术要求及注意事项如下：

（1）安装各段壳体

① 安装中始终要以水平度、垂直度或安装平面为基准，控制整机的直线度在一定的范围内。由于壳体的对称中心看不见、摸不着、无法测量和检查，故常以头、尾轮的中心线及壳体的外廓作为测量基准。根据埋刮板输送机的长短，埋刮板输送机中心线的直线度（即料槽外廓对头、尾轮中心线的最大公差值）应符合有关规定（见表5–4）。

表5–4 直线度要求

埋刮板输送机总长度/m	直线度公差/mm	
	MS型、MG型、MP型	MC型、MZ型、MK型、ML型
<10	8	4
10～<30	10	6
30～<50	12	8
≥50	14	10

② 头部壳体是受力最大的部件，安装中调整好后必须将其牢固地焊接在安装支架上，不得用螺栓等紧固。安装支架或驱动装置架则应牢固地与基础或平台连接，否则运行中可能发生松动或位移。

③ 电机轴、减速机出轴和埋刮板输送机的头部出轴应平行，大小链轮应对中。装上传动链条并调整好松紧度后，再把驱动装置架牢固地安装在基础或平台支架上。

④ 各段壳体法兰的连接需平整、密合，其内壁和导轨不得有上下、左右的错移。若有错位，只允许让刮板链条运行前方的法兰内口比后方稍低，错位值不得大于1 mm。

（2）安装刮板链条

先将所有观察盖、头尾部的端盖板、弯曲段的下盖板打开，必要时还可将水平段、上回转段的上盖板打开，尾轮调到张紧行程的起始端。将10节左右的刮板链条作为一组，判明运行方向，准备少量备件，然后逐组往埋刮板输送机里安装。

注意：安装刮板链条后，应检查刮板链条与料槽的间隙是否符合要求、刮板链条是否装反。确认刮板链条未装反之后，将所有打开的端盖板、上盖板、观察盖装上，之后再装传动链条。装传动链条之前，先起动电动机，观察小链轮转动方向是否与刮板链条的运行方向一致，确认无误后再进行安装。若转动方向有误，则应重接电源线。

（3）调节链条张紧装置

刮板链条安装后，调节尾部的链条张紧装置，使刮板链条有适当的预张力，不能太紧或太松。若发现太紧或太松，应在最后接头处加入或卸下1～2节刮板链条，然后再次进行调整，到合适为止。调整好后，张紧装置尚未利用的行程应小于全行程的50%。检查刮板链条的松紧程度时，可在水平中间段或弯曲段空载壳体处观察，并用手拉拽一下，刮板链条在弯曲段空载壳体中的正确位置应是既不贴着底部，又不靠近上盖板，贴底为太松，靠上盖板为太紧，以在中部偏下的位置，手拉有一定弹性为最好。如果不正常，必须重新调整。

3. 埋刮板输送机的使用、操作与故障排除

1）埋刮板输送机的使用

① 必须了解埋刮板输送机的适用范围及它所适宜输送的物料特性。普通型埋刮板输送机只适于输送各种粉尘状、小颗粒状及小块状物料，对物料密度、含水率、温度及其他机械性能、物理性能都有一些规定，凡超过有关规定时须慎重对待，而能否输送要看具体情况，必要时应向设计制造单位咨询。

② 必须正确地选型，包括布置形式、料槽大小、输送速度、刮板链条结构形式、输送量大小等。正确地选型是保证良好的使用性能、满意的输送效果的前提，因为型式的不同会引起使用性能的某些不利变化。

③ 埋刮板输送机的工作性质属于连续重载式的，在给料充足的情况下，工作扭矩可视为恒定。它既可连续三班运行，也可一天两班或一班运行，或时而开机、时而停机地间断运行，但不宜工作间隔时间很短、起动和停机十分频繁的工作，一般也不能做反向运行。

④ 输送机对工作环境的要求不高，可在 −20～40 ℃的环境温度下工作，在东北地区冬季严寒的情况下，须采取防冻措施；而在南方夏季酷热高温的情况下要避免阳光直射。

2）操作要点

① 注意对物料特性的控制，对每批物料都要进行粒度检测、含水率检测，发现问题应及时采取措施，不能输送不合规定的物料。

② 每次起动后，应先空载运行一段时间，使设备运转完全正常后方可加料，注意加料的均匀性，不得大量突然加料或过载运行。

③ 若无特殊情况，不得负载停机，停机前应使料槽内物料基本卸空。必须掌握不得已满载停机后的起动方法。

④ 当有数台埋刮板输送机组成一条流水线或输送系统时，起动时应先开动最后一台，然后逐台往前开动，停机顺序与起动顺序相反。

⑤ 运行中，无特殊情况不要打开各壳体上的观察盖及头尾部的端盖板。当必须打开时，应在观察后及时关闭。这样不但可避免因物料、灰尘溢出而污染环境，而且可防止铁件、大块硬物等落入料槽内造成物料输送受阻，甚至事故。

⑥ 注意观察运行状态，是否有尖锐刺耳声响，是否有卡碰、短暂急停现象，刮板链条有无严重变形或脱落等，发现问题应及时处理。

⑦ 勿将手及头伸入料槽，当检查刮板链条的松紧度时，必须在停机状态下进行。当发现刮板链条出现松旷现象时，应及时张紧。严禁在运行中用手拉拽刮板链条。

⑧ 不能擅自封闭头部卸料口，以免造成头部积料事故。若必须将其封闭，应采取措施，防止头部积料。

⑨ 若有卸料不畅通现象出现，应停机检查、分析，勿用铁器敲打设备外壳，这样做不但无济于事，而且会造成壳体的变形。

⑩ 保持所有轴承和驱动部分润滑良好，但刮板链条不得涂抹润滑油。

⑪ 开机后，操作人员必须坚守岗位，随时观察运行情况，不得在机器运行过程中擅离工作岗位。应建立交接班制度，填写设备运行情况、事故情况及处理结果。

3）故障排除

埋刮板输送机常见故障的分析及处理如表 5–5 所示。

表 5–5　埋刮板输送机常见故障的分析及处理

故障	原因	排除方法
跑偏	① 安装垂直度不符合要求。 ② 头轮、尾轮及导轮、托轮不正。 ③ 各轮轴不平行。 ④ 尾轮两端张紧程度不一致	对于原因①～③，按要求调整，使其达到要求。 对于原因④，调节张紧装置，使尾轮两端张紧程度一致，轮轴与机身纵向中心线垂直
断链	① 选用的链条强度不够。 ② 链条质量没有达到要求。 ③ 刮板链条上开口销磨损，使销轴脱落。 ④ 物料中混入大块的物料或铁块，使链条被卡住，因过载而断链。 ⑤ 因安装不良或运行振动、撞击，使料槽之间的法兰连接导轨在上下、左右方向出现较大移位，因链条被卡住而断链	① 重新选用强度符合要求的链条。 ② 更换质量符合要求的链条。 ③ 更换销轴。 ④ 清除卡住链条的异物，并在进料口设置格栅。 ⑤ 重新安装，使料槽间的法兰连接导轨处平整、无错位
浮链	① 输送高水分、黏性大的物料。 ② 刮送物料不及时。 ③ 输送速度太大	① 将刮板倾斜安装于链条或在承载料槽内，每隔 2 m 配置一压板。 ② 更换变形的刮板。 ③ 调整输送速度
堵塞	① 进料不均匀或大杂物混入料槽。 ② 排料不及时。 ③ 浮链或断链	① 调整进料，防止大杂物进入料槽。 ② 及时排料。 ③ 排除浮链或断链
阻力增大	① 输送速度过大。 ② 料槽因磨损而变形或错位。 ③ 过载	① 调整输送速度。 ② 修复料槽。 ③ 排除过载

思考与练习题 5

1. 普通刮板输送机的主要组成部分包括哪些？
2. 普通刮板输送机的主要特点是什么？
3. 常用的扒粮机有哪几种？刮板式扒粮机的结构特点有哪些？
4. 刮板输送机的布置形式有哪些？
5. 埋刮板输送机的主要组成部分包括哪些？
6. 埋刮板输送机的基本形式有哪些？应用中有何区别？
7. 埋刮板输送机有哪些特点？
8. 埋刮板输送机的安装方法及要求有哪些？
9. 分析刮板输送机的工作原理。
10. 试述刮板输送机的使用范围。
11. 选用刮板输送机时应考虑哪些因素？

第 6 章　螺旋输送机

6.1 概　　述

6.1.1　一般结构及工作过程

螺旋输送机俗称绞龙，是一种采用非挠性牵引构件的连续输送设备。此类输送机由装有螺旋叶片的轴和筒形槽所组成，物料在料槽内是靠螺旋的旋转作用而被推进的。

螺旋输送机的一般结构如图 6-1 所示。它由固定的料槽与在其中旋转的螺旋体组成，而螺旋体由螺旋叶片和螺旋轴组成。螺旋轴由两端轴承和中间的悬挂轴承所支承，螺旋体通过传动轴由电动机驱动。当物料由进料口进入料槽后，在旋转的螺旋叶片的推动下，沿着料槽以滑动方式做轴向移动，直至卸料口卸出。

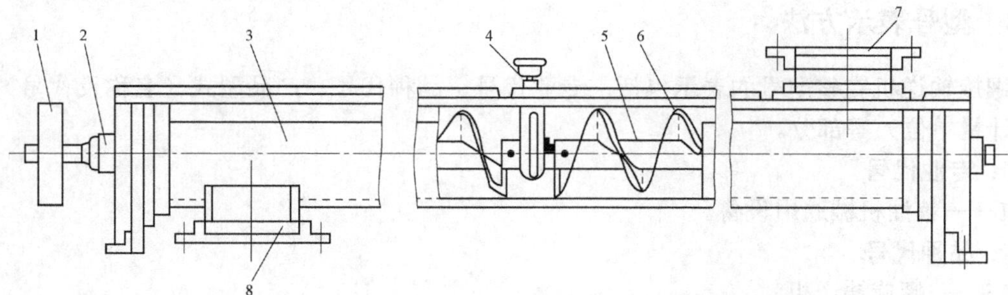

1—传动轴；2—端轴承；3—料槽；4—悬挂轴承；5—螺旋轴；6—螺旋叶片；7—进料口；8—卸料口。

图 6-1　螺旋输送机的一般结构

6.1.2　分类、应用范围和特点

1. 分类

螺旋输送机按转速分为慢速（螺旋体转速不超过 200 r/min）和快速（螺旋体转速超过 200 r/min）两种；按结构形式又分为固定式和移动式两种。固定式螺旋输送机（一般属慢速）可以做输送距离不太长的水平输送，或低倾角的输送，通常用于车间内、外短距离的水平输送；移动式螺旋输送机（一般属快速）可完成高倾角和垂直输送，通常用于物料出仓、装卸、灌包等作业。

2. 应用范围

螺旋输送机适于输送粉状、颗粒状和小块物料，不宜输送大块的、磨损性很强、易破碎

的或易黏结成块的纤维性物料。螺旋输送机每小时的输送量一般为20～40 t，最大可达100 t，广泛用于各行各业中。

3. 特点

1）优点

① 结构简单，旋转构件和轴承用得较少，外形尺寸小，造价便宜，在输送过程中密闭性较好，对于能形成粉尘的物料输送特别有利，可防止灰尘飞扬。

② 能在整个输送长度上进料和卸料，且进料和卸料机构又十分简单，可在同一料槽内做两种方向的输送，还可以输送温度较高的物料，在输送中兼有拌和与松散物料的作用。

③ 使用和保养比较方便。

2）缺点

① 叶片和机壳磨损较快，特别是快速螺旋输送机，螺旋叶片磨损更快，更换频繁。

② 开、关机时被输送物料有破碎，进料不均，易发生堵塞现象。

③ 由于机壳与叶片的磨损和被输送物料除去轴向推动外，还存在着横向翻动，所需单位电耗要比胶带输送机和斗式提升机高。

④ 不宜输送有机杂质含量高的物料。

⑤ 不宜长距离输送，水平输送距离最好在50 m以内，倾斜高度不超过10 m。

目前国内外平底或浅底圆仓的卸料常采用裸式出仓绞龙，既可使不能自流的剩余物料卸出，又可降低圆仓筒下层高度，节约基建投资。

6.1.3 型号表示方法

螺旋输送机完整型号的表示包括：专业代号、品种代号、产品型式（名称及代号），规格（计量单位）等部分。

1. 专业代号

T——粮油机械通用设备。

2. 品种代号

LS——螺旋输送机

3. 产品型式

螺旋输送机的产品型式及代号如表6-1所示。

表6-1 螺旋输送机的产品型式及代号

代号	S	L	T	Y	G
型式	水平式	立式	夹套式	移动式	高速式

4. 规格

螺旋体直径，单位为cm。

例如，“T LS S 20”表示水平式螺旋输送机，螺旋体直径为20 cm。

6.2 主 要 部 件

6.2.1 螺旋体

螺旋体是螺旋叶片和轴的统称，它通常由法兰、螺旋叶片和螺旋轴组成，如图 6–2 所示。

1. 法兰

法兰用于连接螺旋轴，常用普通碳素钢车制后焊于螺旋轴两端，其形状如图 6–3 所示。

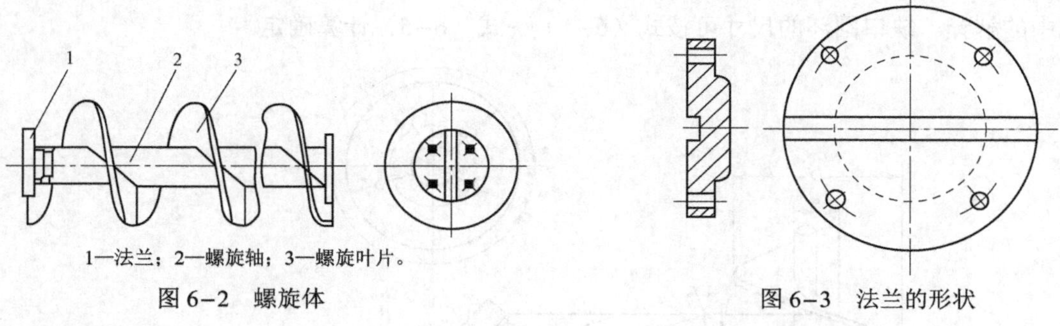

1—法兰；2—螺旋轴；3—螺旋叶片。

图 6–2　螺旋体

图 6–3　法兰的形状

2. 螺旋叶片

1）形式

螺旋输送机常见的螺旋叶片有四种形式（见图 6–4），应用时按输送物料的性质来选择。

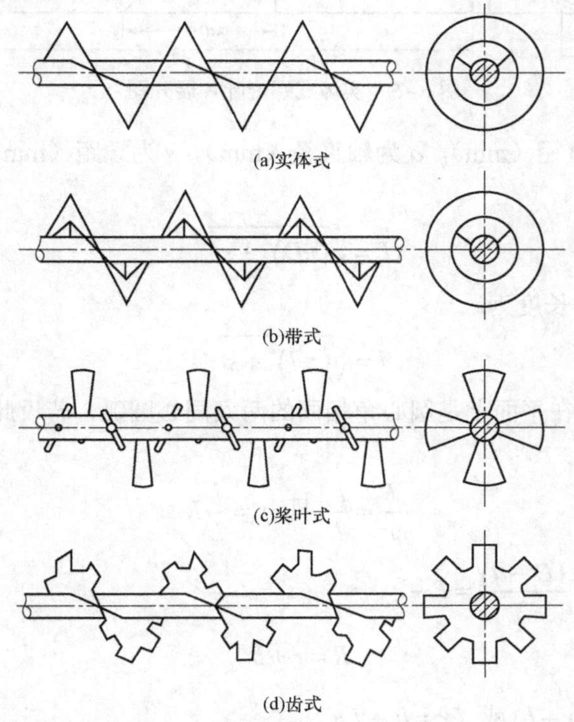

(a)实体式

(b)带式

(c)桨叶式

(d)齿式

图 6–4　螺旋叶片的形式

① 实体式螺旋叶片。又称满面式螺旋叶片，如图 6-4（a）所示。这种叶片适于输送散落性较好的、干燥的粒料和粉料，推力大、输送量高，可用较快的输送速度进行快速输送。

② 带式螺旋叶片。如图 6-4（b）所示，它用钢板带焊接在连接板上，连接板用销钉固定在轴上。这种叶片适于输送潮湿的黏滞性的物料和小块物料。

③ 浆叶式和齿式螺旋叶片。这两类叶片如图 6-4（c）、（d）所示，适于输送容易挤紧的物料。由于此类叶片的推进作用是断续的，因此有较强的搅拌、揉搓及松散作用。

2）构造与制作

这里以实体式螺旋叶片为例介绍螺旋叶片的结构。它通常是由许多带缺口的钢板圆环被拉成同样的螺距后焊接或铆接而成的，如图 6-5 所示，其中各字母的含义见下面的计算公式中的解释。缺口圆环的尺寸可按式（6-1）～式（6-5）计算确定。

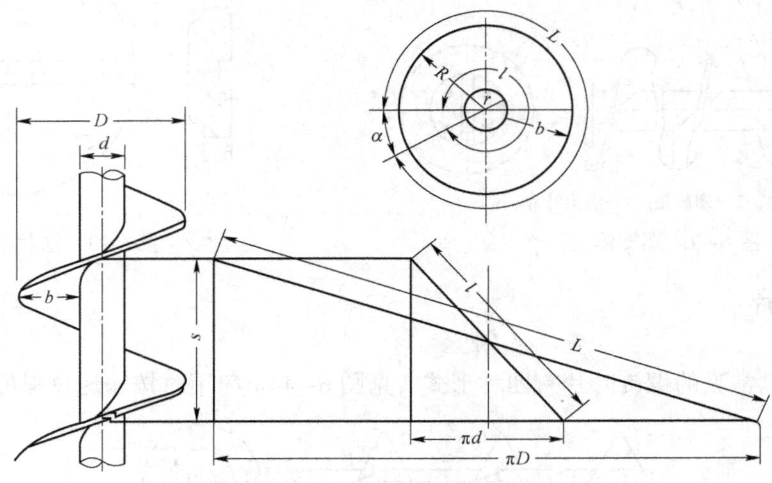

图 6-5　实体式螺旋叶片展开图

设 D 为螺旋叶片直径（mm），d 为轴直径（mm），s 为螺距（mm），根据勾股定理，叶片外侧螺旋线的长度为：

$$L=\sqrt{(\pi D)^2+s^2} \tag{6-1}$$

叶片内侧螺旋线的长度为：

$$l=\sqrt{(\pi d)^2+s^2} \tag{6-2}$$

因为螺旋线 L 和 l 在平面上是圆心角相同的两条同心圆弧，若设此两圆弧的半径分别为 R 和 r，则因

$$\frac{R}{r}=\frac{L}{l}\ \text{即}\ r=\frac{l}{L}R$$

又叶片的宽度 $b=\dfrac{(D-d)}{2}=R-r$

即

$$R=r+b \tag{6-3}$$

所以 $r=\dfrac{l}{L}R=\dfrac{l}{L}(r+b)$ 或 $Lr=lr+Lb$

故
$$r = \frac{lb}{L-l} \tag{6-4}$$

因此，用式（6–1）、式（6–2）求出 L、l 后，用式（6–3）、式（6–4）求得 R、r，并在 1.5～4 mm 厚的钢板上切割出圆环，然后求出圆心角α，α角的大小按式（6–5）计算：

$$\alpha = \frac{(2\pi R - L)}{2\pi R} \times 360 \tag{6-5}$$

圆环开出切口后，经过冲压或锤锻做成单个螺旋叶片，然后将它们互相焊接成为一个连续的螺旋面，固定在内轴上，成为螺旋体。

3）*旋向*

按螺旋叶片在螺旋轴（内轴）上盘绕方向的不同，分为左旋和右旋两种：叶片在轴上按逆时针方向盘绕的叫左旋；按顺时针方向盘绕的叫右旋。同一种盘绕方向，如果螺旋轴的旋转方向不同，则输送方向也不同（见图 6–6）。

确定物料输送方向的方法较多，这里仅介绍两种方法：

① *左、右手判别法*。首先判定此螺旋体叶片盘绕方向是左旋还是右旋，右旋使用左手，四指所握方向是轴旋转方向，则大拇指所指方向为物料输送方向；若是左旋，则使用右手，四指所握方向是轴旋转方向，则大拇指所指方向为物料输送方向。

② *观察法*。轴的一头对着自己，若轴转动方向与叶片在轴上的盘绕方向相同，则物料朝自己方向输送；若螺旋轴转动方向与叶片在轴上的盘绕方向不同，则物料朝自己反方向输送。

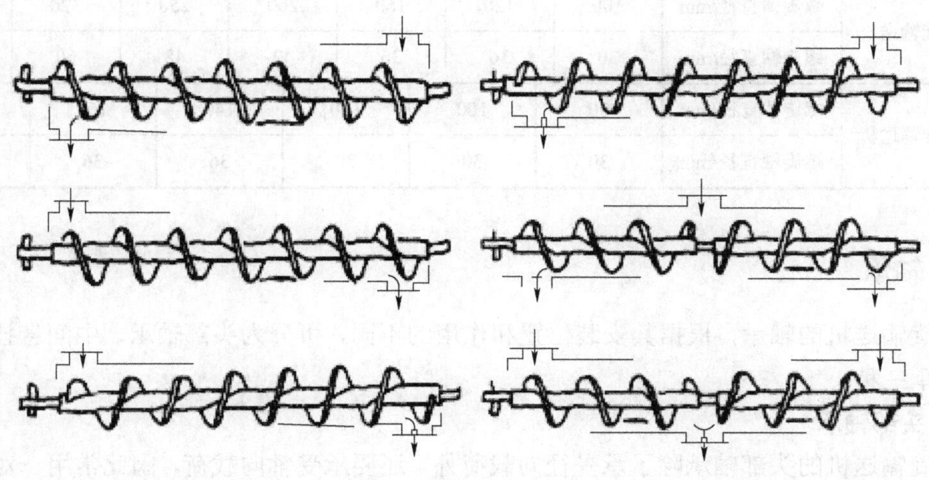

图 6–6　旋向与物料输送方向

3. 螺旋轴

螺旋轴一般采用直径为 30～70 mm 的空心轴（钢管），因为轴体在长度相同的情况下，空心轴所需的材料比实心轴节省。但在轴承处和轴与轴的连接处，仍需用一小段实心轴。螺旋输送机螺旋轴的连接方式如图 6–7 所示。首先在连接处将实心轴伸入空心轴内约 135 mm，再在空心轴外面套一长约 150 mm 的套筒，然后用螺栓沿其径向垂直对穿套筒与两轴而将其紧固、固定。另一种方法是空心轴与实心轴通过法兰连接。

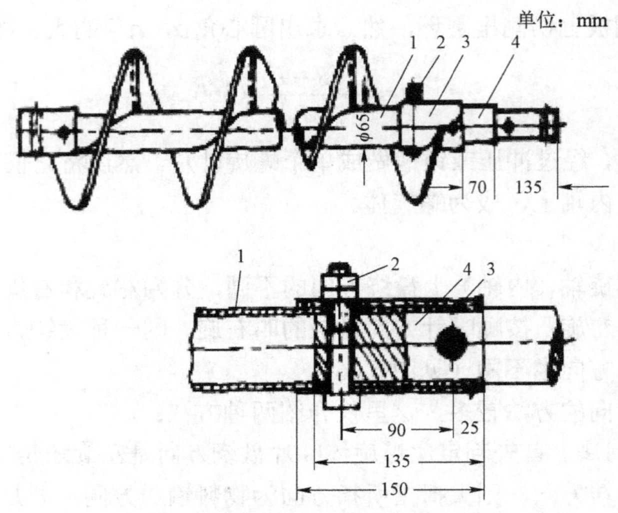

1—空心轴；2—螺栓法兰连接；3—套筒；4—实心轴。

图 6–7　螺旋输送机螺旋轴的连接方式

螺旋体和螺旋轴的系列直径如表 6–2 所示。

表 6–2　螺旋体和螺旋轴的系列直径

慢速螺旋输送机	螺旋体直径/mm	100	120	160	200	250	320	400
	螺旋轴直径/mm	30	36	36	42	48	60	70
快速螺旋输送机	螺旋体直径/mm	80	100	120	140	160	180	
	螺旋轴直径/mm	30	30	30	36	36	42	

6.2.2　轴承

螺旋输送机的轴承，根据其安装位置和作用的不同，可分为头部轴承、中间悬挂轴承和尾部轴承三种。

1. 头部轴承

螺旋输送机的头部轴承除了承受径向载荷外，还要承受轴向载荷，因此常用一对向心推力轴承承受径向力和轴向力。头部轴承通常装在卸料端盖上，以使螺旋轴承承受轴向拉力。螺旋轴承承受轴向拉力比承受轴向压力好，因为轴向压力会使螺旋轴受压而发生弯曲。头部轴承的结构如图 6–8 所示，它由推力轴承轴、推力轴承盖、推力轴承座、油环、向心推力轴承和压盖等零件组成。

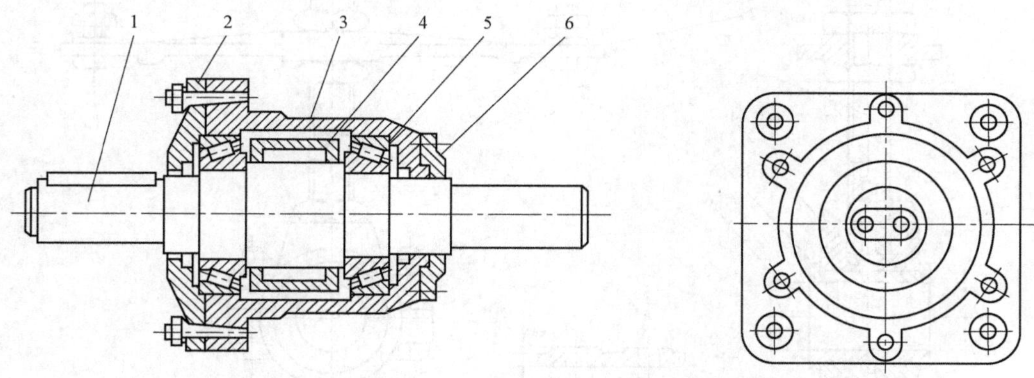

1—推力轴承轴；2—推力轴承盖；3—推力轴承座；4—油环；5—向心推力轴承；6—压盖。

图 6-8　头部轴承的结构

2. 中间悬挂轴承

对于长度在 3 m 以上的螺旋输送机，为了避免螺旋轴受力弯曲，每隔 2 m 左右应设置一个中间悬挂轴承。中间悬挂轴承安装在料槽侧壁的边沿，由于螺旋叶片在悬挂轴承处必须间断，因此当物料输送至轴承前时，常常造成堵塞，即使不堵塞，当物料通过此处时，摩擦阻力也较大。为避免阻塞，减小阻力，设计悬挂轴承时，应尽量缩小轴承断面尺寸和轴承长度尺寸，常见的悬挂轴承一般采用滑动轴承，通常有以下两种。图 6-9 为第一种悬挂轴承，主要由油杯、底座、连接轴、吊环、轴瓦、支撑角钢等组成。

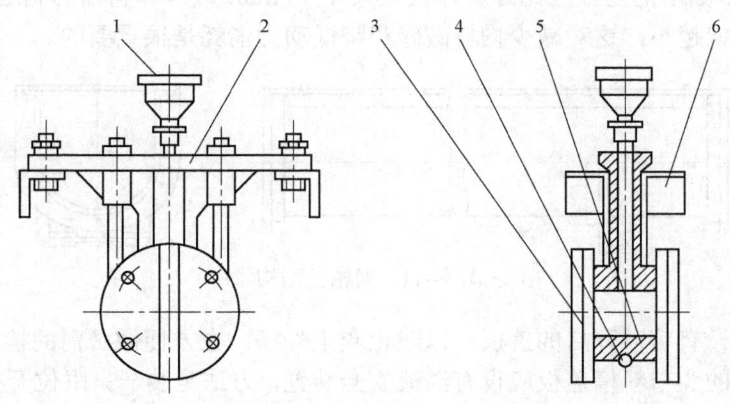

1—油杯；2—底座；3—连接轴；4—吊环；5—轴瓦；6—支撑角钢。

图 6-9　第一种悬挂轴承

图 6-10 为第二种悬挂轴承，主要由油杯、底座、注油管、上轴瓦、铜轴衬、连接轴、下轴瓦等组成。

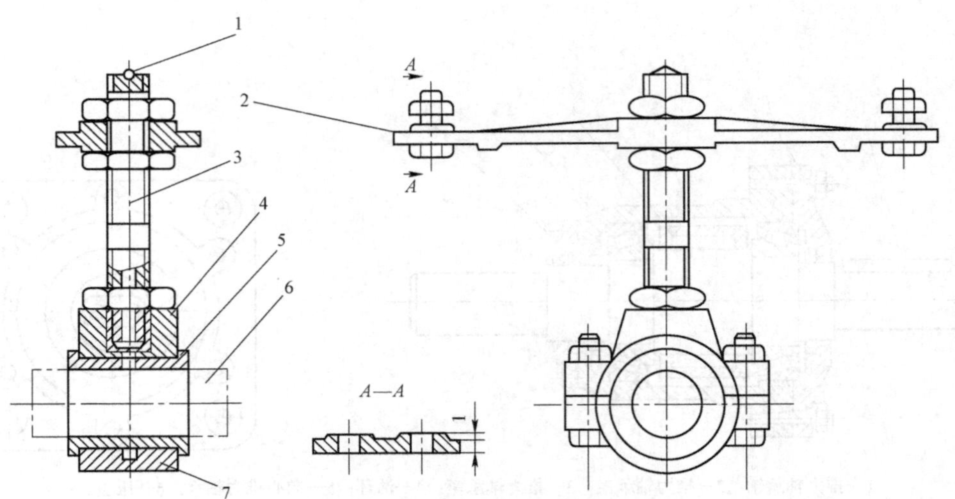

1—油杯；2—底座；3—注油管；4—上轴瓦；5—铜轴衬；6—连接轴；7—下轴瓦。

图 6-10　第二种悬挂轴承

3. 尾部轴承

尾部轴承位于尾节装置内，它主要承受径向载荷，通常采用调心球轴承。

6.2.3　料槽

快速螺旋输送机的料槽通常采用无缝钢管，所以只有慢速螺旋输送机的料槽才是真正的槽，下面仅对后者进行介绍。

料槽（见图 6-11）通常用厚度为 2～4 mm 薄钢板制成，两端焊有角钢法兰边，以便用螺栓连接。料槽的两侧壁垂直，底部为半圆形，侧座的上边也焊有角钢，用以固定盖板及增强料槽的刚度。半圆形的内径应比螺旋体直径大 4～8 mm。叶片和料槽的制造和装配越精密，二者之间的间隙就越小，这对减少物料破碎和降低动力消耗是很重要的。

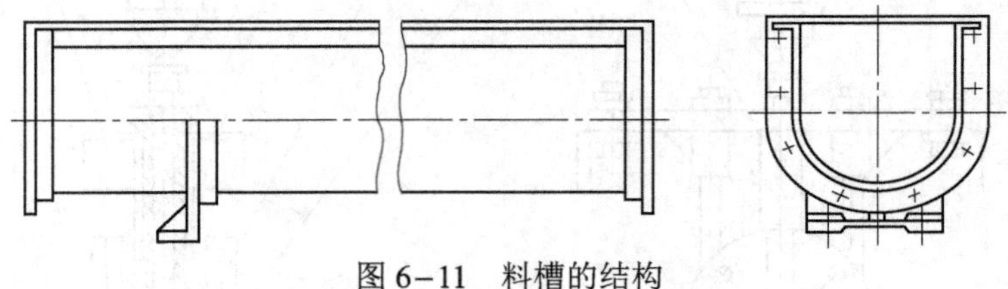

图 6-11　料槽的结构

料槽的顶部设有可以开启的盖板，以防止灰尘外扬，也方便做必需的检查和清理。

螺旋输送机的头节料槽盖板应设有溢流安全装置，方法是装一只限位开关，当物料溢流时就会顶起盖板，自动停机。

料槽的长度应设计成标准型，常用的有 1 m、1.5 m、2 m、2.5 m、3 m 等规格，每节料槽的底部应设置由铸铁或角钢制成的支脚一只，以便进行安装。

6.2.4　进料口和卸料口

进料口和卸料口用角钢和薄钢板焊接而成，为了便于安装平板闸门，常制成方形。卸料口闸门控制有手推式和齿条传动式两种，如图 6–12 所示。

进料口、卸料口一般在全机安装固定后根据工艺需要现场开口焊接。焊接时应使进料口、卸料口的凸缘支承面与螺旋轴线平行，与漏斗的连接处应紧密吻合，不得有间隙。在布置进料口、卸料口位置时要注意，既不能把它们安排在头部轴承、尾部轴承和中间悬挂轴承处，也不能把它们安排在料槽的支脚和接头法兰处。

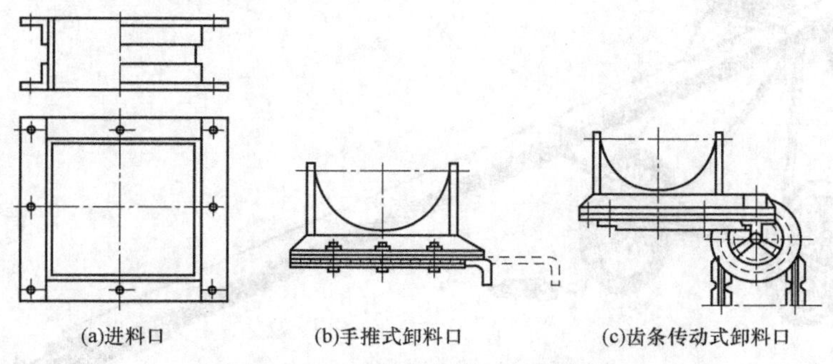

图 6–12　进料口和卸料口的结构

6.2.5　驱动装置

螺旋输送机的驱动装置，最常见的形式是在螺旋轴上装一皮带轮或链轮，采用带式或链式传动方式。把驱动装置安装在头节和有卸料口的地方是较为合理的，因为头节装有向心推力轴承，可使螺旋轴处于轴向拉伸状态，受力情况较好。

6.3　几 种 机 型

6.3.1　立式螺旋输送机

立式螺旋输送机也称立式绞龙，它是一种高速旋转的螺旋输送机，转速可达 450～850 r/min。由于螺旋轴高速旋转，使物料在机壳内形成若干同心圆层，最外层物料压向机壳，使物料与机壳所产生的摩擦力大得足以克服螺旋叶片表面与物料之间的摩擦力和物料本身重力的分力，这样物料与螺旋表面发生相对滑动，物料以低于螺旋轴转速且沿着与螺旋叶片旋向相反的螺旋线上升，达到输送物料的目的。

立式螺旋输送机与水平螺旋输送机的结构基本相同，也由驱动装置、轴承、螺旋体、机壳，以及进料口、卸料口等部分组成。由于这种输送机仅有上轴承和底座轴承，没有中间轴承，所以它仅靠上、下两端轴承支撑，故其输送高度不超过 10 m，每小时的输送量不超过 50 t。这种输送机多采用齿轮减速器和 V 形带传动。

6.3.2　快速螺旋输送机

快速螺旋输送机（见图 6–13）长为 6 m，机筒由内径 125 mm、壁厚 4 mm 的无缝钢管制成。螺旋体的轴用壁厚 3 mm、外径 34 mm 的钢管制成。轴前端装有 1307 型调心球轴承。

轴上的螺旋叶片由 2 mm 厚的钢板制成。这种输送机有两只 V 形带轮，大轮直径为 180 mm，小轮直径为 100 mm，走轮用的是板车轮胎，调节机身倾角用的撑杆是由外径为 34 mm 的钢管制成的，机头调节高度为 900～3 000 mm。

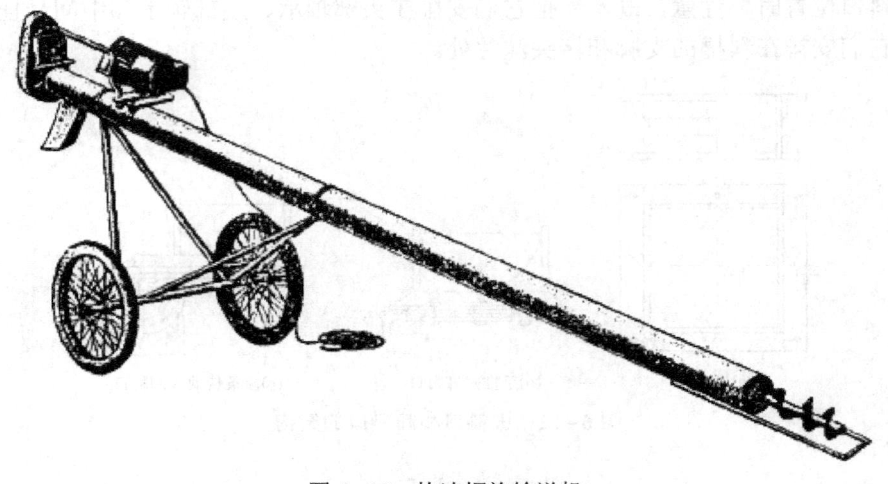

图 6-13　快速螺旋输送机

快速螺旋输送机的特点是：结构简单、制作容易、省材料、造价低、机身轻、移动灵活、使用方便、输送量大，所以应用甚多。它的主要缺点是叶片磨损较快，开、停机时有破碎物料现象发生。使用时应注意以下事项：

第一，输送量与尾部裸体段叶片埋在粮堆内的长度有直接关系，裸体段最大长度一般为三个螺距。在操作时要防止裸体段叶片露出粮面，否则会显著降低输送量，而且会造成粮粒飞溅和灰尘飞扬。如果尾部装有进料套管，在操作时要注意调节进料套管的开口长度，如果开口过短，会使输送量下降；如果开口过长，虽然能提高输送量，但功率消耗骤增，会出现超负荷运转，可能造成堵塞。因此，要合理调整进料套管的长度。

第二，快速螺旋输送机未工作时，进料段叶片因无支承而搁置在机筒下部的内壁上，所以刚开机时由于没有粮食输送，会产生螺旋叶片与机筒摩擦的声音，发出这种响音是正常的。但当粮食进入机筒后，粮食就能将浮动轴托起，摩擦声会随之消失。为此，应尽量缩短开空机的时间。实践证明，由于螺旋叶片摩擦机筒内壁的时间很短，所以机筒内壁磨损不显著。但是，由于螺旋叶片转速高，特别是在输送稻谷时，螺旋叶片的磨损还是较大的。因此，螺旋叶片应经过热处理。

第三，在输送粮食的过程中，粮粒破碎和脱壳是难免的，特别是刚开机时，由于粮流小，极易造成碎粒，但在粮流正常的情况下，粮粒破碎较少。因此，不宜经常开机和停机，以连续生产为好。影响粮粒破碎的另一个重要因素是叶片与机筒内壁的间距，若间距过大，输送量下降；若间距过小，就会造成粮粒卡住或破碎。实践证明，二者的间距在 10 mm 左右比较适宜。

6.3.3　立筒仓螺旋清扫器

立筒仓、钢板仓、圆仓的出料，一般先打开仓底出料门，物料自流流出至仓外输送设备。

但目前所建设的立筒仓，仓底多是平底或小角度底，物料自流不完全，最后必然有部分物料不能出仓。为了使这部分物料出仓，可使用立筒仓螺旋清扫器。

立筒仓螺旋清扫器由驱动装置、螺旋输送管、自动行走机构和压重装置组成。

① 驱动装置安装在头部，由防爆电机通过液压驱使螺旋轴旋转。

② 螺旋输送管采用开口式，使物料从开口钢管中流入，被螺旋片输送入仓底卸料口。

③ 自动行走装置安装于螺旋输送管的末端，用液压驱动，并装有走轮，走轮上装有压重装置，以防走轮浮动或空转。

6.3.4　特种螺旋输送机

生产中除使用快速螺旋输送机和慢速螺旋输送机外，粮油企业还使用了一些特种螺旋输送机。现分别介绍如下。

1. 内螺旋输送机

内螺旋输送机又称内螺旋滚筒。它是一只横卧在支承滚轮上的可转动圆筒，在圆筒的内壁焊有螺旋叶片，形成内螺旋线。物料从一端进入圆筒，由于内螺旋叶片的推动而到圆筒的另一端卸出。圆筒的转速越高，则物料压在筒壁上的力越大，物料在筒壁上贴得越紧，并将随圆筒一起转动，此时不产生输送作用。因此，圆筒的工作转数不能随意增加，而要有一个确定的极限数值，此数值可由物料的惯性离心力小于或等于物料重力这一条件来确定。

2. 移动式螺旋输送机

移动式螺旋输送机是粮食仓库中常见的一种输送设备，它主要用于粮食出仓、上囤、装车、灌仓等作业。它的主要部件与固定螺旋输送机相同，不同的是在螺旋输送机上装有移动或悬挂的旋转装置。现将几种国产移动式螺旋输送机的主要技术参数列于表 6-3，供参考。

表 6-3　几种国产的移动式螺旋输送机的主要技术参数

型号	每小时输送量/t	机长/mm	倾角/（°）	螺旋体		装料段螺距/mm	转速/（r/min）	功率/kW
				直径/mm	螺距/mm			
ZX031 型螺旋装卸机	40～60	7 250	15～45	176	176	176	850	5.5
ZX041 型螺旋备粮机	50	3 320	25	156	156	132	855	
ZX051 型螺旋灌包机	20	3 520	30	96	96	82	845	
75 型螺旋灌包机	15	4 000	30	190	130	130	230	1.7
GLZ－1 型螺旋灌包机	15	3 250	24～50	120	120	120	450	1.5

3. 旋转式螺旋输送机

平底圆仓内的粮食需要出仓时，可先使仓内粮食从中间出粮孔自流入仓下的胶带输送机送出仓外。因静止角的影响，致使部分粮食不能自流出来而残留在仓内，此时就需使用旋转式螺旋输送机来完成余粮出仓和清仓。旋转式螺旋输送机主要由滚轮、螺旋体、万向联轴节、圆锥齿轮减速器、传动轴和电动机等构件组成。电动机竖立在平底圆仓下胶带输送机的尾端滑槽内，电动机与传动轴采用花键套筒连接，以便安装和拆卸。而圆锥齿轮减速器的从动轴用万向联轴节连接螺旋轴，使螺旋体倾角可以任意改变。圆锥齿轮减速器的外壳可相对于电动机用套管做纵向支撑，且圆锥齿轮减速器的外壳相对于电动机外壳做旋转运动。为防止螺旋体因自重而过多地埋入物料堆中，以及当仓内物料卸完时防止螺旋叶片与仓底摩擦而损坏螺旋叶片及仓底，在螺旋体另一端装有滚轮，滚轮直径比螺旋体直径大 10～20 mm。

螺旋叶片的结构形式应根据物料性质而定，一般采用实体式或齿式。为使物料流量均匀，可用单头或 2～3 头的螺旋。在制造条件允许的情况下，最好将其制成锥体螺旋，即从靠近滚轮端到接近万向联轴节处的螺旋叶片直径逐渐增大，两端叶片直径之差为 10～20 mm，以达到减少动力消耗的目的。工作时，由于螺旋的旋转和自重作用，首先在螺旋下面开出一条沟槽，使螺旋体逐渐向物料中下沉，但由于有滚轮，螺旋体不会沉入物料过深。此时，可用不同宽度的滚轮来调节其埋入深度，适宜埋入深度为螺旋体直径的 2/3 左右，若埋入太深，则动能消耗大；若埋入太浅，输送量会明显下降。当螺旋叶片旋转时，叶片受到物料的径向反作用力，使螺旋轴绕中心立轴轴线转动，这种转动称为公转。此时减速器外壳也随着立轴转动。当仓底物料较多时，螺旋体公转的速度较慢；当仓底物料较少时，其公转的速度较快。由于螺旋体一方面绕自身轴线转动（俗称自转），另一方面又绕仓底中心立轴轴线转动（俗称公转），因此这种旋转式螺旋输送机又称为“自转公转绞龙”。由于螺旋体的自转和公转，可将仓底物料从仓底的四周向中央推送，从仓底中央出口卸出。

4. 弹簧螺旋输送机

弹簧螺旋输送机是螺旋输送机的一种发展形式。它根据立式快速螺旋输送机的工作原理，将螺旋体改成一根（或两根）螺旋弹簧，将螺旋弹簧的一端固定在电动机驱动轴上，弹簧装在机筒内，机筒可用软管或硬管制成，机筒外尚露一段弹簧做喂料之用。工作时，开动电动机，弹簧在机筒内转动，当进料段插入物料堆后，物料则按螺旋形轨迹进入机筒，并从机筒上端卸出。

弹簧螺旋输送机结构简单，可向任意方向输送物料。当机筒为软管时，还可做多种方式输送。此种机械可输送粉状物料，也可输送粒状物料，但不宜输送黏性大或水分高的物料，目前弹簧螺旋输送机在我国粮食部门已有使用。

由于此种机械目前正处于发展阶段，其结构尺寸、工作参数、动力配备等尚无完整资料可查。另外，其部件的加工工艺、材料选择也尚未定型，因此此种设备有待进一步研究和完善，才能大量用于实际生产。

5. 变螺距螺旋输送机

变螺距螺旋输送机的结构与一般螺旋输送机相似，不同的只是在同一螺旋轴上螺旋叶片的螺距沿轴线方向是变化的，其目的是改变物料向前推进的速度，以满足工艺需要。有的油脂浸出车间已采用变螺距螺旋输送机将浸出器卸出的湿粕送入粕烘干机中，由于螺旋叶片的螺距逐渐减小，湿粕的前进速度越来越慢，致使料槽中物料堆积而形成料封，以防止“倒汽”现象的发生，从而确保车间的安全生产。

6.4　螺旋输送机的设计计算

6.4.1　慢速螺旋输送机输送量的计算

实体式慢速螺旋输送机每小时的输送量可按式（6–6）计算：

$$Q=3\,600Fv\rho \tag{6–6}$$

式中：Q——每小时输送量，t；

F——料槽内物料的横断面积，m^2；

v——物料的轴向推进速度，m/s；

ρ——物料的密度，t/m^3。

物料在螺旋输送机内是不可能全部装满的，通常只位于料槽的底部，并偏于旋转方向的侧壁。物料的散落性越差，内摩擦力越大，则偏向侧壁的高度越大，装满程度就越小。另外，当螺旋输送机做倾斜输送时，装满程度更要减小。所以，实体式慢速螺旋输送机内物料的横截面积可用式（6–7）计算：

$$F=\frac{\pi D^2}{4}\varphi C \tag{6–7}$$

式中：F——输送机内物料的横截面积，m^2。

D——螺旋体直径，m；常用的螺旋体直径有：0.1 m、0.12 m、0.16 m、0.2 m、0.25 m、0.32、0.4 m。

φ——装满系数（粮粒φ=0.25～0.4；油料φ=0.25～0.35；麸皮、米糠φ=0.25；面粉φ=0.2）。

C——倾斜输送时的修正系数（见表 6–4）。

表 6–4　倾斜角与修正系数的关系

倾斜角/（°）	0	5	10	15	20
修正系数	1	0.9	0.8	0.7	0.65

物料沿轴向的推进速度用式（6–8）计算：

$$v=\frac{sn}{60}\ \text{(m/s)} \tag{6–8}$$

式中：s——螺距，m。其中，实体式螺旋叶片的螺距 s=0.8D，带式螺旋叶片的螺距 s=D。

n——螺旋轴转速，r/min。

以 F 和 v 代入式（6–6），可得式（6–9）：

$$\begin{aligned}Q&=3\,600\frac{\pi D^2}{4}\varphi\frac{ns}{60}\rho C\\&=47D^2\varphi ns\rho C\end{aligned} \tag{6–9}$$

在已知输送量的条件下，选择好螺旋体直径和螺距后，螺旋轴转速可用式（6–10）求出：

$$n=1.05\times\frac{Q}{47D^2\varphi s\rho C} \tag{6-10}$$

式中：1.05 为理论计算转速与实际转速修正系数，n 的单位为 r/min。

螺旋输送机螺旋轴的转速 n 不能超过极限转速，否则物料就会在料槽内翻滚，此时螺旋输送机起搅拌作用，而不是向前推进的作用。螺旋输送机的极限转速可按式（6–11）计算：

$$n_0=\frac{A}{\sqrt{D}} \tag{6-11}$$

式中：n_0——螺旋轴的极限转速，r/min；

A——物料综合特性系数，粮粒的 A 值为 65；

D——螺旋体直径，m。

D 有 100 m、120 m、160 m、200 m、250 m、320 m、400 mm 七个规格。

6.4.2 立式快速螺旋输送机输送量的计算

立式快速螺旋输送机输送量的计算是很复杂的。为了简化计算，用慢速螺旋输送机的计算公式，适当改变某些参数，用式（6–12）计算：

$$Q=47D^2\varphi sn\rho C \tag{6-12}$$

式中：Q——每小时输送量，t；

D——螺旋体直径，m；

φ——装满系数（垂直使用时 φ=0.3～0.5，倾斜使用时 φ=0.5～0.7）；

s——螺距，取 s=0.7～0.8D，m；

n——螺旋轴的转速，r/min；

ρ——物料的密度，t/m^3；

C——倾斜及垂直使用时的修正系数（见表 6–5）。

表 6–5 立式快速螺旋输送机倾斜和垂直使用时的修正系数

倾斜角度/（°）	15	20	30	40	45	50	60	70	80	90
修正系数	0.90	0.87	0.80	0.73	0.70	0.67	0.60	0.53	0.47	0.40

螺旋轴转速 n 必须大于临界转速 n_0。所谓临界转速就是在可以提升物料的条件下，立式螺旋输送机螺旋轴的最低转速，可按式（6–13）计算：

$$n_0=42.3\sqrt{\frac{\sin(\alpha-\beta)}{d\sin\beta}} \tag{6-13}$$

式中：n_0——螺旋轴的临界转速，r/min；

α——螺旋轴的螺旋升角；

β——物料与螺旋叶片的表面摩擦角。

$$\tan\alpha=\frac{s}{\pi d} \tag{6-14}$$

式中：s——螺距，m；

d——螺旋轴直径，m。

对于立式快速螺旋输送机，其螺旋体直径和螺距的系列，可采用表 6–6 中的数值。

表 6–6　螺旋体直径和螺距的关系

螺旋体直径/mm	80	100	120	140	160	180
螺距/mm	70	80	100	110	130	150

立式快速螺旋输送机螺旋轴转速与装满系数成正比：转速越快，装满系数越高；转速越慢，装满系数越低，其数值如表 6–7 所示。螺旋体直径 D 的选用参考表 6–8。

表 6–7　螺旋轴转速与装满系数的关系

螺旋轴转速/（r/min）	450	550	650	750	850
装满系数（φ）	0.3	0.4	0.4	0.5	0.5

表 6–8　螺旋体直径的选用

螺旋体直径/mm	100	120	160	200	250	320	400
以小麦为代表的粒状物料的每小时输送量（Q）/t	0.5～1.5	1.0～2.5	2.3～6.2	4.4～10.4	8.7～18.0	18.0～35.0	35.0～60.0
以面粉为代表的粉状物料的每小时输送量（Q）/t	0.16～0.52	0.35～0.93	0.81～2.15	1.56～3.50	3.0～6.0	6.0～12.0	12.0～21.0

注：小麦ρ=0.75 t/m³，φ=0.33；面粉ρ=0.43 t/m³，φ =0.20。

6.4.3　螺旋输送机驱动功率的计算

螺旋输送机在输送物料时，有以下各种阻力：物料对料槽和螺旋叶片的摩擦阻力、端部轴承和中间悬挂轴承的摩擦阻力，以及额外阻力，如物料黏结成块、螺旋叶片搅拌物料等阻力。在倾斜式或立式螺旋输送机中，尚需加入提升物料的阻力。

在上述阻力中，额外阻力占有很大的比例，但它又很难用计算方法求得，因此最方便的方法是用总阻力系数ω来考虑。ω由实践中得出，粮粒及其加工产品的总阻力系数取 1.2～1.5。

螺旋输送机的起动功率往往要比计算的轴功率大 3～4 倍，为了满足起动需要，在计算螺旋输送机的轴功率时，应考虑功率安全系数 K。在实际使用中，K 常取值 1.2～1.4。

1. 慢速螺旋输送机轴功率的计算

计算公式如式（6–15）所示：

$$N_0=\frac{Q}{367}\times(\omega L+h)K \tag{6–15}$$

式中：N_0——轴功率，kW；

Q——每小时输送量，t；

ω——物料的总阻力系数，粮粒取 1.2～1.5；

L——输送机的水平投影长度，m；

h——垂直提升高度，m；水平输送时 $h=0$；

K——功率安全系数，通常取1.2～1.4。

2. 快速螺旋输送机轴功率的计算

计算公式见式（6–16）：

$$N_0=\frac{Qh}{367}\omega K \tag{6-16}$$

式中：Q——每小时输送量，t；

h——垂直提升高度，m；

ω——物料的总阻力系数，取值6～7.5；

K——功率安全系数，取值1.2。

3. 螺旋输送机驱动装置电动机功率的计算

计算公式见式（6–17）：

$$N=\frac{N_0}{\eta_0} \tag{6-17}$$

式中：η_0——总传动装置效率，取值如表3–19所示；

N_0——轴功率，kW；

N——电动机功率，kW。

6.4.4 计算实例

［**例6–1**］已知水平螺旋输送机，其有效输送长度为10 m，螺旋体直径 D 为200 mm，要求每小时输送小麦10 t，试选择输送机的转速 n 及所需的电动机功率 N。

解：已知小麦密度 $\rho=0.75\ \mathrm{t/m^3}$，取螺距 $s=0.8D$，小麦的装满系数 $\varphi=0.33$，水平输送的修正系数 $C=1$，根据式（6–10）得：

$$\begin{aligned} n&=1.05\times\frac{Q}{47D^2\varphi s\rho C}\\ &=1.05\times\frac{10}{47\times0.2^2\times0.33\times0.16\times0.75\times1}\\ &\approx141\ (\mathrm{r/min})\end{aligned}$$

根据式（6–11），粮食的 A 值取65，计算螺旋轴的极限转速 n_0

$$n_0=\frac{A}{\sqrt{D}}=\frac{65}{\sqrt{0.2}}\approx145\ (\mathrm{r/min})$$

$$n<n_0$$

根据式（6–9），将 $n=141$ 代入公式验算输送量：

$$\begin{aligned} Q&=47D^2\varphi sn\rho \mathrm{C}\\ &=47\times0.04\times0.33\times0.8\times0.2\times141\times0.75\times1\\ &\approx10.5\ (\mathrm{t})\end{aligned}$$

验算结果证明 $n=141$ r/min 是合适的。

轴功率按式（6–15）计算，取ω=1.5、K=1.2 则

$$N_0=\frac{Q}{367}(\omega L+h)K$$
$$=\frac{10}{367}(1.5\times10+0)\times1.2$$
$$\approx0.49\ (\text{kW})$$

若采用 V 形带传动，其η_0=0.95，则按式（6–17）计算电动机功率 N 为：

$$N\simeq\frac{N_0}{\eta_0}=\frac{0.49}{0.95}=0.52\ \text{kW}$$

选用电动机要根据所需的功率和转速这两个最基本的条件进行，只考虑功率是不够的，而且要根据电动机系列样本选择，故在此只能待定。

［例 6–2］某油厂选用立式螺旋输送机输送大豆，要求每小时输送量 Q=20 t，提升高度为 5 m，现有一钢管内径为 200 mm，试确定螺旋体直径及其余参数。

解：根据螺旋叶片与机壳内壁间隙为 5～10 mm 的原则，选用螺旋体直径 D=180 mm；s=0.8 D=0.8×180=144（mm），取 s=150 mm，大豆密度ρ =0.75 t/m^3；大豆与钢板的摩擦系数 f=0.37，选用螺旋轴直径 d=40 mm；装满系数φ=0.48；修正系数 C=0.4。

根据式（6–10），计算螺旋轴转速 n：

$$n=1.05\times\frac{Q}{47D^2\varphi\ s\rho C}$$
$$=1.05\times\frac{20}{47\times0.18^2\times0.48\times0.15\times0.75\times0.4}$$
$$\approx638\ \ (\text{r/min})$$

按式（6–13）计算临界转速 n_0：

$$n_0=42.3\sqrt{\frac{\sin(\alpha-\beta)}{d\sin\beta}}$$

$\tan\beta=f=0.37$，则 $\beta=20°18'$

$\tan\alpha=\dfrac{s}{\pi d}=\dfrac{150}{3.14\times40}\simeq1.19$，则$\alpha=50°$

$$n_0=42.3\sqrt{\frac{\sin(50°-20°18')}{0.04\times\sin20°18'}}$$
$$\approx253\ \ (\text{r/min})$$

由于 $n>n_0$，故可满足要求。

所需轴功率根据式（6–16）计算：

$$N_0=\frac{Qh}{367}\omega K$$

取大豆的总阻力系数ω=6，功率安全系数 K=1.2，则

$$N_0=\frac{20\times5}{367}\times6\times1.2\approx1.96(\text{kW})$$

若采用 V 带传动，则传动效率 η_0=0.95，因此，电动机功率 N 为：

$$N=\frac{N_0}{\eta_0}=\frac{1.96}{0.95}\approx2.06\ (\text{kW})$$

［例 6-3］有一水平输送距离为 20 m 的固定式慢速螺旋输送机，每小时输送量为 15 t，输送小麦（密度 0.75 t/m^3），d=48 mm，参照图 6-5 求其各参数。

解：从表 6-8 选用 D=250 mm 的螺旋体直径，取装满系数 φ=0.33，修正系数 C=1，螺距 s=0.8D。

$$s=0.8\,D=0.8\times250=200\ (\text{mm})$$

则：

$$\begin{aligned}n&=1.05\times\frac{Q}{47D^2\varphi s\rho C}\\&=1.05\times\frac{15}{47\times(0.25)^2\times0.33\times0.2\times0.75\times1}\\&\approx108\ (\text{r/min})\end{aligned}$$

根据式（6-11），临界转速 n_0 为：

$$n_0=\frac{A}{\sqrt{D}}=\frac{65}{\sqrt{0.25}}=130\ (\text{r/min})$$

由于 $n<n_0$，故可满足要求。

取 ω=1.2，h=0，η=0.94×0.95，K=1.2，由式（6-15）和式（6-17）得

N=1.32（kW）

则根据式（6-1）～式（6-5）计算得螺旋叶片的展开尺寸：

$$L=\sqrt{(\pi D)^2+s^2}=\sqrt{(3.14\times0.25)^2+(0.2)^2}\approx0.81(\text{m})=810(\text{mm})$$

$$l=\sqrt{(\pi d)^2+s^2}=\sqrt{(3.14\times0.048)^2+(0.2)^2}\approx0.25(\text{m})=250(\text{mm})$$

$$b=\frac{D-d}{2}=\frac{250-48}{2}=101\ (\text{mm})=0.101(\text{m})$$

$$r=\frac{lb}{L-l}=\frac{0.25\times0.101}{0.81-0.25}\approx0.045(\text{m})=45\ (\text{mm})$$

$$R=r+b=0.045+0.101=0.146\ (\text{m})=146\ (\text{mm})$$

$$\alpha=\frac{2\pi R-L}{2\pi R}\times360^\circ=\frac{2\times3.14\times0.146-0.81}{2\times3.14\times0.146}\times360^\circ\approx41.96^\circ$$

6.5　螺旋输送机的安装、操作与维护

1. 安装

安装螺旋输送机时，机壳每米的垂直度和平面度允差为 1 mm，全长累计不超过 3 mm；横向平面度允差为 1/500，内壁与螺旋两侧的间隙应相等，允差为 2 mm；底部间隙允差为 2 mm。机壳各连接处应直接紧密，不得有错位或间隙。机壳中心线与主轴同轴度允差为 0.5 mm。

螺旋体组装好后应做静平衡试验。全机组装完成后，应检查机内有无杂物，各润滑处应添加润滑油，然后空载试车。当空载试车时，轴承温升不得超过 20 ℃。空载试车后，再进行负载试车。当负载试车时，也应空车起动，载荷应逐步加到额定输送量。当满载试车时，轴承温升不得超过 30 ℃，否则说明安装不当，有卡位或润滑不足现象，应排除后再运行。

2. 操作与维护

① 进入螺旋输送机的物料，应先经过清理，除去大块杂质或纤维性杂质，以保证螺旋输送机正常工作。

② 开机前，应先检查螺旋输送机料槽内，特别是悬挂轴承处有无堵塞。若有堵塞，应先清除，然后空车起动。

③ 在螺旋输送机运转的过程中，不得用手或木棍伸入槽内掏取物料。若发现大块杂质或纤维（如麻绳、稻草）落入料槽，必须立即停机进行处理。

④ 不得在螺旋输送机盖板上行走，因为有可能引发盖板翻倒现象，会造成安全事故。

⑤ 各处轴承应经常加油，若发现悬挂轴承的轴衬磨损，应及时调整。

⑥ 在输送具有黏性或水分较大的粉状物料时，要经常利用停机间隙，清除黏附在螺旋叶片、料槽内壁上或悬挂轴承上的黏着物，以免料槽容积减小，阻力增大，增加电耗，降低输送量，甚至引起堵塞。

⑦ 当螺旋输送机在正常工作时，必须将料槽内物料输送完毕，之后方可关机停止运转。

思考与练习题 6

1. 螺旋输送机的基本构件有哪些？ 工作特点是什么？
2. 螺旋叶片的结构形式有几种？并说明其工作范围。
3. 什么叫螺旋升角？
4. 螺旋输送机轴承的类型和特点是什么？
5. 当螺旋输送机的转速确定之后，为什么还要验证临界转速？
6. 已知螺旋体直径 D=250 mm，螺旋轴 d=42 mm，螺距 s=200 mm，求螺旋叶片尺寸。
7. 某螺旋输送机，螺旋体直径 D=250 mm，装满系数 φ=0.33，物料密度 ρ=0.7 t/m^3。求

每小时最大输送量。

8. 某慢速螺旋输送机有效输送长度 L=12 m，螺旋体直径 D=20 mm，要求每小时输送玉米 8 t，玉米的密度为 710 g/L。试确定该输送机的转速和电动机功率。

9. 某水平螺旋输送机，有效输送长度 L=20 m，螺旋体直径 D=200 mm，装满系数 φ=0.35，输送密度 ρ=0.75 t/m^3 的小麦，求每小时输送量，并选电动机。

10. 用某立式螺旋输送机输送小麦。已知：d=40 mm，s=120 mm，n=400 r/min，ρ=0.75 t/m^3，小麦与钢板摩擦系数 f=0.4，求每小时输送量，并选用电动机。

第 7 章　管槽类设备和称重机械

7.1　管槽类设备

1. 溜管

溜管是依靠物料自重，向下方或斜下方输送散粒物料的设备。因它不用外加动力，所以在粮库中使用较多。

1）溜管的结构和尺寸

溜管一般由地端法兰和中间管体连接组成。溜管的尺寸以外径尺寸为准，例如与 350 mm×350 mm 阀门相连接的溜管，其外径尺寸为 350 mm×350 mm。

2）溜管的剖面形状

一般粮食加工厂的小溜管为圆形。对于产量较大的加工厂或仓库，溜管的形状基本与阀门出口的形状相同，因而大多为正方形。

3）溜管的材料和壁厚

溜管有木板制方管、矩形管、菱形管，钢板制圆管、矩形管，以及玻璃管等。现在多使用喷漆溜管，其特点是美观、耐磨、物料流动通畅。对于粮食加工厂的小溜管，其材料一般为 2 mm 厚钢板，有时也用 5 mm 厚玻璃的。对于输送粉料或成品的溜管，一般用 0.8～1 mm 厚的镀锌钢板或普通钢板制成。

对于与阀门相连接的溜管，一般用 2～3 mm 厚的钢板制造，内加耐磨衬板。对于不加耐磨衬板的溜管，其壁厚一般不小于 4 mm。

4）溜管的标准长度

溜管的标准长度同钢板的标准长度，一般为 2 m。

5）降低粮食下落速度的溜管结构

此类溜管在中部或底部做一定距离的水平弯曲，弯曲处有较大的空间和体积，堆高的粮食可自流而下。此类溜管结构的力学原理是：把下落动能转变成粮粒内部的冲击摩擦能。

6）耐磨衬板

为了提高溜管的使用寿命，在溜管的易磨损部位应使用耐磨衬板。耐磨衬板材料为超高分子量聚乙烯，厚度为 4～6 mm。耐磨衬板一般安装在溜管的底面及两侧 2/3 高度处。

耐磨衬板的固定采用紧固件，紧固件的头部应低于摩擦面 1～2 mm。在耐磨衬板与管壁之间应有一间隙，间隙宽度为 $3B/1\,000$，B 为溜管宽度。紧固件间距不应大于 500 mm。

7）溜管截面尺寸、最小倾角与每小时输送量

溜管截面尺寸与每小时输送量的关系如表 7–1 所示。各类物料的溜管输送最小倾角如

表 7–2 所示。

表 7–1　溜管截面尺寸与每小时输送量的关系

每小时输送量/t	圆管直径/mm	方管边长/mm	每小时输送量/t	圆管直径/mm	方管边长/mm
8～15	140～170	120	50	250	180
30	50	150	100	300	200

表 7–2　各类物料的溜管输送最小倾角

物料名称	钢板溜管最小倾角	物料名称	钢板溜管最小倾角
小麦	27°～31°	米糠	47°
稻谷	33°	谷壳	52°
玉米	24°	小米	23°
豌豆	21°	糙米	30°
大米	39°	面粉	45°

2. 滑槽

滑槽是依靠物料自重，向下或斜下方输送粮包的设备。由于它不使用动力，因此得到广泛应用。滑槽分平直滑槽和螺旋滑槽。滑槽的材料有木板、钢板、水磨石、竹片等。滑槽结构简单，使用经济。对于较长的滑槽，为了防止溜速过快，中间应加控速器（夹板或挡板）。平直滑槽的最小倾角如表 7–3 所示。螺旋滑槽可用于楼房仓出仓。

表 7–3　平直滑槽的最小倾角

滑槽材料	木板	钢板	竹片
麻袋	24°	24°	15°
布袋	12°	12°	90°

滑槽的宽度应比粮包宽 100 mm，槽高为粮包厚度的 1/2。在槽端应设操作平台，便于操作。

3. 无尘装载管

无尘装载管是一种具有吸尘和料位跟踪、自动提升功能的伸缩软管，适用于小麦、玉米、稻谷等粮食作物的火车、汽车装车，以及船舶装载等多种发放作业，能够有效地控制作业过程中的灰尘飞扬，可改善和保护工作环境。

无尘装载管的学名为可伸缩装车软管（以下简称装车软管），它可以直接安装在料仓的闸门或送料机下，也可与胶带输送机、螺旋输送机和埋刮板输送机等运输设备配套使用。

1）结构和主要工作部件

装车软管由内管、外管、卸料管、卷扬机构和升降控制系统等组成（见图 7–1），内外管均可伸缩。

① 内管由多节圆锥筒组成（见图 7–2）。圆锥筒之间用编织带（或钢丝绳）连接。内管

收缩时圆锥筒层叠，内管伸展时圆锥筒相隔一定距离悬挂在编织带上。物料自上而下通过圆锥筒，从卸料管排出。圆锥筒材料可采用塑料、铝合金、碳钢或不锈钢等，其下端物料出口处，应有一段耐磨衬套，以提高内管的使用寿命。

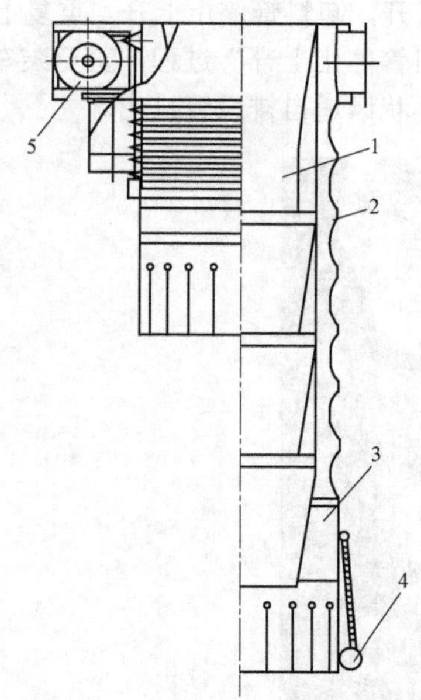

1—内管；2—外管；3—卸料管；4—料位计；5—卷扬机构。

图7–1　装车软管的结构

图7–2　内管结构

② 外管是一个可自由伸缩的波纹管，它与内管构成环状风道，物料在流经内管以及卸料过程中产生的含尘气流，通过环状风道后，自机头箱的风管排出。外管由防雨布或尼龙革做围筒，用金属环圈将围筒分隔成可伸缩的波纹管，环圈上设有导向柱，保证波纹管在伸缩时环圈叠放齐整。

③ 卷扬机构是内管、外管伸缩的驱动装置，由电动机、减速器、卷绳轮和牵引钢丝绳等组成。牵引钢丝绳可以为两绳或三绳。卷绳轮采用同轴线布置，卷绳方法有平排单层和单绳叠绕两种。单绳叠绕方法具有结构紧凑、工作可靠的优点，但存在伸缩速度不均匀的缺点。减速机一般选用具有双向输出轴并且与输入轴垂直的蜗轮减速大圆锥或圆柱齿轮减速器。

④ 卸料管吊装在卷扬机牵引钢丝绳的末端，并与内管、外管连接，它既是物料的排放口，也是卸料过程中产生的灰尘的吸入口。卸料管在卷扬机牵引钢丝绳的牵引下带动内管、外管做垂直运动。通常，物料以直流状自卸料管排出，也可以在卸料管口设置导流槽或分流器，使物料流改变方向，从而达到均匀装载的目的。

⑤ 升降控制系统由料位计和电器控制器组成。其作用是在卸料过程中保持一定的卸料高度，防止内管堵流和灰尘飞扬。料位计位于卸料管下侧，用于检测卸出物料的堆积高度。当堆积高度达到受控位置时，料位计发出信号，然后由电器控制器驱动卷扬机构的电动机，通过牵引钢丝绳控制内管、外管升降。

2）工作过程和特点

装车软管利用物料的自重和自流堆积角在卸料过程中实现卸料管自动逐级提升，连续装载。装载作业开始时，卸料管处于伸展状态，卸料口与受料容器面保持适当的距离。物料卸出后形成具有一定自流角的堆积体。当达到一定的堆积高度时，位于卸料管下侧的料位计被物流推开并倾斜，当倾斜到一定的角度时，水银开关接通，卷扬机构牵引卸料管向上提升（见图 7–3）。此后料位计恢复至垂直状态，水银开关断开，卸料管停止上升。重复上述“卸料—推动料位计倾斜—卸料管上升—料位计复位—卸料管停止上升”过程，直至装车完毕。在卸料口产生的灰尘，自卸料管的外围筒口吸入，经环状风道自排风管排出。

图 7–3　无尘装载管应用

使用装车软管卸料，物料是在封闭的卸料管内流动的，使物流的卸料高度大大降低，卸料过程中产生的灰尘以最短的距离被吸入除尘系统，有效地控制了装车过程中的灰尘飞扬，因而被称为“无尘装载管”。

装车软管的主要工作参数为：每小时的装载量为 100～800 t，每小时的吸风量为 1 100～3 500 m^3，伸缩速度为 4.8 m/s。

3）安全装置

装车软管的伸缩高度限位采用螺杆式限位器，该限位器的螺杆与卷绳轴为一体，卷绳轴转动，带动螺杆左右移动，当螺杆移动到限位器两边的接近开关时，接近开关动作，电动机停转，装车软管停止在极限位置。

4）安装、操作、故障及维护

安装装车软管时，应保证内、外卸料管垂直，吸尘风管需要与除尘系统的风网连通，安装高度应保证软管全部伸出时卸料口距车厢底面有一定的空间距离。当使用装车软管进行物料发放作业时，应连续、均匀供料。卸料开始前，卸料管应处于伸展状态，料位计与受料容器底面要保持一定的空间距离。卸料过程中，应注意卸料管的自动提升情况，若发生异常应立即采用手动方式提升，以防内管堵塞。卸料管的上、下高度限位，是伸缩的极限位置，操作时不能以此作为作业的起始和终止位置。

装车软管较易出现的故障是波纹管叠放不齐和料位跟踪自动提升失灵。波纹管叠放不齐，是由于牵引钢丝绳长度不一致造成的。严重时，会使波纹管隔环局部卡死、卸料管弯曲。为保证牵引钢丝绳长度一致，首先要求钢丝绳在每个卷扬轮内的缠绕圈数必须相等，其次要求卸料管呈水平状吊挂在钢丝绳末端。

料位跟踪自动提升失灵，将造成卸料堵流故障。这通常是由于料位计安装位置不当引起的，应根据物料的自流堆积角调整料位计的安装位置，使料位计正常工作。

4. 分路器

分路器也称分流器，它是与溜管共同使用的设备，可控制物料的去向。分路器有两分式、三分式、四分式、多分式，其中三分式以下称拨斗，三分式以上称分配盘。分配盘的技术特性如表 7–4 所示。

表 7–4　分配盘的技术特性

型　号	FP100	FP200
流量/t	50	100
分配盘直径/mm	1 000	2 000
分配孔数	4、6、8	8
转动管直径/mm	250	300
转动速度/（r/min）	18	0.6
功率/kW	0.25	0.4

在实际中，根据具体情况设计选用分路器，在此不多介绍。

7.2　称重机械

在粮食仓库中，粮食的流通必须有量的概念，在每种作业中也必须有量的概念。例如，入库多少，出库多少，每个仓进多少、存多少、出多少，以及清理多少、烘干多少等，都要有账可查，尤其在使用计算机管理时，必须把这些量输入计算机，才能按设计的程序指挥全库的生产。这个量有两方面的内涵：一个是粮食的质量，由检验部门负责检验、化验；另一个是粮食的重量，测量物料的重量叫称重，称重机械就是秤。

7.2.1　称重机械的分类

1. 按结构原理分类

按结构原理不同，称重机械可分为三大类：机械秤、电控机械秤和电子秤。

① 机械秤是纯粹的机械装置，利用杠杆平衡原理达到称重目的。其优点是性能稳定、称量准确、工作可靠；缺点是结构复杂、容易损坏、不能实现远距离控制和自动控制。

② 电控机械秤由机械杠杆和电气控制元件共同组成，简化了机械结构，提高了自控水平。

③ 电子秤是应用传感器和电子仪表，将重量这一物理量变换成电信号量，经仪表放大，再由数字显示器将重量显示出来。这种秤的称量精度由传感器的灵敏性决定，很容易实现自动控制。

2. 按称重状态分类

按称重状态不同，称重机械可分为静态秤和动态秤。静态称量即被称物料处在静止状态时进行的称量，这种秤称量精度高、使用较多。动态称量即被称物料处在流动状态时进行的称量，虽然这种称量目前准确度还不高，但在粮食部门已有使用。

3. 按自动化程度分类

按自动化程度不同，称重机械可分为自动秤和非自动秤。在自动秤中，按每次称重的物料量的均匀性不同，可将其分为非连续累计料斗秤和定量秤。

任何衡器都必须具有稳定性、灵敏性、正确性和不变性，这四者统称为衡器的四性。

7.2.2 常用称重机械

1. 百分台秤

百分台秤（见图 7–4）是粮食仓库中常用的一种机械秤，它采用复式杠杆工作原理，砝码的重量是它标示重量（即计量杠杆平衡时，被称量物体的重量）的百分之一。

图 7–4 百分台秤

目前台秤多用来称量包装粮。也有的粮库自制一个称量斗，称量时把斗放在台板上，把散粮用输送机送入斗中，装满后停止进粮，然后进行称量，称出的重量减去斗重，即为粮重。称后将粮从斗底放出，再用输送机送走，这种秤称为斗槽秤。若用两台斗槽秤交替使用，即可称出输送线上粮食的流量。这种称量法属于静态称量法，但每次称量要用 2～3 人，称量速度慢，每小时的产量约为 50 t，工作环境尘土多，灰尘往往影响秤的精度。

台秤下有 4 个走轮，可在地面上短距离移动，因此可以配合移动式输送线使用。秤量大的台秤称为地上衡。台秤的称量精度国家规定为 1/1 000，即最大秤量的允许误差为正负实际秤量的 1/1 000。

2. 自动秤

以前的自动秤多是定量机械自动秤，属于间歇工作的机械，结构复杂，出现故障时操作工人难以修复。它的优点是称量精度高，出厂精度达 1/2 000，使用精度为 1/1 000。现在已生产出电控机械秤和电子秤，电控机械秤在称量时采用杠杆原理，在计量时采用电气原理，电子秤则全部使用电气原理。这些秤也属于间歇工作的定量秤，结构简单，容易操作和修理，但称量精度还不如机械秤，一般出厂精度为 1/1 000，使用精度为 2/1 000，这些产品有取代机械秤的趋势。

在输送作业线中，常用非连续累计料斗秤。非连续累计料斗秤将一批物料分成不连续的载荷序列分别计量，然后将载荷序列中的各个计量值累加，从而得到整批物料的总重量。非连续累计料斗秤称量精确度高，特别适用于散粮及其他食品原料的贸易计量，下面对其进行介绍。

1）组成和工作过程

非连续累计料斗秤一般由上料斗、称量斗、下料斗组成，其控制部分由称重传感器、称重显示控制器、电气及气动控制系统组成。

非连续累计料斗秤工作时，上料斗中的物料经给料机构进入称量斗，当称量斗内的物料达到预先设定量时，执行机构（一般为气动元件，也有采用电动推杆的）关闭给料门，而后进行自动称重。称重完毕，若此时下料斗内具有足够空间容纳物料，料位器发出信号，称重控制系统便驱动称量斗上的放料门，将物料自动排入下料斗，接着进入放料过程，等到料放空后，放料阀门自动关闭，至此，本次称量循环结束，而下次称量循环的进料过程则自动开始，如此不断循环，直至最后一个称量循环结束后系统自动停止工作。

2）主要工作参数

从理论上讲，非连续累计料斗秤可以根据用户的要求设计成任何容量，但由于工业生产的需要，一般厂家都有一定规格的产品，其参数也不尽相同，但最主要的技术指标有计量能力、单斗最大称量值、显示分度值、准确度等几项指标。

① 计量能力是指在单位时间内设备的正常工作能力，一般以 t/h 或 kg/h 来表示。

② 单斗最大称量值，指计量斗最大的单斗称量能力，一般以 kg 或 t 等单位来表示，此时还需要指明以何种密度的物料为依据，如小麦的密度为 0.75 t/m^3。

③ 显示分度值，指显示器上相邻两个显示值之差。

④ 准确度指显示值与实际值之差，应在国家规定的一个准确度等级范围内，通常非连续累加自动秤准确度等级应为 0.2 级。

3）安全装置

由于非连续累计料斗秤在粮食搬倒过程中处于粉尘环境内，加之有些类型的秤具有完全封闭结构，这就要求有粉尘防爆措施及泄爆装置。

① 粉尘防爆。现场秤体上的电气部件，如电磁阀、传感器、接近开头、料位器、行程开头等均应符合粉尘防爆的要求，控制柜必须置于安全区。

② 设置泄爆装置。封闭型秤体必须按《粉尘爆炸泄压指南》（GB/T 15605—2008）的要求，设置泄爆门等装置。当封闭容器内气体急剧膨胀时，让高压气体迅速从泄爆门装置冲出，以避免封闭容器的爆炸，从而保证人员及设备的安全。

4）安装操作及维护

非连续累加自动秤是粮食搬倒工艺流程中的计量设备，由于设备的特殊性，它既要满足设备上、下接口等的安装要求，又要满足计量设备的特殊要求，通常安装时要有专业人员指导。非连续累加自动秤有自己的校秤装置，对于较大吨位的非连续累加自动秤（如 20 t 以上），需要考虑标准砝码标定、检测时的悬挂及搬运设备，操作人员也必须经培训合格后才能上岗操作。如果是对外结算用的衡器，国家法定计量部门要定期检查，维修也要由培训合格的维修人员进行。

3. 汽车衡

汽车衡（见图 7–5）利用应变电测原理称重，在称重传感器的弹性体上接有应变计，应变计组成应变电桥，传感器装在秤台各个称重点下方，并将各自电缆在接线盒里并联。当汽车开到秤台上时，秤台将其所受的力加到称重传感器上，使应变电桥输出电信号。此电信号经线性放大后传给 A/D 转换器，A/D 转换器把模拟信号转换成数字信号，并送入微处理器进行处理，然后将称量值在显示窗口显示出来。如果系统中接有计算机、打印机，还可对每辆车的称量数据如净重、毛重、皮重等进行存储、统计管理和打印。

图 7–5　汽车衡

汽车衡主要由秤台、称重显示控制单元和称重传感器三大部分组成。称重显示控制单元有以下两种配置：

① 称重显示控制器、净化稳压电源（推荐选用件）。

② 称重显示控制器、计算机、打印机、UPS 不间断电源、净化稳压电源（推荐选用件）。

粮食仓库中使用汽车衡的台数是根据汽车衡接收一辆汽车所需的时间和高峰入库期平均每天来车辆数来确定的，具体可按式（7–1）计算：

$$n=\frac{2B}{C} \tag{7-1}$$

式中：n——粮库所需汽车衡台数；

B——高峰入库期平均每天来车辆数；

C——每台汽车衡一天可称量汽车的辆数，$C=\frac{60T}{t}$，其中 T 为每天汽车衡工作的小时数，t 为汽车衡每称一辆车（包括驶入、称重、驶出）所用的时间，一般取 3～5 min。

一般情况下，称量重车和空车各使用一台汽车衡，它们分别设在主干道的两侧，每侧装 $n/2$ 台汽车衡，这样就不会造成道路的堵塞。另外，即使有一台汽车衡损坏，需要修理，在修理期间也不会影响粮食出入库工作。

汽车衡一般设在库内距大门不远的主干道一侧或两侧，距马路转弯处最小距离为 10～20 m，以保证汽车顺利驶入秤台。汽车衡应布置在地势较高的地方，以防止地面水流入地坑。同时，要求驶入路面坡度不大于 1/20，驶出路面坡度不大于 1/16～1/15。

SCS 型电子汽车衡是一种数字显示的电子衡器，它将电子称重及计算机技术相结合，使称重显示控制器与计算机系统一体化，具有称重、显示、打印等多种功能，其特点是准确度高、可靠性好、操作简便、适应能力强。其基本参数如表 7–5 所示。

表 7–5　SCS 型电子汽车衡基本参数

产品型号	SCS–5	SCS–15	SCS–20	SCS–30	SCS–40	SCS–50	SCS–60	SCS–80	SCS–100
最大秤量/t	5	15	20	30	40	50	60	80	100
最小秤量/kg	100	250	500	500	1 000	1 000	1 000	1 000	2 500
分度值/kg	2	5	10	10	20	20	20	20	50
台面有效尺寸［(长/m) × (宽/m)］	4×2	6×2.8	7×3	7×3 12×3 14×3	12×3 14×3	10×3.5 14×3.5 15×3.5 6×3.5 18×3.0 18×3.5 21×3.5	14×3.5 15×3.5 16×3.5 18×3.0 18×3.5 21×3.5	18×3.5 14×4.0 21×4.0	18×3.5 21×4.0

SCS 型电子汽车衡的准确度等级为中精确度Ⅲ，允许误差如表 7–6 所示。

表 7–6　SCS 型电子汽车衡允许误差

秤　量	允许误差	
	新制造的和修理后的汽车衡	使用中的汽车衡
0～<500e	±0.5e	±1.0e
500e～<2 000e	±1.0e	±2.0e
≥2 000e	±1.5e	±3.0e

注：表中的 e 代表检定分度值。

4. 轨道衡

轨道衡适用于港口及大型粮库的火车装运货物的整车厢计量，目前使用的轨道衡仍多为静态计量设备（见图 7–6），以保证称量的精度。动态计量轨道衡尚在研究阶段。轨道衡除非有承重系统休息装置，否则当不用于计量时，允许车辆和机车以不超过 5 km/h 的速度在衡器的轨道上行驶。目前常用的轨道衡为机电结合产品。

图 7–6　静态电子轨道衡

1）GCS 型静态电子轨道衡

GCS 型静态电子轨道衡（以下简称轨道衡）是一种新型电子称重计量设备。由于它采用了高精度电阻应变计式称重传感器、微处理器及大规模集成电路技术，所以它能自动称量、自动运算、自动显示重量、自动记录称量结果，还能将称重数据传至电子计算机进行数据处理。目前，轨道衡可对符合国家铁路部门运营要求的四轴货车进行不摘钩计算或单车计量，还可根据用户要求记录称重日期、时间、车序号、发站、到站、整列及单车净重、毛重、皮重及操作员代号等。

（1）基本参数

轨道衡基本参数如表 7–7 所示。

表 7–7 轨道衡基本参数

产品型号	最大秤量/t	检定分度值/kg	称重轨［（长/m）×（轨距/m）］	基坑形式	准确度
GCS–100	100	20	13×1.435	深基坑 浅基坑 无基坑	Ⅲ
GCS–150	150		14×1.435		

（2）允许误差

轨道衡的允许误差同 SCS 型电子汽车衡如表 7–6 所示。

（3）基本结构

轨道衡主要由秤体、称重显示控制单元和称重传感器三大部分组成。

① 秤体由承重架、纵向限位、横向限位和走台组成。承重架是秤体的主要部件，由两根主梁组成，这两根主梁由横梁、端横梁、斜拉梁用螺栓将其组为一体，具有足够的强度、刚度和良好的稳定性。主梁上铺设台面钢轨，由压板固定。

② 称重显示控制单元有以下两种配置：净化稳压电源、称重显示控制器；净化稳压电源、称重显示控制器、微型计算机、打印机、UPS 不间断电源。称重显示控制器是为各种电子衡器专门设计的通用型多功能控制器，其最大称量值、分度值、小数点位置均可由用户设置，配上适当的承重装置、转换装置及附件，即可组成相应的称重系统。

③ 称重传感器由高精度桥式电阻应变称重传感器、接地导线、罩等部件组成。

当在称重系统中连接微型计算机、打印机时，称重结果可用汉字显示和打印，称重数据能长期保存，以便日后随时统计查询。另外，还可为顾客开发远距离通信系统，使管理人员在办公室就可查阅称重情况，并对数据进行处理。

（4）工作原理

当车辆驶入轨道衡时，车辆的重量通过承重架传至 8 个称重传感器上，称重传感器将所感受到的重量按比例转换成电信号并输入称重显示控制器中进行放大、滤波和模数转换，转换后的数字信号经微处理器处理后，将称量值在称重显示控制器的显示窗口中显示出来。

2）GCU 系列动态电子轨道衡

GCU 系列动态电子轨道衡是一种列车动态称重设备，可对行进中的列车进行不停车、不摘钩连续称重，经计算机进行数据处理后打印出称重结果。

（1）技术性能

① 称量范围：节重小于 100 t 或 150 t 的标准轨距四轴货车；

② 工作方式：双向、联挂转向架计量或整车计量；

③ 计量车速：对于液罐车整车计量，计量车速为 3～12 km/h，对于液罐车转向架计量，车速为 3～15 km/h，不计量时秤台的允许通过速度为 25 km/h；

④ 计量精度：优于《动态称量轨道衡检定规程》的各项规定。

⑤ 鉴别力：加减 20 kg 砝码静态计量时，示值应有大于 10 kg 的变化。零点漂移：30 min 不大于 10 kg。

⑥ 功率消耗：不大于 500 W。

（2）结构及工作原理

GCU 系列动态电子轨道衡由机械秤体、称重传感器、称重通道和计算机系统构成。主要结构简述如下：

① 机械秤体。机械秤体由主梁、纵向限位器、横向限位器、抗扭梁和过渡器组成。作为主要部件，主梁由厚钢板按箱式结构焊接而成，具有足够的强度、刚度和良好的稳定性。其他部件均安装在机械秤体上，主梁通过 4 只压式称重传感器安装在基础的承重架上。两主梁在其中部用抗扭梁连接，使主梁组成了传力准确的连接体。

台面的稳定系统由纵向限位器、横向限位器和抗扭梁构成。纵向限位器的作用是克服列车通过秤台时对秤梁产生纵向力而使秤梁保持在正确的纵向位置。横向限位器由设置在秤台两端的两主梁之间的两组受力杆构成，这两组受力杆应预紧，使主梁和基础相对固定，以随时克服列车通过时对秤梁产生的侧推力，从而保证主梁在横向的正确位置。抗扭梁可以承受列车过衡时对秤梁产生的扭转力矩，使秤梁保持稳定。

为了减少车轮通过引线轨与称重轨接缝处时产生的冲击振动，在 4 个轨缝处分别接了一个桥式过渡器，过渡器一端由转轴固定在过渡支座上，另一端浮动于秤梁上，过渡器中部有一个高于轨缝的圆弧面，在车轮通过过渡器时，自然绕过横向轨缝，从而减少对秤体的冲击振动。

② 称重传感器。称重传感器是将重量转换成电量的一种仪表。GCU 系列动态电子衡的轨道安装地点环境一般比较恶劣，如温度变化大、多雨潮湿，所以称重传感器应具有允许温度范围宽、密封防潮、过载能力强、长期稳定可靠等特点，因为它的性能直接影响计量精度及产品的长期稳定性。

③ 称重通道。GCU 系列动态轨道衡的仪表部分没有显示器，人们习惯称之为通道。它将传感器输出的 0～20 mV 信号经前置放大至 0～5 V，由 A/D 转换器将 0～5 V 信号转化成计算机可识别的数字量。计算机将这些数字量通过一定的运算处理得到重量值。

④ 计算机系统。微型计算机分为商用机和工业用机。工业用机采用无源底板、正压通风，各插件板用压条紧固，机箱为全密封钢板结构，可应用于灰尘大、振动大、温度高等环境恶劣的场所。

5. 电子皮带秤

电子皮带秤（见图 7–7）根据重力作用对皮带输送机所输送的松散物料进行自动连续称重，广泛应用于粮食、电力、矿山、冶金、建材、轻工、港口及交通运输部门的动态计量和控制配料。

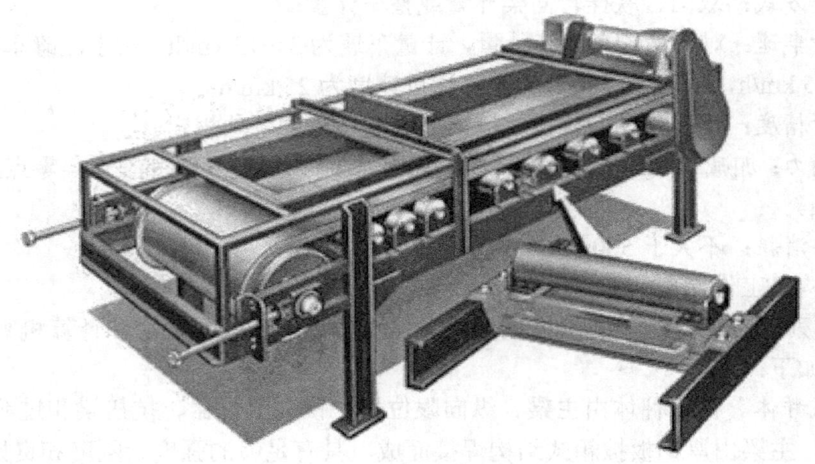

图 7-7　电子皮带秤

1）基本参数及其性能指标

电子皮带秤的准确度等级如表 7-8 所示，其最大流量范围如表 7-9 所示。

表 7-8　电子皮带秤的准确度等级

序号	等级	型号	新安装相对误差	使用中相对误差
1	0.5	ICS-ST4	0.25%	0.50%
2	1.0	ICS-ST2	0.5%	1.0%

表 7-9　电子皮带秤的最大流量范围

序号	型号	最大流量范围/t
1	ICS-ST4	73～4 152
2	ICS-ST2	59～4 100

2）组成和工作原理

（1）组成

电子皮带秤由秤体、称重传感器、测速传感器和显示控制器组成。

① 秤体。电子皮带秤为双杠杆、两托辊及四托辊式皮带秤，计量准确度分别为 1.0%、0.5%和 0.25%。所用托辊种类较多，用户需选择较好的托辊装在运输线上的计量段上。

② 称重传感器。称重传感器为电阻应变式传感器，为了确保皮带秤的准确度，传感器应具有高精度和高灵敏度，其综合精度应在 1/3 000 以上，灵敏度不低于 2 mV/V。

③ 测速传感器。测速传感器是交流电压传感器，电压为 10～20 V，经限幅（约 4 V）整流后送仪表整形计数，得到正比于皮带速度的脉冲数。

④ 显示控制器。又称显示仪表，用于显示测量结果。

（2）工作原理

皮带上的连续通过的物料重量由称重传感器转换成 mV 级电信号，经过放大及模数转换

生成数字量 A，后经微处理器中处理，由测速电机送来的速度信号的数字量 B 也送入微处理器中，皮带上通过的物料总量和瞬时流量可用下式求得。

① 物料总量 C

$$C=K(A_1B_1+A_2B_2+\cdots+A_nB_n) \tag{7-2}$$

式中：C——物料总量，代表累计数；

A_1，…，A_n——正比于物料量的数字量；

B_1，…，B_n——速度信号的数字量；

K——修正系数。

② 瞬时流量 Q

$$Q=KA_iB_i/t_i \tag{7-3}$$

式中：Q——瞬时流量；

t_i——测量 A_i 和 B_i 的相应时间；

K——修正系数。

思考与练习题 7

1. 溜管、滑槽的实际应用意义是什么？
2. 简述常用溜管的形状和标准长度。
3. 简述无尘装载管的工作过程和特点。
4. 称重机械的分类及特点是什么？
5. 衡器必须具有的特性是什么？
6. 试述汽车衡的应用意义。

第 8 章　粮食清理设备

8.1　粮食中的杂质与除杂原理

由于粮食在生长、收割、脱粒、晾晒、储藏、运输、加工等环节中，不可避免地会混入各类杂质，而杂质的存在对粮食加工过程及产品的质量都有不同程度的影响和危害，因此在进行粮食加工前要对这些杂质进行清理。从原料中将杂质分选出来的工艺手段称为除杂，而除杂通常是根据粮食与杂质之间的某种性质差异，通过相应的措施或手段，包括各种工作构件或运动形式，将杂质分离出来。

混入粮粒中的一切非本品种粮粒及无食用价值的粮粒均称为杂质。从原料中清除出来的杂质又称为下脚，其中还有部分粮粒，经整理还可利用。

8.1.1　粮食中杂质的种类及特点

1. 按照化学成分的不同分类——无机杂质和有机杂质

无机杂质是指混入粮食中的各种矿物质和金属物质，包括砂石、泥块、灰尘、煤渣、玻璃、金属物等。有机杂质是指混入粮食中的根、茎、叶、颖壳、野生植物种子、异种粮粒、鸟虫的粪便、虫卵、虫尸和无食用价值的生芽、病斑变质的粮粒等。习惯上，把无机杂质和无食用价值的有机杂质称为尘芥杂质；异种粮粒及无食用价值的粮粒称为粮谷杂质；除本品种以外的粮食的种子称为异种粮粒；铁钉等有导磁性的杂质称为磁性杂质。

2. 按照粒度大小的不同分类——大杂质、小杂质、并肩杂质

大杂质的粒度较粮粒大，是不可通过ϕ6 mm（小麦中大杂质）、ϕ5 mm（稻谷中大杂质）、ϕ15 mm（玉米中大杂质）筛孔的杂质；小杂质的粒度较粮粒小，是可通过ϕ2 mm 筛孔的杂质；并肩杂质是粒度与粮食差异不明显的各种无机杂质，如并肩石。

3. 按照悬浮速度或密度的不同分类——轻杂质、重杂质

轻杂质的密度和悬浮速度小于粮粒，主要包括灰尘、颖壳、不完善粒或未成熟粒、虫害损伤粒、碎屑等；重杂质的密度和悬浮速度大于粮粒，主要包括砂石等。

4. 按照杂质存在状态的不同分类——黏附类杂质、混合类杂质

黏附在粮粒的表面及沟纹中的杂质称为黏附类杂质。混入粮粒中，没与粮粒粘连的杂质称为混合类杂质。

8.1.2　除杂的目的

清理杂质是粮食仓库中必不可少的作业，因为干净的粮食具有以下优点：

① 等级高，品质好，有竞争力。

② 粮食容易储存，且不易变质。

③ 粮食灰尘少，可减少粉尘爆炸、环境污染和机械过度磨损的发生。

④ 增大仓容。

清理杂质在粮食加工生产中更为重要，有以下作用：

① 保护生产设备。谷物中若含有石块、金属等坚硬的杂质，在加工过程中，对生产设备易造成损害，影响设备的工艺效果，增加设备的维修费用。

② 保证成品的质量。谷物中的杂质如不清除，必然会混入成品中，从而降低成品纯度，影响成品质量。

③ 保护生产环境，确保工人身心健康。谷物中不仅含有轻杂质和灰尘，而且在加工过程中还会产生再生灰尘，若不及时清理，在加工过程中就会造成粉尘飞扬，污染生产车间环境，危害工人身体健康。

8.1.3　除杂的基本原理与方法

除杂一般是根据各类杂质与粮食在物理性质上的不同进行的。目前常用的除杂原理与方法如下：

① 利用悬浮速度与密度上的差别除杂。采用风选法清理粮食中的轻杂质，常用的设备为风选器。采用重力分选法来去除并肩石，常用的设备为去石机。

② 利用粒度的差别除杂。根据宽度、厚度的差别，采用筛选法去除粮食中的大、小杂质，常用的设备有振动筛、平面回转振动筛等。根据长度和粒形的差别，采用精选法去除粮食中的杂质。

③ 利用导磁性的差别除杂。采用磁选法清除粮食中的磁性金属杂质，常用的设备有永磁筒、永磁滚筒等。

④ 利用强度的差别除杂。采用打击、擦离、碾削、撞击的方法来击碎表面黏附杂质和强度低于粮食的混合类杂质，再结合筛选法来去除杂质，常用设备有打麦机、碾麦机、撞击机等。

⑤ 利用物料之间的颜色差别除杂。采用色选法来分离颜色不同于正常粮粒的异色粒或杂质。常用的设备为色选机，此方法主要清理大米中的黄粒米、红线米等。

8.1.4　除杂效率的评定

各类除杂设备清除指定杂质的效果可用除杂效率η来衡量。在实际生产中，通常采用式（8–1）来计算除杂效率。

$$\eta=\frac{a-b}{a}\times 100\% \tag{8-1}$$

式中：η——除杂效率，%；

a——进机物料的含杂率，%；

b——出机物料的含杂率，%。

为了全面衡量设备的工作效率，还应结合下脚含粮率（%）或下脚含粮粒数（粒/kg）来评定。

8.2 风　　选

利用粮食与杂质的悬浮速度、密度的差别，借助气流的作用来分选杂质的方法称为风选。在粮食清理过程中，常利用风选来清除轻杂质。

按气流从物料中带走杂质的流动方向，风选可分为垂直、水平或倾斜气流风选。按风选设备在风网中的设置不同，风选又可分为吸式风选与吹式风选。吸式风选设备工作呈负压状态，灰尘不外溢，工作效果也较稳定。

8.2.1　风选原理

当质量为 m 的物体处在垂直上升的风速为 v 的稳定气流中时，物体受到自身重力 G、气流作用力 P 和空气对物料颗粒的浮力 P' 的作用。

由于物料颗粒的粒度和空气的密度都很小，所以空气对物料颗粒的浮力 P' 也很小，可忽略不计，此时物料颗粒的运动方程为：

$$m\frac{\mathrm{d}v}{\mathrm{d}t}=P-G \tag{8-2}$$

不难看出，物料颗粒在气流中的运动速度和方向主要取决于气流作用力 P 与颗粒自重 G 的关系。

当 $P<G$ 时，物料向下做加速运动；

当 $P>G$ 时，物料向上做加速运动；

当 $P=G$ 时，物料呈悬浮状态，此时气流的运动速度即为该物料的悬浮速度。小麦及相关物料的悬浮速度可参考表 8-1。

表 8-1　小麦及相关物料的悬浮速度

名称	悬浮速度/（m/s）	名称	悬浮速度/（m/s）	名称	悬浮速度/（m/s）
小麦	9～11	稻谷	8～10	米糠	2～3
大麦	9～11	糙米	9～12	稗子	4～7
荞麦	7.5～8.7	大糠	3～4		

8.2.2　风选设备

常用的风选设备有垂直风道风选器与循环气流风选器。由于风选器体积较小、易安装，常将风选设备与筛选设备配套使用。

1. 垂直风道风选器

垂直风道风选器主要由机架、喂料斗、振动电机、垂直吸风道、风量调节装置及照明装置组成，其工作原理如图 8-1 所示。

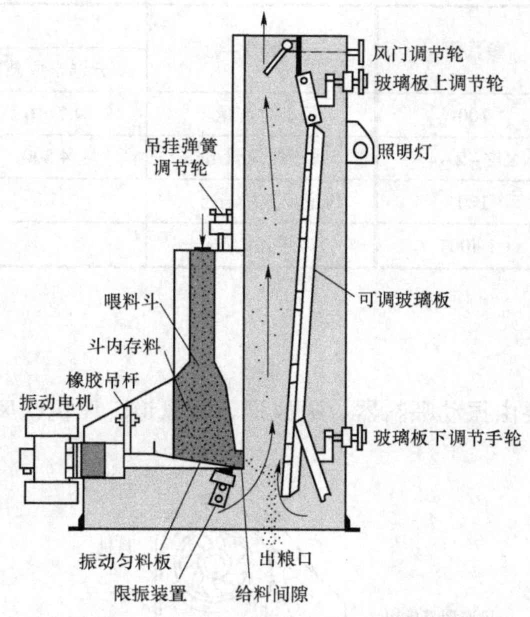

图 8-1　垂直风道风选器的工作原理

1）结构与工作过程

物料由喂料斗进入振动电机驱动的振动匀料板，在振动的作用下，均匀稳定地流入分离区，因流经风选器的气流速度小于小麦的悬浮速度，小麦落下，由出粮口排出，轻杂质被气流带走。

振动匀料板振幅的调节范围为 3～5 mm。在振动匀料板下方设有限振装置，对设备进行保护。振动匀料板与喂料斗之间的给料间隙可通过两侧的吊挂弹簧、橡胶吊杆及限振装置的钢丝拉索来调整，以使工作过程中喂料斗内至少有 10 cm 左右厚度的物料，这样有利于均匀给料，也可阻止气流由此进入。

垂直吸风道由钢板与有机玻璃制成。操作人员透过玻璃可看到风道内物料的状况，可通过玻璃板上、下调节手轮将玻璃板推入或拉出，从而分别改变吸风道的上、下截面尺寸，以调节稳定区与分离区的上升气流速度。调节设备上方的风门调节轮可用于调节设备的吸风量。调节风道或风门都将改变设备的阻力系数，因此在匹配风网时应注意这类阻力可调设备对风网平衡带来的影响。由于轻杂质须由风网中的除尘器收集，所以配套的除尘器应就近安装，以防因高浓度含尘气流的长距离输送而造成的风管堵塞。

垂直风道风选器可与同样工作宽度的振动筛或平面回转振动筛配套使用，由于进入分离区的物料来自振动筛面，所以在风选器上不必再装设喂料机构。

2）技术参数

垂直风道风选器的技术参数如表 8-2 所示。

表 8-2　垂直风道风选器的技术参数

参数	参数值	参数	处理物料	
			分选未成熟粒	分选轻小杂质
风道宽度/mm	100	每小时产量/t	4.7～6.2	8.9～11.8
振动电机型号	YJZ-2-4	每小时风量/m^3	4 800	4 400
功率/W	120	风道风速/（m/s）	7.8	6.2
转速/（r/min）	1 400	风道压力/Pa		490

2. 循环气流风选器

1）结构及特点

循环气流风选器主要由振动喂料器、吸风道、回风道、风机、风道调节机构等组成，其结构如图 8-2 所示。

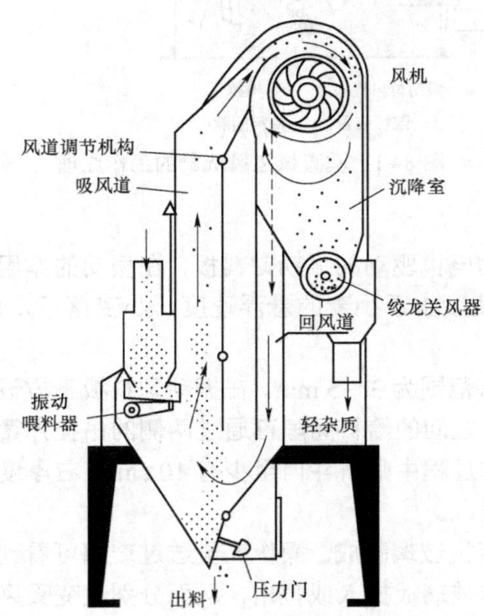

图 8-2　循环气流风选器的结构

该设备的基本工作原理类似垂直风道风选器。物料由振动喂料器均匀进入，穿过气流后在分离区将轻杂质带出，然后经过可调风道进入沉降室，轻杂质借助运动中产生的离心力及自身的重力在沉降室中沉降后，由绞龙关风器收集排出。气流被风机吸入，经回风道循环使用。

循环气流风选器也适合与筛选设备配套使用。因无须再添置风网，所以更适合工厂改造时采用。

2）技术参数

循环气流风选器的技术参数如表 8-3 所示。

表 8-3　循环气流风选器的技术参数

参数	设备型号		
	XFJ–60	XFJ–100	XFJ–150
每小时产量/t	6～12	12～18	18～26
每小时循环风量/m^3	5 000	5 000	10 000
气流压力/Pa	400	400	400
风机功率/kW	1.5	1.5	1.5×2
振动喂料器转速/（r/min）	488	488	488
绞龙转速/（r/min）	343	343	343
传动电机功率/kW	1.5	1.5	1.5

8.2.3　影响风选设备工艺效果的因素

1. 粮食原料特性

原料所含的轻杂质与粮粒之间悬浮速度差异的大小，是影响风选效果的重要因素。悬浮速度差异越大，除杂效果就越好。此外，轻杂质的含量也会影响除杂效率，若含杂量高，须适当降低进料流量，提高风量。对含杂情况较复杂的原料，可酌情增加风选道数。

2. 风道截面与风道高度

风道宽度决定于风选设备的产量和单位宽度流量。适当的风道宽度可使气流充分接触物料，并能较容易地吸走轻杂质。风道的厚度应能在一定的范围内进行调节，通过厚度的变化，调节风速的大小，以满足在不同的区段、不同物料分离特点的需要。风道高度影响气流的稳定性。

3. 物料进入风选器的状态

物料沿工作宽度均匀展开并连续稳定地进入分离区，是保证风选效果的一个重要条件。因此对喂料的效果必须给予重视。物料进入分离区的速度不应过大，方向也应尽量接近水平，这样有利于上升气流穿透物料层，带走杂质。

4. 风速、风量

当风道尺寸一定时，风量与风速成正比。风量越大，风速越高，轻杂质被吸走的效果越好。吸风道内的风速，应小于粮食悬浮速度的下限值，风速过高会把粮食带走。

5. 流量

风选设备单位工作宽度在单位时间内处理的物料量称为单位流量。通常单位流量不可过大，对于已知型号的风选器，其工作流量不应大于设备的设计产量，否则分离区的物料层过厚，设备阻力增加、风量下降，轻杂质还未吸出就被物料夹带走，会降低除杂效率。若单位流量过小，除杂效率可以提高，但设备却得不到充分利用。风选器的单位流量一般为 80～100 kg/（cm · h）；对分选效果要求较高时，可取 50～70 kg/（cm · h）。

8.2.4　风选设备的操作与维护

第一，开车前应检查风选器的风道是否通畅，风网的密闭性是否良好。

第二，开车时先起动风机，待运行稳定后再进料；开车后须透过玻璃板观察进入分离区的物料左、右两侧是否厚薄一致，给料是否连续稳定。按照单位流量掌控进料量，防止物料层出现厚薄不均和断流现象，以免影响分选效果。

第三，正确掌握吸风道风速，尽量使气流方向与物料流向垂直相交。应随时观察沉降室排出的杂质的含粮情况，及时调节风门。调节风道尺寸，使分离区内的轻质物料可上升，而完整的物料粒可落下去。在下脚中无完整物料粒的前提下，尽量开大风门，以保证较高的除杂效率。

第四，定时检查吸风道和沉降室有无堵塞情况，及时清除杂质。

第五，停车时，应先断料，后关闭风机。

第六，对需要手动调节的部件，应经常加润滑油，使之转动灵活。

第七，当振动电机定期维修时，须更换润滑油；当连续运行一年或发现噪声过大时，应更换轴承；若喂料部件或振动电机出现异常振动，应检查橡胶吊杆装置是否完好。

8.3 筛　　选

筛选是粮食入仓或加工前必须进行的清理工序，主要是利用粮食颗粒与杂质之间存在的形状、大小差异而采用不同的筛面配置实现杂质与粮食的分离。其目的是清除原料中的大、小杂质。

8.3.1　筛选的基本原理

筛选时，均布有一定形状、尺寸筛孔的筛选工作面称为筛面。筛面是筛选设备的主要工作机构。多数设备的筛面为平面，少数设备的筛面为圆筒形，亦称为筛筒。

筛选是利用被筛理的物料之间在粒度（长、宽、厚）上的差别，借助合适的筛孔和一定的运动形式来分离杂质或将原料进行分级的方法。物料经筛选后，凡是留存在筛面上的物料，称为筛上物；穿过筛孔的物料称为筛下物。

8.3.2　筛选的基本条件

在筛选过程中，要完成除杂或分级的任务，必须具备三个基本条件：

① 筛下物必须与筛面充分接触。

② 有合适的筛孔形状和大小。

③ 保证筛选物料与筛面之间具有适宜的相对运动，以及良好的自动分级。

8.3.3　筛面

1. 筛面的种类

筛面是筛选设备最基本的工作部件。筛面的种类很多，常用的筛面有栅筛、冲孔筛面和编织筛网三种。

① 栅筛。栅筛是具有一定截面形状的金属棒或圆钢按一定间隙平行排列而成的。筛孔呈长条形，栅条或钢筋的宽度一般为 5 mm 左右，栅条的间距在 15 mm 以上。栅筛具有结构

简单、处理量大、筛理能力强、无须动力等特点，主要用于下粮部位，用以去除原粮中较粗大的杂质，避免后道设备堵塞。

② 冲孔筛面。冲孔筛面也称筛板，是带有规则孔眼的薄金属板，其厚度一般为 0.5～2.5 mm。孔眼是冲压制成的。常用的筛孔形状有圆形、长方形和三角形，根据特殊需要，也可冲压成鱼鳞筛孔。冲孔筛面的优点是筛面坚固、筛孔不易变形、对物料的分级比较精确；缺点是筛面利用率低、物料的通过能力小、筛孔容易堵塞，且筛面不易张紧。冲孔筛面适用于原粮清理和物料分级。

③ 编织筛网。编织筛网是用镀锌钢丝或低碳钢丝编织而成的。编织方法有平织和绞织两种（见图 8-3）。其优点是筛理面积大、筛面利用率高、筛孔不易堵塞、筛面容易张紧。由于筛孔由光滑的圆形钢丝编织而成，所以物料通过能力强。由于编织筛网的金属丝纵横交错，使筛面凹凸不平，摩擦系数大，有利于物料形成自动分级，促进筛选。其缺点是筛孔容易变形、筛面的强度较差、使用寿命较冲孔筛面短。

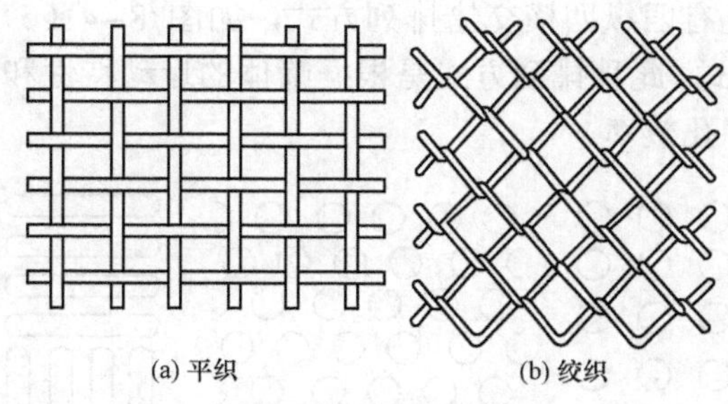

图 8-3 编织筛网

2. 筛孔的形状

筛孔的形状有圆形孔、长形孔、方形孔、三角形孔等。

① 圆形孔。主要是按物料的宽度不同进行分选。凡是宽度小于孔径的物料，在筛选过程中能在筛面上直立，只有直径小于筛孔的球形物料才能穿过筛孔。

② 长形孔。主要是按照物料的厚度不同进行分选。凡是厚度小于筛孔宽度的物料（物料长度永远小于筛孔的长度），在筛选过程中，依靠自身重力的作用，侧立才能穿过筛孔。

③ 方形孔。它既可按物料的宽度进行分级，也可按物料的长度进行分级。这主要是由物料在筛面上的运动方式及穿孔方式来决定的。若物料在筛面上能够直立，则方形孔主要是按物料的宽度进行分级；若物料不能在筛面上直立，而是平卧过筛，则它主要是按物料的长度进行分级。但由于物料既可沿孔边穿孔，也可沿孔的对角线方向穿孔，而孔对角线比孔的边长要长 40%，因此分级不精确。

④ 三角形孔。它适用于截面为三角形的物料，主要用于清理稻谷中的稗子、砂石等小型杂质。

3. 筛孔的大小

筛孔的大小是限制物料是否穿孔的尺度，应按照被筛理物料粒度的大小来确定。合理的筛孔形状和大小需要采用筛理曲线来选定，实际生产中往往根据经验来选择。

筛孔大小的表示方法依筛面种类而异。冲孔筛面的筛孔直接用筛孔尺寸表示，圆形筛孔用直径表示，如ϕ5 mm；三角形筛孔用边长表示，如△4 mm；长方形筛孔用“孔宽×孔长”

表示，如 2 mm×18 mm。编织筛网筛孔的规格有英制和公制两种。英制以每英寸筛网宽度上的筛孔数表示筛网的号数，以 W 代表金属筛网，如每英寸 7 孔，则筛网号数为 7 W，也可以用 5×5 孔/25.4 mm 来表示其孔形为方孔；对于长方形孔，5×7 孔/25.4 mm 说明经向每 25.4 mm 5 个孔，纬向每 25.4 mm 7 个孔。公制以每 50 mm 筛宽上的筛孔数表示筛网型号。

4. 筛孔的排列与筛孔面积百分率

筛孔的排列指筛孔在筛面上的分布规律。筛孔常见的排列形式有正列排列和错位排列两种。正列排列时，筛孔在纵、横两个方向都相互对齐［见图 8-4（a）］，因各孔的孔距不尽相同，故筛面各处的强度不同。另外，由于正列排列中两列筛孔之间无筛孔，物料易走空道，减少了被筛理物料的穿孔机会，降低了筛选效率。错位排列是两个方向中只有一个方向互相对齐的排列形式，如图 8-4（b）所示。因各孔的孔距相同，故筛面各处的强度相同。物料沿纵向走，被筛理物料都有很多的穿孔机会。

在相邻两孔距相同的情况下，错位排列比正列排列的有效筛理面积大，故错位排列筛选效率更高。另外，长形孔有四纵四横交错排列方式，如图 8-4（c）所示，如平面回转筛使用长形孔，就用此排列方式。此种排列方式是根据筛体的运动特性和物料运动轨迹来设定的，因而有利于提高物料的穿孔效率。

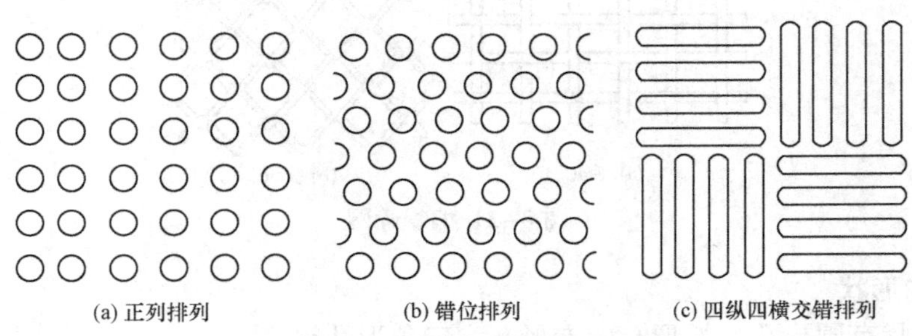

图 8-4　筛孔排列方式

5. 筛面组合

在筛选物料时，一层筛面往往达不到工艺要求，需要多层筛面组合使用才能有效地完成筛选。筛面组合的方法可分为筛上物法、筛下物法和混合法三种。

1）筛上物法

物料在筛面上连续筛理，分出不同粒度的筛下物（见图 8-5），一般用于下脚整理。其特点是：

① 筛孔逐渐增大：$d_1 < d_2 < d_3$。

② 筛选出的物料粒度等级从细到粗：Ⅰ＜Ⅱ＜Ⅲ＜Ⅳ。

③ 穿过筛孔的物料量较少。

④ 大粒物料经过的筛路较长。

2）筛下物法

物料在筛面上连续筛理，分出不同粒度的筛上物（见图 8-6），一般用于粮食初清及谷糙分离。其特点是：

① 筛孔逐渐减小：$d_1 > d_2 > d_3$。

② 筛选出的物料粒度从粗到细：Ⅰ＞Ⅱ＞Ⅲ＞Ⅳ。

③ 穿过筛孔的物料量较多。

④ 小粒物料经过的筛路较长，可保证小粒物料的筛选质量。

3）混合法

筛上物法与筛下物法混合配置的筛面组合方法，即为混合法（见图8-7）。其特点是：

① 筛孔尺寸交叉配置：$d_3>d_1>d_2$。

② 筛选后得到的物料粒度关系为：Ⅰ＞Ⅱ＞Ⅲ＞Ⅳ。

混合法综合了前两种方法的特点，流程灵活，容易满足各种筛选需要。目前，高速除稗筛的筛面配置基本采用此法。

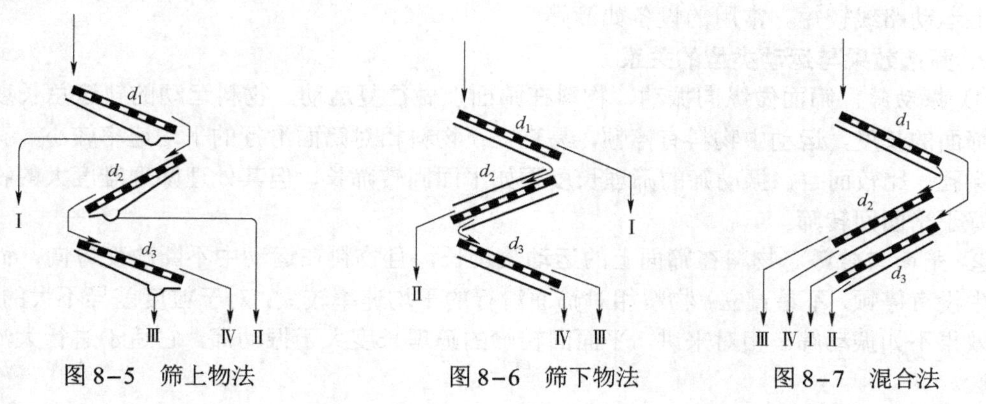

图8-5　筛上物法　　图8-6　筛下物法　　图8-7　混合法

8.3.4　筛面的运动形式

常见筛选设备的筛面倾角一般较小，筛面不动时，筛面上的物料不流动，物料得不到有效的筛选。因此，要求筛面按一定的要求产生运动，以牵动筛面上的物料产生相对运动。因此，对于倾角较小的筛面，在振动的影响下，物料可以做多方向的运动，运动轨迹较长，自动分级较好，能得到较好的筛选效果。

1. 筛面的常见运动形式

常见的运动形式包括：直线往复运动、平面回转运动、高速振动、旋转运动、静止等。

① 直线往复运动。筛面做直线往复运动，筛上物料沿筛面做正反两个方向的相对滑动，如图8-8（a）所示。筛面的直线往复运动能促进物料产生自动分级，且物料相对于筛面的运动路线较长，故筛选效率高，常见设备如振动筛。

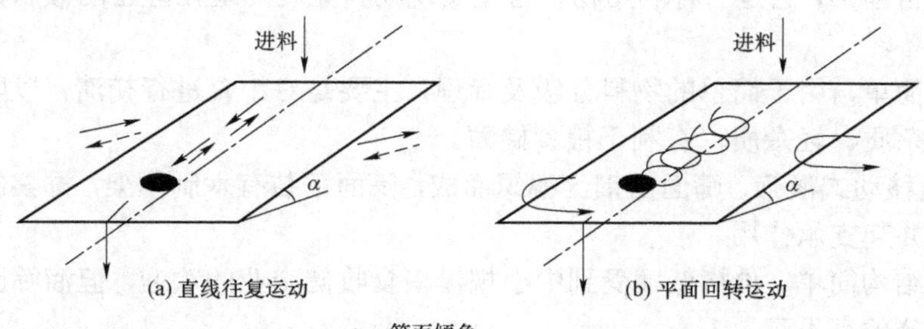

α—筛面倾角。

图8-8　物料在筛面上的运动形式

② 平面回转运动。筛面在水平面内做圆或椭圆平动，物料在筛面上做圆周运动或螺旋线运动，如图 8-8（b）所示。平面回转运动能促使物料产生自动分级，物料在筛面上相对运动路线较长，筛选效率高。常见的设备如平面回转筛、平面回转振动筛。

③ 高速振动。筛面在垂直平面内做圆或椭圆平动，物料在筛面上做小幅度跳动。筛面振动频率较高，物料在筛面上跳动，因而不易产生自动分级。常见的设备如高速振动筛。

④ 旋转运动。筛面呈筒形，并绕轴线旋转，物料在筒内相对于筛面滑动和翻转。筛面的利用率仅为 10%～25%。常用的设备如圆筒初清筛。

⑤ 静止。筛面倾斜静止放置，物料依靠自己的重力在筛面上沿直线向下滑动。物料在筛面上运动路线较短。常用的设备如溜筛。

2. 筛选效果与运动类型的关系

① 振动筛。筛面做纵向振动，物料在筛面上做往复运动。物料运动的轨迹总长度可以超过筛面的长度，运动中物料有停顿，易直立；物料相对筛面滑行的平均速率较小，有利于物料穿孔。比较而言，振动筛的筛理长度不如平面回转筛长，但其处理筛理难度大的物料时效果好于平面回转筛。

② 平面回转筛。物料在筛面上的运动轨迹长，且物料在运动中不断改变方向，而且在运动中没有停顿，不易直立；物料相对筛面滑行的平均速率较大；对于粒度差异不大的杂质，筛选效果不如振动筛。相对来讲，平面回转筛的筛理长度大于振动筛，它适于进行大流量物料筛选。

振动筛和平面回转筛在处理粒度差异较大的大、小杂质时，筛选效果没有明显的区别。

8.3.5 筛选设备

1. 初清筛

所谓初清筛，指的就是初步清理大型杂质的设备，如清理草秆、砖石、铁块、泥块、纸屑及玉米芯等杂质，主要用于粮食仓库、粮油加工厂、饲料厂、食品厂及农场。对于仓库及加工厂而言，一般把它排在第一道工序，其作用是提高后道清理设备的除杂效率、防止管道堵塞和保护其他设备。

目前国内广泛应用的初清筛有溜筛、圆筒式初清筛、鼠笼式初清筛、网带式初清筛等。在很多中小型储备库，溜筛是主要的初清设备。

1）溜筛

溜筛又称自溜筛，它是一种利用物料自重实现物料无动力地在静止的倾斜筛面上靠自流进行筛选的设备。

溜筛结构简单，用于简单的物料分级及筛理，主要是对粮食进行初清，以除去粮食中所含大杂质、细杂质、轻杂质，有利于粮食储藏。

图 8-9 是移动式溜筛，筛面由钢丝编织而成，筛面下装有木制框架，框架的作用是保证筛面的平整度并起支承作用。

溜筛因其结构简单、价格低廉受到中小规模粮食收储企业的欢迎，但溜筛因无动力振动源，致使其筛分效率不高。

图 8-9　移动式溜筛

2）圆筒式初清筛

圆筒式初清筛有单筒和双筒之分，单筒又有直筒和锥筒（喇叭筒）之分，筒上筛孔有圆孔、长孔、方孔多种。筒上筛面有钢板冲孔筛面和钢丝编织筛面两种，钢板冲孔筛面的初清筛均自带吸风系统，钢丝编织筛筒又称鼠笼式筛筒，小型的鼠笼式筛筒自带吸风系统，大型的鼠笼式筛筒要并入车间的风网。圆筒式初清筛主要用来清除粮粒中的粗杂质、尘土等轻杂质，清除率为 50%。

冲孔筛面圆筒式初清筛是利用物料与筛筒的相对运动进行筛选的。当物料进入筛筒时，由于筛筒的旋转把物料带到一定的高度，然后在重力的作用下，沿倾斜的筛面做相对筛面的滑动和滚动。随着运动的进行，物料不断翻滚，为粮食与杂质提供了分离的条件。筛理时，粮食穿过筛孔到出料端，从而使得粮食与大型杂质分离。冲孔筛面圆筒式初清筛根据筛体形式又可分为直筒形和锥筒形两种，前者已为国家定型。

（1）直筒形圆筒式初清筛

直筒形圆筒式初清筛水平安装在机架上，筛筒分进料段和出料段两部分，其结构如图 8-10 所示。出料筛设有排除大杂质的导向螺旋，在筛筒上行方向的外侧安装有清理刷。SCY 系列圆筒式初清筛主要技术参数如表 8-4 所示。

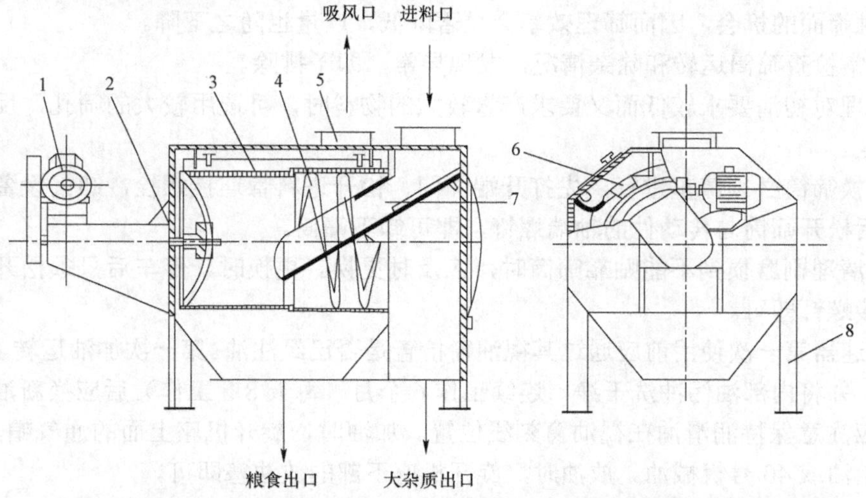

1—电动机；2—传动轴；3—筛筒；4—螺旋；5—吸风管；6—清理刷；7—进料管；8—机架。

图 8-10　直筒形圆筒式初清筛的结构

表 8-4 SCY 系列圆筒式初清筛主要技术参数

型号	每小时产量/t	频定功率/kW	风量/（m³/min）	质量/kg	外形尺寸［（长/mm）×（宽/mm）×（高/mm）］
SCY63	20	0.75	8	290	1 735×840×1 510
SCY80	32	1.1	12	358	1 905×980×1 580
SCY100	80	1.5	18	910	2 026×1 100×1 610
SCY120	100	2.2	30	1 280	2 238×1 200×1 860

（2）锥筒形圆筒式初清筛的结构

锥筒形圆筒式初清筛主要由进料部分、筛筒机和传动机构等组成。筛筒为圆锥形，倾角约 7°，分为外筒、内筒两层，内筒为 ϕ14 mm 的圆形孔冲孔筛，外筒为 ϕ2.8 mm 的圆形孔冲孔筛。进料斗安装在小头，在筛理过程中，流向大头。外圆封闭严密，并装有吸风道。传动机构有电动机、蜗轮减速机、V 带轮和托轮等组成。

（3）操作指标

当圆筒式初清筛的筛筒单位流量在 600 kg/（h·cm）以下时，大杂质去除率在 90%以上，下脚中不应含有正常完整粮食粒，每吨产量的耗电量为 0.03 kW·h。因圆筒式初清筛需专门另配吸风系统，故耗电量显得比较小。

（4）操作与维护

直筒形圆筒式初清筛的操作与维护要点如下：

① 开车前检查传动装置、安全防护装置、进出料闸门等情况是否正常。开车后先检查筛筒方向是否与标记方向一致，空车运行 1～2 min，待情况正常后再进料。

② 合理控制流量，流量过小，会影响产量，流量过大，会因流层过厚，降低筛理效率，也会产生杂质带粮现象，甚至造成物料不动或堵塞、运转失灵等事故。

③ 不得随意改动转速，转速增大，离心力也随之增大，粮食与筛面不能产生相对运动，致使粮食贴在筛面而随之一起转动，失去筛理功能。如果转速过小，离心力也随之减小，减少粮食接触筛面的机会，因而筛理效率会显著降低，产量也随之下降。

④ 经常检查筛筒运转和除杂情况，发现异常，即予排除。

⑤ 清理对初清要求较低而又要求产量较大的物料时，可选用较大的筛孔，反之则选用较小的筛孔。

⑥ 调换筛筒必须停车进行，先打开端面门，松开进料管连接螺栓，卸去设备内一段进料管，然后松开筛筒与传动件的轴端螺钉，即可卸下筛筒。

⑦ 当清理刷磨损到不能贴靠筛筒时，应及时更换。更换时，停车后只须松开刷子与弹簧板的连接螺钉即可。

⑧ 减速器第一次使用前应通过其视油窗检查是否已经注油；第一次加油运转 100 h 后应更换新油，并将内部油污冲洗干净，连续工作 6 个月（每天 8 h 工作）后应换新油一次：平时工作时应注意保持润滑油在视油窗刻线位置。加油时，旋开机座上面的通气帽，注入 90 号工业齿轮油或 40 号机械油。放油时，旋开机座下部的放油塞即可。

⑨ 装拆摆线针轮减速器输出轴上的链轮时，不得采用直接锤击方式，安装时可在轴端螺孔旋入螺钉将其压入，拆下时用螺钉将其顶住，轻拉链轮。滚动轴承采用钙基润滑脂润滑，

每年更换一次，链条每工作 6 个月用油清洗一次。

锥筒形圆筒式式初清筛的操作与维护要点如下：

① 开车前应检查筛筒是否有物料堵孔，筛筒转动是否灵活。须待运行正常后方能进料。

② 开车后，设备应密闭，防止灰尘外扬。每班用钢丝刷清理外筛筒面一次，不得用棍棒敲打筛面。

③ 经常检查清理后的粮食质量，以及大杂质、小杂质及其含粮情况，观察筛理效果，若有不正常现象应立即纠正。如果是筛面破漏，应及时修补或调换新筛面。当筛筒的斜度不对时，要及时修正。

④ 对圆锥式初清筛来说，粮食在旋转运动中，依靠筛筒本身的斜度向前推进。在筛筒转速一定的条件下，斜度过大或过小，均会影响粮食在筛筒内的推进速度，因此斜度也是影响筛理效率和每小时产量的主要因素。圆锥式初清筛的斜度以 7° 为佳。筛面必须绷紧在筛筒框架上，不得松弛，以免粮食集聚压漏筛面。

⑤ 定期检查托轮是否缺油、积灰，以免影响筛筒正常运行。

⑥ 工作停止时，必须检查筛筒内的物料是否走空。若未走空，则必须等走空后方能停车。

3）鼠笼式初清筛

鼠笼式初清筛是采用旋转的筒形筛面进行筛理的，粮食通过筛面上的筛孔而下落，大型杂质则从筛筒上抛出，使粮食与大杂质分离，同时采用了集中吸风或循环吸风以除去轻杂质，因此鼠笼式初清筛是一种以筛为主、风筛结合的清理设备。

（1）结构组成

鼠笼式初清筛主要由进料机构、圆筒筛、橡皮翼板转子、吸尘装置、传动机构等部件组成，其结构如图 8-11 所示。

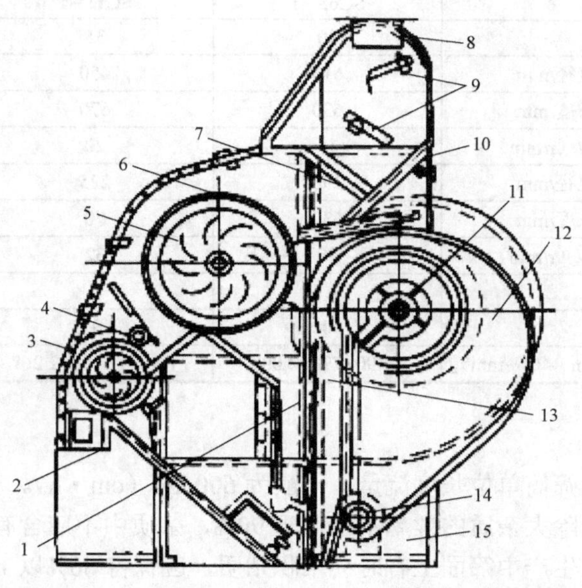

1—排粮管道；2—大型杂质出口；3—下圆筒；4—橡皮翼板转子；5—叶片；6—上圆筒；7—闸门；8—进料口；

9—匀料淌板；10—导向斜板；11—通风机；12—降尘室；13—风道；14—绞龙；15—底座。

图 8-11　鼠笼式初清筛的结构

① 进料机构。进料机构的任务是保证均匀喂料和控制设备流量，它由进料口、匀料淌板、导向斜板及闸门、进料活门等调节装置组成。匀料淌板的倾斜角可通过调节装置进行调整，改变倾斜角可以调整进料速度，从而达到控制流量的目的。上下两匀料淌板的调节装置是联动的，倾斜角的大小靠重锤调节。

② 圆筒筛。圆筒筛分上、下两个。上面的圆筒筛为大圆筒筛，用于清除大杂质，筛面用 ϕ3.0 mm 或 ϕ2.5 mm 的钢丝编织，筛孔为 20 mm×20 mm 正方形孔。筛筒内设有 8 块曲线叶片，与筛筒一块旋转，其作用是使进入筛筒的物料顺利地流到底部，并穿过筛孔，避免因离心力作用将物料从筛孔内抛出，而混入杂质中。

下面的圆筒筛是保险圆筒筛，比上圆筒筛小，用于从大型杂质中进一步筛出粮粒。它的结构与上圆筒筛相似，筛面用 ϕ3.5 mm 或 ϕ2.5 mm 的钢丝编织，筛孔为 11 mm×11 mm 的正方形孔。

为了防止麻绳、禾秆等挂在筛网上，在两个筛筒下侧均装有橡皮清扫器。

③ 橡皮翼板转子。橡皮翼板转子由 6 片橡皮翼片组成，其作用在于拨动上圆筒筛落下的杂质至下圆筒筛，同时也起着防止内部气流外逸的作用。

④ 吸尘装置。吸尘装置设计有两种形式：A 型为外吸风自带沉降室，B 型为外吸风不带沉降室。吸风道的设计必须保证有畅通的进风口，并使吸风道内的风速控制在 4～6 m/s。

⑤ 传动机构。传动机构由齿轮减速器和链传动组成。

鼠笼式初清筛的技术特性如表 8–5 所示。

表 8–5　鼠笼式初清筛的技术特性

特性指标		机型		
		SC63–1	SC11–1	SC11–2
每小时产量/t		30	35	57
上圆筛	直径/mm	610	450	450
	长度/mm	630	670	1 060
	转速/（r/min）	16	20	20
下圆筛	直径/mm	290	225	225
	长度/mm	630	70	1 060
	转速/（r/min）	20	32	15
功率/kW		1.1	3	2.2
质量/kg		900	1 025	1 100
外形尺寸[（长/mm）×（宽/mm）×（高/mm）]		1 490×790×2 000	1 820×1 395×2 267	1 850×1 432×2 354

（2）操作指标

① 单位流量。指筛筒单位长度流量，一般为 600 kg/（cm・h）。

② 筛选效率。清除大杂质的效率不应低于 90%，杂质中不应含有正常完整粮食颗粒。

③ 筛孔未堵率。生产中筛面上有时会堆积杂质，应保持 80%以上的筛孔畅通。

④ 单位耗电。每吨产量的耗电量为 0.08%～0.13% kW・h。

（3）操作与维护

开车前的准备工作如下：

① 检查转动部分有无障碍、调节机构是否灵活，并将其调整好。

② 检查橡皮翼板转子、圆筒筛的筛面及叶片等易磨损部件，磨损严重的应及时更换。

③ 检查传动链条、链轮、轴及压紧轮等安装是否正确。链条在运转中若发生跳动，应立即调节压紧轮使之张紧；若发出“轧、轧”之声，应将其适当放松。定期对链条、链轮进行清理，并加注清洁的 30 号机械油。若发现链条、链轮磨损过度，应及时更换。

生产中的操作与维护要点如下：

① 根据粮食的水分和含杂情况，适当调整流量大小，并使物料沿筛筒长度方向均匀分布，流量大小可用进料口上的手动插板调节，一般掌握在 600 kg/（cm·h）左右。

② 进料口中导向斜板的角度（与水平方向所成角度）大小，须根据入机粮食的水分、流量要求及圆筒筛的筛理情况进行调节。将重锤向下扳，则两导向斜板的角度变小，进料量随之减少；将重锤向上扳，则两导向斜板的角度就增大，进料量随之增加。

③ 匀料淌板的角度是通过调节机构中杠杆上的手柄进行调节的，手柄向下移，则角度变小；手柄向上移，则角度变大。匀料淌板上粮食的流层不可太薄或太厚，以能保持圆筒筛筛面上进料处及内部叶片上有一层粮食存留为宜。

④ 注意检查初清后粮食落口处的控制门是否灵活，并注意调节其重锤。吸风道中风力调节阀门开启的程度，须根据除杂效率与清理后粮食的纯度进行调节。吸风道内的风速一般为 4～6 m/s；若自带沉降室，则沉降室风速宜为 1.5～2.0 m/s。应经常清理筛网上缠住的麻绳、麦穗等杂质，以保持初清效率。

停车后的检查工作如下：

① 初清筛在生产过程中接触的物料，含灰尘和杂质较多，在停车后必须进行清扫，以保持机器清洁。

② 各轴的轴承要做定期清洗和加油保养，以延长使用寿命，一般要求每 3 个月清洗一次，重新换上新的润滑脂。

③ 齿轮减速器的润滑机油为 20 号机油，应 3 个月更换一次，平时生产中要经常检查油位，不足时应补充新油，使其保持良好的润滑状态。

④ 电动机需每年检查一次，对其轴承进行清洗并重新加新润滑脂。

常见故障的原因及排除方法如表 8-6 所示。

表 8-6　常见故障的原因及排除方法

故障	原因	排除方法
清理效果差	① 流量过大。 ② 来料不均匀。 ③ 筛面宽度上物料分布不均匀。 ④ 杂质阻拦物料和堵塞筛孔。 ⑤ 吸风除尘不良	① 降低流量。 ② 合理调节流量。 ③ 调节进料闸门，使物料在筛面宽度上均匀分布。 ④ 定期人工清理杂质和筛孔。 ⑤ 增大吸风量
灰尘外扬	① 密闭不良。 ② 设备吸风不足，处于正压状态	① 加强密闭。 ② 增大吸风量
电耗过大	① 流量过大。 ② 机械润滑状态不良	① 应使有效筛面上的产量保持在 550～600 kg/（cm·h）为宜。 ② 改善润滑

4）网带式初清筛

（1）组成及工艺

网带式初清筛是一种清除粮食中大型杂质的设备，适用于筒仓、粮食加工厂、农场中的初清工序，它的特点是：清理量大，国产设备生产率从 100 t/h 到 500 t/h；结构简单；运转平稳；振动小；能耗低；操作方便。

网带式初清筛主要由网带输送机、调节板、机壳、进料斗、吸尘口及传动系统组成，其结构简图及工艺图如图 8–12 所示。物料由进料斗经调节板进入网带输送机，穿过网带筛孔由出料口流出，大杂质留在网带上，由网带输送至大杂质出口。

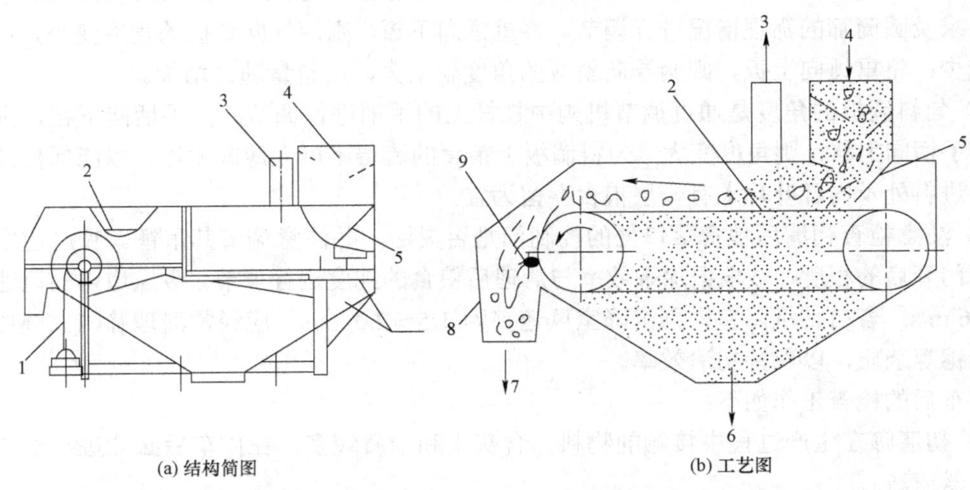

1—传动系统；2—网带输送机；3—吸尘口；4—进料斗；5—调节板；
6—出料口；7—大杂质出口；8—机壳；9—阻理器。

图 8–12　网带式初清筛的结构

（2）操作、维修和保养

① 进料斗中调节板角度应根据物料品种、水分含量、流量大小进行调节，但不得超过额定处理量，目标是使物料均匀地进入筛面。

② 传动部分必须注意链轮、链条、轴的位置正确，前后链轮中心线应保持平行，并定期加润滑油，各轴承部位要做定期清洗、加油保养，以延长使用寿命。要求每 3 个月清洗、加润滑油一次。

③ 开机前应检查传动部分有无障碍，杂质出口是否堵塞，并进行 3～5 min 的空载运转，确认无问题后，方可进料生产。

④ 停机前应首先停止进料，待机内原料清理完后再停机。

⑤ 每个工班要清理网带一次，防止因麻绳等缠绕而影响清理效果。同时，清扫机器，以保持清洁。

2. 振动筛

振动筛是一种风筛结合设备，广泛用于清除原粮中的大、小和轻杂质。通过配备不同规格的筛孔，能将物料按粒度大小进行分级。下面以 TQLZ 型振动筛为例进行介绍。

1）振动的基本原理

TQLZ 型振动筛采用振动电机作为振动源，如图 8－13（a）所示。筛体采用弹性结构支撑，可沿任意方向产生自由振动，这样筛体工作时的振动方向就完全取决于策动力的方向。策动力由安装于筛体两侧的振动电机提供。这两台电机完全相同，转速相同（即$\omega_1=\omega_2$），但转向相反。在电机轴两端各设两个偏重块，而且这四个偏重块共轴。由于两电机装置在同一振动系统中，起动以后，两电机的偏重块可自行相对筛体的纵向轴线保持相位对称，这样就使得两电机偏重块所产生离心力的横向分量相互抵消，而纵向分力叠加成为使筛体振动的策动力。同步调节两电机的装置角度，可方便地调节筛面的抛角（振动方向与筛面的夹角）。这种方式的振动噪声较小，调节方便，目前应用较多。

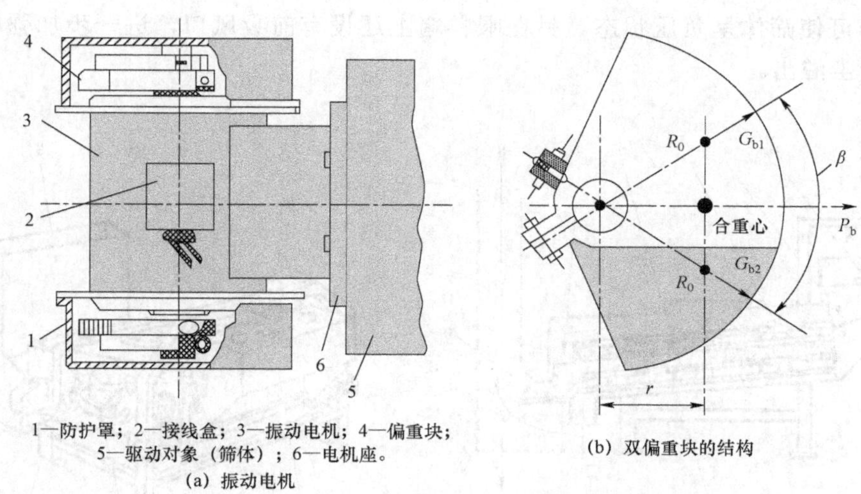

1—防护罩；2—接线盒；3—振动电机；4—偏重块；
5—驱动对象（筛体）；6—电机座。
(a) 振动电机

(b) 双偏重块的结构

图 8－13　振动电机及双偏重块的结构

双偏重块的结构如图 8－13（b）所示，调节两偏重块之间的安装角β可实现振幅的调节。由于在电机轴两端共有四块偏重块共轴转动，形成策动力 P_b 的偏重块总质量是 $G_b=4G_{bn}$，其振幅为：

$$r=\frac{4G_{bn}\bullet R_0}{G_S+4G_{bn}}\bullet\cos(\beta/2) \tag{8-3}$$

式中：r——筛体的振幅，m；

G_{bn}——单块偏重块的质量，kg；

R_0——单块偏重块重心的回转半径，m；

G_s——筛体的质量，kg；

β——双偏重块的安装角，（°）。

2）振动筛的结构

TQLZ 型振动筛主要由进料机构、筛体、驱动机构、吸风机构等组成，如图 8－14 所示。

① 进料机构。进料机构主要由接料套管和喂料箱组成。接料套管固定在机架上，与喂料箱之间采用人造革连接。喂料箱安装在筛体上，与筛体一起运动，喂料箱内设有可调节的分料淌板，可使物料展开后落入箱底，由于箱底的匀布淌板的阻滞作用，物料在喂料箱底部

进一步展开，以均匀状态进入上层筛面。

② 筛体。筛体由钢板用螺栓连接而成，通过空心鼓形橡胶垫，支承在机架上。筛体内装有二层抽屉式筛格，筛面用橡皮球清理，振动电机对称安装在筛体重心位置的两侧。筛面倾角能在 0°～12° 范围内调节，筛面的倾角一般为 6° 左右，用于粮食初清时为 10°。

③ 驱动机构。驱动机构以振动电机为振源，两台振动电机分别安装在筛体两侧。通过调节振动电机两端偏重块的安装夹角可调节筛体振幅，振幅一般为 3～5 mm。改变振动电机在筛体上的安装角可调节振动角，振动角在 0°～45° 范围内调节。安装角即抛角，抛角一般为 10°，用于粮食初清时为 25°。

④ 吸风机构。吸风机构由前吸风口和后垂直吸风分离器组成。垂直吸风分离器主要由吸风道、调节机构等组成。因振动作用物料能以稳定均匀的状态从下层筛面进入风选器。风选器可使筛体呈负压状态。另在喂料箱上还设有前吸风口，进一步加强筛体的负压，防止粉尘溢出。

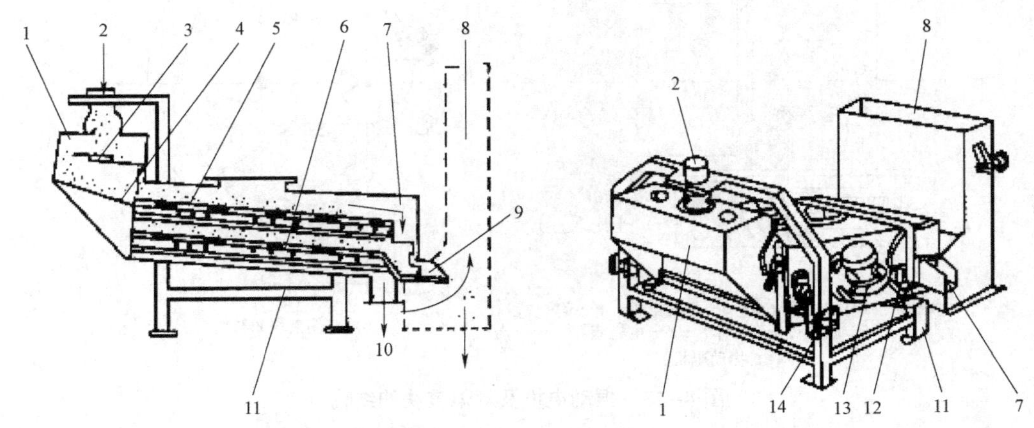

1—喂料箱；2—进料口；3—分料淌板；4—匀布淌板；5—上层筛面；

6—下层筛面；7—大杂质出口；8—配套风选器；9—出料口；10—小杂质出口；

11—机架；12—空心鼓形橡胶垫；13—振动电机；14—可调支架。

图 8-14　TQLZ 型振动筛的结构

3）工作过程

物料由进料口落入喂料箱，经可调分料淌板和匀布淌板的作用，物料沿筛宽方向均匀分布，调节匀布淌板可控制物料层的厚度。物料进入上层筛面筛理后，筛上物为大杂质，从大杂质出口排出；筛下物落到下层筛面继续筛理，下层筛面筛上物为粮食，从出料口进入风选器进行风选，筛下物直接落到底板上，从小杂质出口排出。

4）技术参数

TQLZ 型振动筛主要技术参数如表 8-7 所示。

表 8-7　TQLZ 型振动筛主要技术参数

型号	TQLZ－60×100	TQLZ－100×100	TQLZ－100×150	TQLZ－100×200	TQLZ－150×100	TQLZ－150×200
每小时产量/t	5	8	12	16	12	24
额定功率/kW	2×0.25	2×0.35	2×0.55	2×0.55	2×0.55	2×0.75
转速/（r/min）	920～950					
振幅/mm	2.5～5.5					
振动方向/（°）	0～45					
风箱压力/Pa	500					
每小时吸风量/m³	1 800	3 000	4 000	4 500	4 800	7 200
筛面尺寸［（宽/cm）×（长/cm）］	60×100	100×100	100×150	100×200	150×100	150×200

当清理稻谷和小麦时，一般第一层筛面为ϕ6～8 mm 的圆孔，第二层为ϕ2～2.5 mm 的圆孔或边长 3 mm 的三角孔。筛面的倾角一般为 6° 左右，振动角为 20°。表 8-7 中每小时产量指每小时清理小麦（含杂率为 2%～3%、含水率在 15%以下时）的质量。当含杂多、含水率高时，产量会明显降低。当清理稻谷时，产量一般为小麦的 70%左右。

5）TQLZ 型振动筛的操作与维护

（1）开车前的检查

① 检查全部锁紧部位是否锁紧。

② 检查筛面上的筛格是否压紧，检查筛面筛孔有无杂物堵塞。

③ 检查空心鼓形橡胶垫与筛体及机架的连接状况。

④ 检查振动电机与筛体的连接状况。

⑤ 检查密封件的密封情况。

⑥ 检查两台振动电机电源电压和联锁控制装置。

⑦ 拆下振动电机端盖，检查偏重块的相对相位角是否保持一致，待调整一致后，拧紧偏重块的紧固螺钉。

⑧ 两振动电机的安装角度应保持一致，转向应相反。

⑨ 检查振动电机的振幅是否太大或太小，一般应保持在 2.5～5.5 mm，最大不超过 6 mm，否则将会损坏机器。振幅的大小可通过改变激振力来调整，激振力的大小又可通过改变振动电机与筛体夹角，以及改变电机偏重块的质量来实现。

（2）生产中的操作维护

① 机器起动后，筛体与机器不得有碰撞或不正常的声响。

② 调整进料机构的可调分料淌板和匀布淌板，使物料沿筛宽方向分布均匀，不得有走单边现象。

③ 在工作过程中，筛孔可能会出现堵塞现象，可用木条或竹片刮除，严禁用铁锤或其他金属物敲打筛面、筛体。

④ 当观察到吸风分离效果不好时，通过调节手轮改变吸风道的宽窄，使达到最佳分离

效果。

（3）停机后的维修与保养

① 一年需要大修一次：更换淌板，对两层筛面进行修整，将振动电机拆下检查，并给电机轴承换油，若损坏，应更换轴承。

② 当密封件破损或老化时，要进行更换，并应经常检查。

③ 检查筛体支承装置，当发现空心鼓形橡胶垫有明显变形、破损或过度扁平现象时，应同时更换两块空心鼓形橡胶垫。

④ 应定期检查筛面清理橡皮球，若破损过甚，应及时更换。

⑤ 垂直吸风道不需要任何维修，当活动部位不灵活时稍加润滑油即可。

6）TQLZ 型振动筛常见故障、产生原因及排除方法

TQLZ 型振动筛常见故障、产生原因及排除方法如表 8–8 所示。

表 8–8　TQLZ 型振动筛常见故障、产生原因及排除方法

故障	原因	排除方法
物料走单边	① 进料口内物料未落到喂料箱中部。 ② 沿下料斗宽度方向下料不匀。 ③ 筛体横向不平	① 调整进料锥管，使物料落在喂料箱中部可调分料淌板上。 ② 调节喂料箱内可调分料淌板和匀布淌板，控制物料的分流状况。 ③ 检查机架是否水平，4 只橡胶弹簧是否一样高
筛体运动有扭摆现象	① 4 个支撑点受力不均。 ② 空心鼓形橡胶垫破损。 ③ 振动电机偏重块相位角不相同。 ④ 两侧振动电机安装角度不一致。 ⑤ 一侧振动电机没有运转	① 检查机架是否水平及空心鼓形橡胶垫是否一样高。 ② 更换空心鼓形橡胶垫。 ③ 调整偏重块使其相对位置保持一致，并拧紧螺栓。 ④ 调整振动电机安装角度。 ⑤ 检查振动电机线路
除杂效率低、产量低	① 振幅大小不宜。 ② 振动角大小不当。 ③ 筛面倾角偏大或偏小。 ④ 筛孔堵塞。 ⑤ 喂料箱匀布淌板或出料阻风板位置太低	① 调节振幅。 ② 调节振动角。 ③ 调整筛面倾角。 ④ 清理筛面。 ⑤ 把匀布淌板或阻风板调高
下层筛下物有饱满粮粒	① 筛网破损。 ② 喂料箱与筛格间有间隙。 ③ 筛孔的形状、大小不合适。 ④ 压条与筛格间有间隙，筛格太薄或太厚	① 调换筛面。 ② 更换密封条或加厚封条。 ③ 更换合适的筛面。 ④ 调节压筛机构，增减筛格压条厚度

3. 平面回转筛

平面回转筛主要用于清理粮食中的大杂质、小杂质和轻型杂质。一般情况下其除小杂质效果好于振动筛。根据筛体的运动轨迹不同，目前又分为 TQLM 型平面回转筛和 TQLMz 型平面回转振动筛两类。TQLM 型平面回转筛的结构与 TQLMz 型平面回转振动筛的结构相似，除传动中心位置不一样外，其他基本相同。

1）平面回转筛的运动原理

（1）TQLM 型平面回转筛的运动原理

TQLM 型平面回转筛的筛体在水平面内做圆周运动，其传动中心位于筛体中心（也是筛

体的重心）。筛体运动时各点的运动轨迹相同，即平面回转运动。

平面回转筛是筛面在水平面内做圆轨迹的平动，物料因受筛面运动惯性力的作用，在筛面以螺旋线轨迹做下滑运动，物料运动路线长，自动分级好，除小杂质效果好。

（2）TQLMz 型平面回转振动筛的运动原理

TQLMz 型平面回转振动筛的运动原理与 TQLM 型平面回转筛基本相同，区别在于其传动中心位于筛体的进料端，纵向上偏离了筛体的重心，横向上仍跟筛体的重心同在筛体的纵向对称面上，由此导致筛体纵向各点振幅相等，横向从进料端向出料端各点振幅逐步变小，在出料端振幅接近于 0，筛体的运动实际上就是纵、横两个方向运动的叠加，因此筛面的运动轨迹为：前部（进料端）为椭圆形运动，中部为圆形运动，后部（出料端）为接近直线往复运动。因为前中段类似于平面回转筛，后段类似振动筛，故称其为平面回转振动筛。

物料进入平面回转振动筛的筛面后，其在进料端相对筛面运动轨迹最长，不停的变向运动使物料形成良好的自动分级，使小粒度物料充分接触筛面。而筛面后端则增加了物料相对筛面停顿的机会，有利于物料穿过筛孔，有利于筛理难分离的物料。

2）*平面回转振动筛的结构*

平面回转振动筛主要由筛体、垂直吸风分离器、传动机构等部分组成，其总体结构如图 8–15 所示。

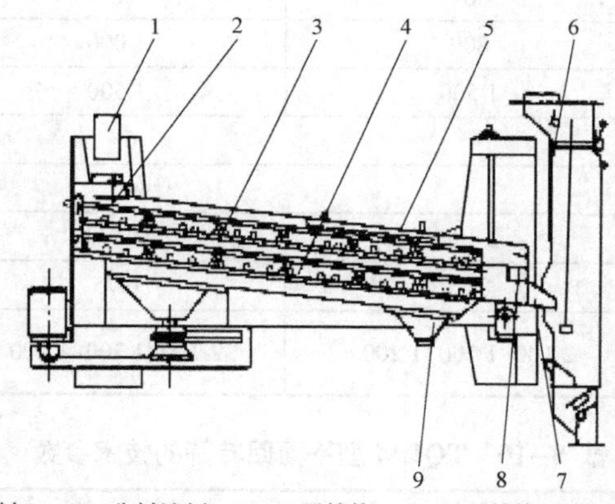

1—进料口；2—分料淌板；3—一层筛格；4—二层筛格；5—观察窗；
6—垂直吸风分离器；7—粮食出口；8—大杂质出口；9—小杂质出口。

图 8–15　平面回转振动筛的总体结构

① *筛体*。筛体用四组吊杆悬挂在机架上。筛体内装有两层筛面。筛格为抽屉式，由进料端推入或拉出。上层筛面一般用来清除大杂质，下层筛面用来清除小杂质，在每层筛面下方均设有橡皮球清理装置。筛面的倾斜角为 6°。

② *垂直吸风分离器*。其结构与振动筛相同，可吸走轻杂质，不再详述。

③ *传动机构*。平面回转振动筛的传动机构属于惯性传动机构。在筛体底部前段位置的支座上装有带两块偏重块的三角皮带轮，通过安装在筛体进料端下部的电机传动。由于偏重块离心力的作用而使筛体和电机一起做平面回转运动。这种传动装置结构简单紧凑、运转平稳，但在起动和停机的瞬间振幅大，因此在筛体底部前、后两端机架上各装有一个限振装置，以限制筛体振幅过大。传动机构的两块偏重块互成一定的夹角（安装角），通过改变夹角的大小可调节筛体的振幅。纵向振幅调节范围为 5.5～12.5 mm，相应的横向振幅调节范围为

9～25 mm。

3）平面回转振动筛的工作过程

物料从进料口进入筛体内，落在可调分料淌板上。由于筛体前、中部做椭圆和圆运动，能迅速地将物料均匀地在整个筛面上散开。物料因受到筛面运动惯性力的作用及自身重力的作用，沿筛面做螺旋线下滑运动，运动路线长，增加了物料与筛面接触的机会，有利于清理效果的提高。筛体后部做直线往复运动，增加了物料相对筛面停顿的机会，有利于筛理难分离的物料。上层筛面的筛上物为大杂质，由两侧出口排出；筛下物落入下层筛面进行继续筛理，其筛上物进入垂直吸风分离器内经吸风除去轻杂质而排出机外。下层筛的筛下物为小杂质，由底部小杂质出口排出。

4）平面回转筛的技术参数

TQLMz 型平面回转振动筛的技术参数如表 8–9 所示。TQLM 型平面回转筛的技术参数如表 8–10 所示。

表 8–9　TQLMz 型平面回转振动筛的技术参数

参数	型号		
	TQLMz–80	TQLMz–100	TQLMz–125
每小时产量/t	6	8	12
筛面宽度/mm	800	1 000	1 250
筛面长度/mm	1 500	1 500	1 500
筛面斜度/（°）	6		
筛体回转速度/（r/min）	400		
每小时吸风量/m^3	3 100	3 500	3 800
额定功率/kW	0.55	0.75	0.75
外形尺寸［（长/mm）×（宽/mm）×（高/mm）］	2 100×1 100×1 200	2 100×1 300×1 200	2 100×1 550×1 200

表 8–10　TQLM 型平面回转筛的技术参数

参数	型号		
	TQLM–80	TQLM–100	TQLM–125
每小时产量/t	4.8	6	7.5
筛面宽度/mm	800	1 000	1 250
筛面长度/mm	1 500	1 500	1 500
筛面斜度/（°）	8		
筛体振幅/mm	7		
筛体回转速度/（r/min）	400		
每小时吸风量/m^3	2 275	2 840	3 550
额定功率/kW	0.6	0.8	1.1
外形尺寸［（长/mm）×（宽/mm）×（高/mm）］	2 000×1 113×1 400	2 000×1 313×1 400	2 000×1 563×1 400

筛面的筛孔应根据工艺要求选用。一般情况下，用于处理小麦的筛面，上层筛面是除大杂质的，如果需要去除异种谷粒（玉米、大豆等），可配（4.0～4.2）mm×24 mm 或（4.2～4.5）mm×25 mm 长筛孔，四纵四横交错排列；如果需要去除秸秆等大杂质，可配圆形筛孔，进料端为ϕ7.5～8 mm，出料端为ϕ6 mm。下层筛面是除小杂质的，可配ϕ2.2 mm 圆形筛孔或边长为 3.5 mm 的三角形筛孔，筛孔交错排列。用于处理稻谷的筛面，上层筛面可选配（5～6）mm×（23～25）mm 长筛孔，四纵四横交错排列；下层筛面可配ϕ2.0～2.5 mm 圆形筛孔，筛孔交错排列。

5）平面回转筛的操作与维护

（1）准备工作

① 设备安装完毕，经仔细检查调整，确认无异常情况后可接通电源运转。

② 在开机瞬间和空转中，应注意有无异常声响（减振器的碰撞除外），电动机的负荷是否正常。

③ 若有意外情况，应立即停机检查故障原因，应保证：传动部件运转平稳，无碰撞、摩擦声；吊杆长短一致，筛体水平，筛面张紧。

④ 检查确认无误后，上好底盖板、装拆孔盖板和前门，设备可投入使用。

（2）生产中的操作与维护

① 正确调整进料压门重砣的位置，使进料流量达到规定的范围，并应经常保持稳定，保证物料沿筛面宽度方向均匀分布。

② 若发现筛孔有堵塞，可用刷帚轻轻去除。若在停机时发现筛孔堵塞，可卸下筛格，筛面朝下，在地面上轻轻拍打，使堵塞物掉落。切勿使用棍棒、铁器敲击拍打筛面，以防筛面产生凹凸不平，甚至破裂，影响筛理效果。若筛孔选择不当，则更换合适筛孔的筛面。

③ 正确调整流量。当流量过大时，筛体过重，其转动幅度就会减小，筛理效果降低，严重时还会造成堵塞。

④ 调节吸风量和风速，避免二者过大或过小，通过有机玻璃板可观察到吸风效果。

⑤ 在生产中若发现粮食处理量过小，可停机调整转速和振幅。转速可通过改变带轮的直径来实现，振幅可通过调节两偏重块的夹角来实现。

（3）停机后的检查工作

① 经常注意吊杆是否有损伤或松动。若有损伤或松动，应及时更换或紧固。更换吊杆时，可先将筛体支垫好，打开机架两侧的装拆孔盖板，并卸掉出料口。安装时顺序与上述相反。

② 定期检查传动 V 带松紧度是否适宜。若过松或过紧，可通过调整电机底座后 4 只方头调节螺管进行调节。

③ 定期检查筛面是否有破损或翘曲不平，必要时更换或调整筛面。

④ 定期检查传动轴承等零件有无磨损，是否需要更换。为保证传动轴承的润滑，可用黄油枪从注油器加入黄油，并定期换新润滑油。

⑤ 定期检查传动支座、电机底座的安装螺栓是否松动，使之保持紧固状态。

⑥ 定期检查减振装置转动是否灵活，安装有无松动，需要时及时调整至最佳状态。

⑦ 橡皮球的清理功能与材料、直径有关，在一定的筛框和转速下其清理功能将随着直径的磨损而减弱。因此，要经常检查其磨损程度，若发现失效应及时更换。

⑧ 应经常检查吸风道是否保持畅通。

6）TQLM 型平面回转筛的常见故障、产生原因及排除方法

TQLM 型平面回转筛的常见故障、产生原因及排除方法如表 8-11 所示。

表 8-11 TQLM 型平面回转筛的常见故障、产生原因及排除方法

故障	原因	排除方法
物料走单边	① 进料时沿筛面宽度方向下料不均。 ② 筛面横向不水平	① 调整进料压力门压砣位置或溜管进料方向。 ② 检查并调整左、右吊杆的长度，使筛面横向截面保持水平
小杂质中含粮较多	① 小杂质筛面磨损，有漏洞。 ② 小杂质筛面搭接处缝隙过大。 ③ 筛面筛孔选择不合适	① 更换筛面。 ② 堵塞缝隙。 ③ 调换合适的筛面

4. 影响筛选工艺效果的因素

1）原料因素

粮食粒度的均匀度、含水率的高低、含杂种类和数量，以及杂质与粮食粒度差异的大小等，都直接影响除杂效果。如果均匀度低、含杂多、杂质与粮食粒度的差异小，筛孔配备困难，则清理效果会降低。当原料含杂量较高或水分含量过高时，为保证除杂效果，应选用较大的筛孔；当原料中小粒度粮食较多时，为减少下脚含粮量，应选用较小筛孔的除小杂质筛面。

2）设备因素

设备因素包括几何因素和运动参数。

（1）几何因素

筛面的几何因素通常是指筛孔的形状、大小、排列，以及筛面的宽度、长度、平整度和倾角等。

① 筛孔的形状、大小和排列，要根据被筛理物和杂质的粒形特点和清理要求，选择合适的筛孔。筛孔既可按筛理曲线来选择，也可根据生产实践经验来选择。

② 筛面的宽度、长度对振动筛处理能力和筛理效率有直接影响。若单位流量不变，筛面宽度越大，其处理能力也越大。但筛面也不能过宽，因为筛面过宽，就难以保证物料在宽度方向上均匀分布，从而影响筛理效率。筛面长度长，筛理长度就长，有利于提高筛理效率。

③ 筛面的平整度会影响物料在筛面上的流动状态。筛面不平整，物料在筛面上就分布不均匀，筛理效率低。

④ 筛面的倾角决定物料在筛面上的输送速度和物料在筛面上的筛理时间。如果遇到物料含杂质较多，需要充分筛选时，可适当减小倾角，以保证筛选效果；反之，若物料含杂质较少，则倾角可适当放大，同时也增加了其处理能力。

⑤ 筛孔须通畅，以保证有足够的有效筛理面积。应注意到筛面下支撑木条部分堵塞筛孔的情况，须尽量使纵向木条与筛板之间留有 5 mm 以上的间隙，以免在筛面上形成纵向的无筛孔通道。当筛面钢板过厚时，物料穿孔困难，筛孔较易堵塞。

（2）运动参数

筛体的运动参数主要是振幅、振动频率和振动角，其大小确定了物料在筛面上的运动状态。当物料含杂质量较大、单位流量较大时，可适当增加振幅和振动角，使物料具有较长的运动轨迹；反之，若物料含杂质量不高，则可适当调小振幅和振动角。当筛体振幅增加较多时，为不使筛体的运动加速度过大，可适当降低振动频率。

3）操作因素

操作因素主要包括：流量的控制、喂料机构的调节、风量的调节、筛面的清理等。

① 流量的控制。流量过大，将造成筛面上物料层过厚，影响物料的自动分级，使物料接触筛孔的机会减少，导致筛理效果的降低。正常情况下，每厘米筛面宽度每小时的处理量为 40～60 kg。因筛选设备的喂料机构无法有效地控制工作流量，须正确调节筛选设备所在工序前端的流量控制设备，才能使设备工作在良好的状态。一般情况下，筛选设备对流量的变化不是很敏感，但为了在原料、操作等因素发生变化后仍可保证筛选效果，实际工作流量应小于其设计产量。

② 喂料机构的调节。喂料机构的调节对筛面的工作状态有影响，应使物料以与筛面等宽、均匀稳定的状态进入筛面。

③ 风量的调节。垂直风道中风速的调节，直接影响轻杂质去除效果。实际生产中，应调节好风速的大小和入口气流的方向。

④ 筛面的清理。清理筛面是为了防止筛孔在工作过程中被物料堵塞，降低筛分能力。橡皮球清理机构的清理效果一般都比较好。但它是易耗品，需要定期检查，若橡皮球因磨损变小，当其弹跳力不足以振动筛孔时，应及时更换新的橡皮球。

5. 筛选设备工艺效果的评定

1）TQLM 型平面回转筛

① 除大杂质效率在 90%以上，第一道筛面筛除小杂质的效率在 65%以上，其他各筛面的除小杂质效率在 50%以上。

② 除泥沙效率在 65%以上。

③ 除轻杂质效率在 70%以上。

④ 清理出的各种下脚中含粮率小于 1%。

2）TQLMz 型平面回转振动筛

① 除大、小杂质的效率在 80%以上。

② 除轻杂质的效率在 60%以上。

③ 清理出的大、小杂质中含粮不超过 1%，每千克轻杂质中含粮不超过 1 粒。

3）SCY 型圆筒式初清筛

大型杂质除杂率在 90%以上，下脚不含完整粮粒。

8.4　重 力 分 选

筛选法只能分离与粮食粒度不同的杂质，对于那些与粮食粒度相似的并肩石、并肩泥块等杂质及糙米中混有稻谷的情况，用筛选法很难达到理想的分离效果。但这些与粮食粒度相似的杂质在密度、表面状态、悬浮速度、沉降速度等特性上与粮食有较显著的差异，因此，利用重力分选法，能够有效地将它们分离。清除原料中石子的重力分选称为重力去石分离，去除糙米中稻谷的重力分选称为重力谷糙分离。

根据使用的介质不同，重力分选分为湿法和干法两种。湿法是以水为介质，利用粮粒和砂石等杂质的密度和在水中的沉降速度等的不同进行除杂。干法是以空气为介质，利用粮粒和砂石等在密度、表面状态、悬浮速度等的不同进行分离。目前常用方法是干法，如重力去石机、重力谷糙分离机等。

8.4.1 重力分选基本知识

1. 基本工作原理

物料在往复振动的工作面上产生自动分级，密度大、表面光滑、粒度小的物料沉于下层，而密度小、表面粗糙、粒度大的物料悬浮于上层，若辅之以气流的作用，则后者呈现为悬浮状态或半悬浮状态（如去石机，但重力谷糙分离机不需气流）。随着物料的连续流入，上层的粮食在往复振动、自身重力及进料挤压力等的作用下，沿倾斜工作面流向下出料口，而沉于底层的杂质则沿倾斜工作面随筛面推力的作用向上出料口爬行，从而实现物料的分离。去石的工作原理如图 8-16 所示。

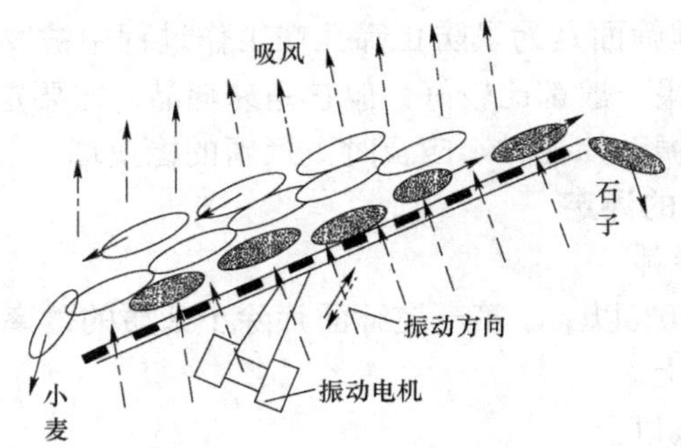

图 8-16　去石的工作原理

2. 保证良好分选效果的基本条件

① 混合物料必须具有良好的自动分级性。

② 工作面必须具有相当的粗糙度。

③ 工作面应有合理的运动参数，其振幅与偏重块的工作转速也须保持一定的对应关系。

④ 具有适当的辅助及调节手段，如利用气流提高物料分层和分离的效果。

3. 常见的重力分选工作面形式

重力分选的工作面主要有鱼鳞孔板、编织筛网和凸台或袋孔三大类。前两类通常辅以气流作用，也称通风工作面；第三类也称为非通风工作面。

1）鱼鳞孔板工作面

鱼鳞孔板由薄钢板冲压而成，有单面凸起［见图 8-17（a）］和双面凸起［见图 8-17（b）］之分。鱼鳞孔板工作面主要用于重力去石，鱼鳞孔的作用主要有以下四个方面：

① 增加工作面的粗糙度，有利于物料的运动分层。

② 使气流按一定方向穿过工作面，促使物料运动分层，并有利于底层物料沿工作面上行。
③ 鱼鳞孔孔背形状变化相对平缓，有利于并肩石上行。
④ 鱼鳞孔的凸起前台，可阻挡并肩石沿筛面下滑。

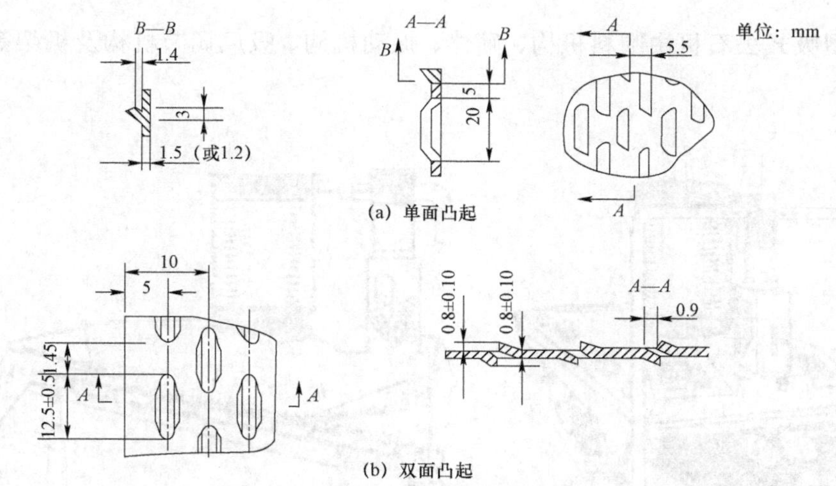

图 8-17　鱼鳞孔板的结构

2）编织筛网

编织筛网工作面用直径 1 mm 的圆形钢丝或边长 1 mm 的方形钢丝编织而成。一般径向钢丝为直线，纬向钢丝为波形曲线，以增大表面粗糙度。在粮食出口处增设挡料板，以防止底层并肩石混入出粮口。编织筛网工作面主要用于重力去石。

3）凸台或袋孔工作面

凸台或袋孔工作面由薄钢板以专用模具冲压而成，主要目的是增大表面粗糙度，而不妨碍底层大密度物料的上行。凸台或袋孔工作面主要用于重力谷糙分离。

8.4.2　典型去石机

去石机是一种利用粮食与杂质悬浮速度不同而进行分选的去石设备，它往往用于分离粮食中的并肩石和并肩泥块。

去石机按其使用气流情况的不同，可分为吸式去石机、吹式去石机及循环气流去石机等三类。

1. 吸式去石机

吹式去石机风机安装在筛面下方，将气流压送过筛面，在正压状态下工作，其特点是进风均匀、工作较稳定，但灰尘容易外逸，影响车间卫生。同时，风量及设备工作参数难以调节，适应性较差。吸式去石机结构简单，在负压状态下工作，灰尘不易外扬，清洁卫生，故目前常采用的是工作于负压状态的吸式去石机、筛体处于负压状态的循环气流去石机，以及重力分级去石机。

吸式去石机分离效率较高，处理量大，性能稳定。它以振动电机为振源，运转可靠，结构简单，振幅可调，适应性强，操作方便。

1）工作过程

物料由设在筛面下端的进料口进入筛面，先经过预分区或短筛面接料、缓冲，在筛面上形成分级后，并肩石沿筛面上行至出石口排出，处于悬浮状态的小麦沿筛面往两边分流，下行至出麦口排出。上升气流由筛面下方流入，穿透筛面、物料层后，经吸风罩、调风门进入配套风网。

2）结构

TQSX 型吸式去石机由喂料机构、筛体、振动机构、吸风调节机构及机架等组成，如图 8–18 所示。

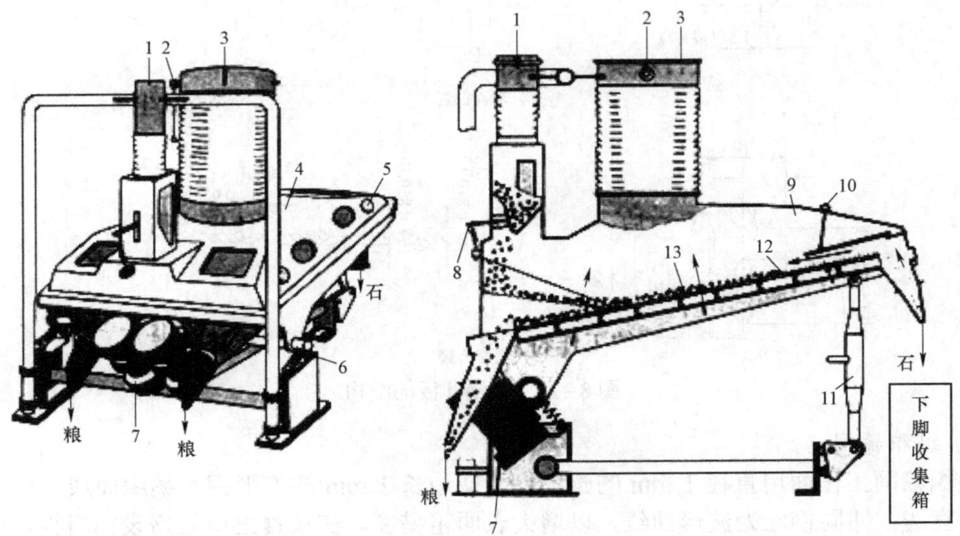

1—进料口；2—调风门；3—吸风口；4—筛体；5—指示牌；6—支撑弹簧；7—振动电机；8—弹簧压力门；9—吸风罩；10—反吹风调风板；11—可调撑杆；12—麦石分界区；13—去石筛面。

图 8–18　TQSX 型吸式去石机的基本结构

（1）喂料机构

喂料机构设置有弹簧压力门，可稳定进料流量，通过调节，应使喂料箱内存有一定厚度的物料，以阻挡气流由此进入机内。

（2）筛体与筛面

进料口位于筛面下端，采用逆向进料。逆向进料可增加物料在筛面上的行程，有利于物料形成较充分的自动分级，以提高设备的去石效率，如图 8–19 所示。

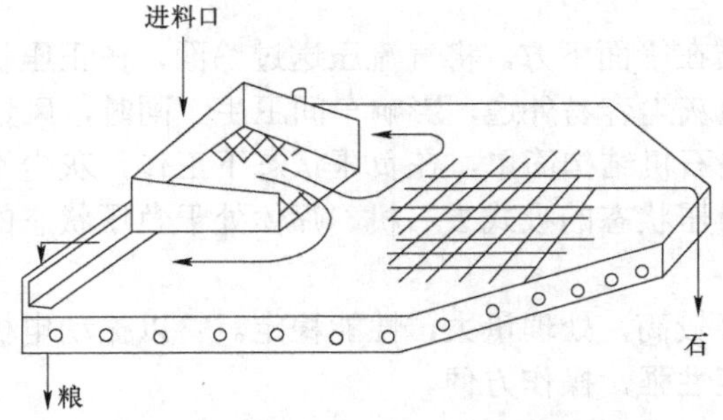

图 8–19　TQSX 型吸式去石机的筛面结构

筛面沿纵向倾斜，倾角为7°～10°，筛面采用钢丝编织，在钢支架上张紧，筛孔宽约1 mm；筛面下平行设置匀风板，有利于穿透气流的均匀分布；为使筛面保持良好的刚度，筛面下方横向设置有用金属板制作的支撑条，采用螺栓将筛面压紧在支撑条上。

通过调节设置在出石口上方的反吹风调风板，可控制下脚中的含粮率。

筛体由下端两侧的弹簧及上端的弹性撑杆共三个支点支撑，为多向自由振动系统；筛体由下端设置的振动电机驱动，筛体的振动方向及振幅均由振动电机控制，抛角一般为35°左右，振幅为3～5 mm。

为便于操作，在吸风罩的两侧、前后共装置了4块筛体运动状态指示牌，可在设备工作的过程中，通过观察指示牌上对应线条由于振动形成的虚影，判断筛体各处的振幅、抛角等参数。

出石口与出粮口均接有压扁的胶管，以防止大量气流由此涌入机内。

（3）驱动机构

TQSX 型吸式去石机的筛体有两种驱动形式，单振动电机驱动形式和双振动电机驱动形式。如图 8-20 所示，其中α为筛面倾角，γ为筛体振动方向与筛面的夹角。

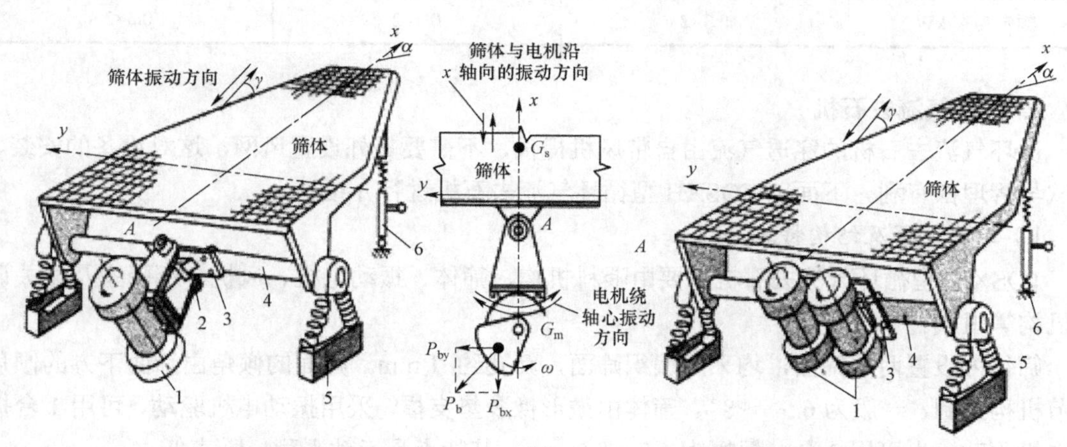

1—振动电机；2—橡胶轴承；3—抛角调节螺栓；4—轴；5—支撑弹簧；6—筛面倾角调节机构。

图 8-20　TQSX 型吸式去石机的驱动形式

在图 8-20（a）中，振动电机通过橡胶轴承装设在筛体上，振动电机自身绕轴承可以横向摆动，而纵向只可与筛体一起运动。在工作过程中，偏重块产生的离心力的横向分量使电机自身沿横向产生自衡振动，由于这部分惯性力被电机本身所平衡，故对筛体振动形成的策动力就只有离心力的纵向分量。所以尽管筛体是一个多向自由振动系统，但由于对筛体起作用的只有纵向的策动力，故筛体的运动形式基本上为纵向的往复振动。

这种结构只使用一台振动电机，可降低设备的成本及机重。但橡胶轴承损坏后，因阻尼过大而使电机摆动困难，偏重块的横向离心力对筛体的运动产生干扰，将使设备的工作效果受到影响。

在图 8–20（b）中，并列装置的两台振动电机反向运转，自行消除对筛体的横向干扰，使筛体沿纵向的振动较稳定。这种形式需要两台电机，因此设备的制造成本较高。

3）技术参数

TQSX 型吸式去石机的技术参数如表 8–12 所示。

表 8–12 TQSX 型吸式去石机的技术参数

参数	型号		
	TQSX67	TQSX132	TQSX190
每小时产量/t	4.5	8～9	12～14
筛体宽度/mm	670	1 320	1 900
筛面宽度/mm	500	1 000	1 500
工作转速/（r/min）	930	930	930
每小时吸风量/m^3	2 400	4 800	7 200
吸风阻力/Pa	1 200	1 200	1 200
额定功率/kW	0.3×2	0.3×2	0.3×2

2. 循环气流去石机

循环气流去石机的穿透气流由自带风机提供，不需要另外设置风网，这对设备的安装、调试与管理都有利。下面以 TQSXH 型循环气流去石机进行介绍。

1）工作过程及结构特点

TQSXH 型循环气流去石机主要由喂料机构、筛体、振动电机、风机、沉降室及相关调节机构等组成。

筛体内设置两层筛面，均采用编织筛面，筛孔约 1 mm。筛面的倾角由筛面下方的倾角调节机构控制，一般为 6.5°～8°。筛体由鼓形橡胶垫支撑，采用振动电机驱动，可用 1 台振动电机驱动，也可用 2 台，振幅为 4.5～5.5 mm，其特点是运动平稳、噪声低。

风机装设在吊架上，风管、料管与筛体均采用软连接。使用独立的自带风网，设备易调节、控制，且不受外界的干扰。空气从去石装置上部吸入，先经沉降室沉降，再进入风机，然后由风机吹回工作面，循环使用空气。穿透气流的大小由设在回风管内的调风门控制，调节调风门时可由气压表显示机内压力，一般为 490～882 Pa。设备上方设有一个带排气活门的吸风口与外部风网连接，通过少量的吸风可减少设备内处于正压气流的部分溢尘，当出石口无气流溢出时就说明排气活门调节适当。

工作时，物料经喂料机构均匀喂料，先进入上层筛面，在往复运动和上行气流的综合作用下自动分级，较重含并肩石的粮食由上端出口流入第二层筛面再分选，并肩石在第二层筛面经反向气流精选后，由上端出石口排出，粮食向下流至筛面下端，与第一层筛面分出的轻质粮食合并排出。

因有第一层筛面的分流、隔离作用，所以该设备对流量大小的适应性较强。

2）技术参数

TQSXH 型循环气流去石机的技术参数如表 8-13 所示。

表 8-13　TQSXH 型循环气流去石机的技术参数

参数	型号	
	TQSXH65	TQSXH120
每小时产量/t	12	12～22
筛面尺寸［（宽/mm）×（长/mm）］	650×1 200	1 200×1 200
振动电机功率/kW	0.37×1	0.37×2
振动电机转速/（r/min）	930	930
每小时吸风量/m³	4 200	7 800
风机风压/Pa	2 450	2 700
风机功率/kW	5.5	11

3. 重力分级去石机

1）工作过程及结构特点

重力分级去石机是一种兼有分级、去石两种功能的设备，目前应用较广。重力分级去石机的外形及总体结构类似吸式去石机，由喂料机构、筛体、振动机构、吸风机构及弹性支承机构等组成。

筛体由两层筛面组成，上层筛面为分级筛面，由预分级段与分流段组成。预分级段采用 ϕ1 mm 的不锈钢丝筛网，起促进物料自动分级的作用，无筛理功能。分流段由两段组成，第一段采用 6 mm×20 mm 长方形冲孔筛面，按物料厚度分级；第二段采用 ϕ8 mm 的圆形冲孔筛面，按物料宽度分级。下层筛面为去石筛面，采用 ϕ1 mm 的钢丝筛网。在筛面之下，间隔 10 cm 左右用纵、横向木条支撑筛面，筛面刚度好，筛上物料运动稳定，去石筛面去石效果较好。为减少无筛孔通道的影响，纵向木条与筛面之间留有 6～8 mm 的间隔。

筛体的振动机构及其调节方式同吸式去石机。振幅一般为 3.5～5 mm，抛角为 30°～35°，筛面的倾角为 5°～9°。吸风量可由风门调节。

工作时，进机物料首先进入上层的预分级段，在振动与上升气流的综合作用下，物料按轻、重粒上下分级后流入分流段；分流段的筛孔较大，使包括所有并肩石的重粒落入下层筛面，上层的轻粒因振动与气流的承托作用而沿筛面流入轻粒出口。为使重粒尽早落入下层筛面，分流段筛面的前半部分采用较大的筛孔。下层筛面承接第一层落下的重粒，通过振动与气流的作用，粮食沿筛面向下流入重粒出口，石子上行由出石口排出，完成去石。

用重力分级去石机处理小麦时，排出的轻粒一般占进机物料的 5%～30%，其中可包括大麦类杂质及悬浮速度较小的荞子。排出的轻粒小麦大多为不饱满粒，表面粗糙、较脏；轻粒的选出率越低，这部分原料的平均品质就越差。重粒占进机流量的 70%～95%，其中并肩石已由分级机的去石筛面清除。轻粒的分流比主要与分级筛面的筛孔配置及进机流量有关，当采用较大的分级筛孔或进机流量较小时，轻粒的分流比将下降。

因分级筛面的分流作用，减轻了去石筛面的负荷，可提高设备的处理能力。在设备运行过程中，若进机流量在一定范围内变化，由于分级筛面的隔离作用，轻粒流量将随之变化，而去石筛面的流量则较稳定。当流量过大时，设备难以调节；当原料状态较复杂时，工作流量不应大于设计产量。当原料情况较好时，只需对轻粒进行精选、表面清理，采用重力分级机对物料进行分级，可减少精选、表面清理设备的数量。但当原料较复杂时，所有的分级后的原料要一并进行表面清理、精选。

在不需要分级的情况下，采用重力分级去石机去石可取得较好的工艺效果。

2）技术参数

重力分级去石机的技术参数如表 8-14 所示。

表 8-14　重力分级去石机的技术参数

参数	型号		
	TQSF63	TQSF80	TQSF126
每小时产量/t	4～5	8～9	16
筛宽/mm	630	800	1 260
振动电机转速/（r/min）	930	930	930
每小时吸风量/m³	5 000	6 000	12 000
吸风阻力/Pa	590～790		
额定功率/kW	0.2×2	0.37×2	0.6×2

8.4.3　去石机工艺效果的评定及影响因素

1. 去石机工艺效果的评定

去石机的工艺效果评定指标如下：

① 除并肩石效率≥95%。

② 除泥块效率≥60%。

③ 下脚含粮≤100 粒/kg。

2. 影响去石机工艺效果的因素

1）原料因素

（1）粮食自身特性

粮食的水分、表面特性、整齐度、散落性等对去石机工艺效果影响很大。这些特性主要影响粮食摩擦系数的大小，即影响粮食与筛面以及粮食之间的运动状态，进而影响运动分层的效果和去石效果。若粮食含水率高、散落性差，物料的摩擦系数明显增大，在去石筛面上的自动分级较困难，并且使物料在筛面上流速变慢，不能充分发挥去石机的去石效果。为了保证一定的去石效率，则必须适当强化去石筛面的振动条件，或适当调小去石筛面的倾斜角度，同时调小物料进机流量。

（2）杂质的特性、种类及数量

粮食中如果夹入草秆、泥沙、稗粒和铁钉等杂质，会影响均匀进料，可能堵塞鱼鳞筛孔，阻碍气流的均匀吹出，影响谷石分离。因此，粮食进入去石机前须经过初步清理。为了提高去石效率，在工艺流程中常将去石工序作为清理工段的后道工序。

同时，去石机的进机物料中不应含有较多的大、小杂质，尤其当小杂质较多时，将堵塞筛孔，造成物料下行困难、石中含粮增多。当原料中泥块较多或大粒麦较多时，可能导致出机物料中含泥块增多或下脚含粮增多。在这种情况下，均须精心调节设备，以保证较好的除杂效果。注意：去石机清除粒度较小的并肩泥块的效果较差。

2）设备因素

（1）筛面运动参数

筛面的振幅、转速、振动角是筛体的主要运动参数。振幅的大小影响物料在筛面上的运动或跳动距离，转速的大小则影响物料在筛面上的运动或弹跳频率，因而它们都是影响物料在筛面上运动速度的重要因素。若振幅过大，转速过高，筛面振动强烈，运动速度过快，谷、石容易跳离筛面，破坏物料正常的自动分级，影响谷、石分离。反之，物料在筛面上运动缓慢，谷层增厚，排石困难，不仅影响净谷质量，而且影响产量。所以振幅和转速都不宜过大或过小。在筛面斜度不变的情况下，振幅与转速成反比关系。因此，为了保证物料在筛面上有适宜的运动速度，振幅大时，转速应适当降低。

筛面的振动角是可调的，正常筛体的抛角一般为 30°～35°。抛角过大或过小均会影响去石效果。如果抛角过小，物料因不能离开筛面而受到筛面摩擦，不易爬坡；如果抛角过大，易打破自动层，进而影响去石效果。

（2）筛面状态

筛面的质量十分重要，如果筛面的刚度不够，特别是当筛面的中部松弛时，筛面对物料的牵引加速度的大小及方向都将改变，使并肩石难以上行。

对筛面倾角的调节，将影响筛上物料的运动速度。合适的倾角，既利于并肩石上行，也有利于麦粒下滑。若倾角太大，石子向上运动的阻力增大，进入精选室的速度减小，甚至难以从出石口排出。同时，粮食在筛面上向下滑行的速度增加，石子有可能被粮食夹带着从出谷口流出。若倾角过小，石子向上滑行的阻力虽然减小，但谷粒在筛面上向下运动的速度减小，影响产量，且石子中含谷量也会相应增加。

当工作流量偏小时，可适当调小筛面的倾角，以减缓物料向下的流速，使料层增厚。应防止因料层厚度不匀而造成吹穿，导致穿透气流风速分布不均。

（3）设备吸风状态

由于去石作用要在很短的筛面上完成，因此，去石机的风量是决定穿过去石筛面和物料层的气流速度、影响物料自动分级和推动石子向上爬行的重要因素。若筛上物悬浮状态不好，将直接影响去石效率。若风力过大，则会造成筛上物的“乱飘”而打乱分级层；若风力过小，则谷粒无力悬浮，致使筛上的物料未待出现分级层就被排出。这些都会降低去石效率。不同种类和品种的粮食及不同的筛孔形状和筛面倾斜度，都要求风速随之做相应的变化。实践证明，风力恰当与否，要以粮食在去石筛板上是否均匀和悬浮状态是否合适为衡量标准。

3）操作因素

去石机是一种需要精心操作的设备，除应调节设备的运动参数、控制风量外，操作过程中主要应把握好设备的工作流量及进料状态。

去石机流量的大小直接影响设备的生产能力和物料在去石筛面上的料层厚度。若料层厚度合适，将形成良好的自动分级条件。去石筛面上的谷层不能太薄，否则无法保持足够的流量。但流量过大、谷层过厚，会使一部分石子得不到充分自动分级，不但分离难，而且去石效果下降。所以，去石的流量必须适宜，吸式去石机流量以 60～75 kg/（cm・h）为宜。

去石机的工作流量一般不应超过设备的设计产量，单层筛面去石机的工作流量一般不得低于设计产量的 10%，否则需要对设备的吸风量及筛体进行调整，但差别较大时调整也较困难。操作过程中，应注意去石机所在工序前端的流量控制设备，使去石机进料流量稳定、适当，筛上物料的厚度一般应保持在 20～30 mm；对筛面较宽的去石机，应使其两侧进料均衡，防止走单边。

8.4.4 去石机的安装、操作、调整与维护

1. 安装

去石机原则上应安装在头道清理筛或二道清理筛之后，需先经过去除大杂质、小杂质和磁性金属夹杂物处理，以减小去石筛面的磨损和堵塞，保证设备去石功能的发挥。

设备必须安装在牢固、平整的地基或楼板上，就位后拆下主轴两端的固定支撑板，使筛体处于自由状态，然后用垫块调至筛体横向水平，方可固定地脚螺栓。

为了保证工艺效果稳定，最好采用单独吸风系统。当必须采用组合风网时，只允许两台去石机组合，并在风道上安装碟阀以便调节。

2. 操作

开机前，应进行全面检查。若一切正常，则先关好吸风管上的碟阀，然后顺次打开去石机、风机，再慢慢打开碟阀，同时开始进料，并调节进料量及风量，使物料在去石筛面上呈波浪形“沸腾”状态，同时调节出石端反吹风门，控制反吹风的大小，使石子、粮食形成明显的分界线，并有较长积石区（一般积石区长度为 5～10 cm）。若出石情况正常，且石中含粮符合要求，则为正常工作状态。

停机时，应先停止进料，后停去石机，最后停风机，以防筛面上物料积存过多，引起下次开机时物料在筛面上堵塞，影响正常工作。

3. 调整

① 筛面倾角的调整。筛面倾角为 7° 左右，在设备出厂时均已调整好。当需要处理不同物料时，筛面倾角要做适当调整，即转动筛面倾角调节机构上的把手，使筛面倾角改变。

② 振幅的调整。当调节振幅时，只需调节振动电机两端的平衡块的夹角即可。当两块平衡块的夹角偏小时，振幅会变大；当夹角变大时，振幅会变小。两侧的电机平衡块要调节一致，调好后将螺母锁紧。

③ 抛角的调整。当需要调整振动电机与去石机主轴的相对位置时，即改变抛角。抛角大，物料在筛面上运动时向上的跳动量就大，抛角小则反之。一般抛角为 35°，在设备出厂时已调整好，不用再调。

4. 维护

① 及时清除箱内积存的轻杂质，以免因堵塞而损坏机器。

② 检查工作筛面：工作筛面要保持平整，不得有凹凸现象。筛面的凹凸边磨损后，可

将筛板翻面或更换。拆卸筛面时，严禁重物叠压筛面。

③ 筛面被堵塞时，可用钢丝刷清理。

④ 振动电机使用 4 个月后，应更换润滑油，并清除机内的积尘、污垢等，进行一次小修；一年左右更换轴承，进行一次大修。

⑤ 安装编织筛网时，要注意编织方向，去石筛面在纵向呈直线形，在横向呈曲线形。

⑥ 支承弹簧若损坏，应及时更换。

8.4.5　去石机的常见故障、产生原因及排除方法

去石机的常见故障、产生原因及排除方法如表 8-15 所示。

表 8-15　去石机的常见故障、产生原因及排除方法

故障	原因	排除方法
工作面上物料走单边	① 进料不均匀。 ② 筛体安装不平。 ③ 进料口一边物料被堵。 ④ 筛面不平。 ⑤ 两台振动电机振动角不一致	① 调节压力门或进料溜管方位，使之进料均匀。 ② 重新水平安装。 ③ 清理堵塞。 ④ 平整筛面。 ⑤ 调整电机振动角
粮中含石多	① 物料流量过大。 ② 总风量过大或过小。 ③ 筛面倾角过大。 ④ 筛体转速不当。 ⑤ 工作面上物料走单边	① 正确控制物料流量。 ② 调节风门。 ③ 调节筛面倾角。 ④ 调节转速。 ⑤ 见表 8-8、表 8-11 中的“物料走单边”
石中含粮过多	① 流量过大或流量不匀。 ② 风量过小。 ③ 筛面倾角过小。 ④ 筛体运动不正常	① 减小流量，或将流量调节均匀。 ② 开大风门。 ③ 调节筛面倾角。 ④ 调整正常

8.5　磁　选

利用磁铁清除粮食中磁性金属杂质的工艺手段称为磁选。磁选的对象主要是混杂在粮食中的钢铁杂质，常见的有铁钉、螺帽、铁屑、铁块等。这类金属物若混杂在产品中，将会影响人体健康；若落入运转的机器中，将会损坏机器的结构，与机器碰撞产生的火花还会引起爆炸和火灾。因此，清除粮食中的金属杂质是十分重要的。

8.5.1　磁选的目的与原理

在粮食清理过程中进行磁选的主要目的是保护各类工艺设备，如打麦机、磨粉机等。因

此，在原料进入清理流程或进入需保护的设备之前，都应进行磁选。为清除研磨过程中混入面粉中的金属粉末，保证产品的纯度，在成品打包以前也应进行磁选。

当物料通过磁场时，由于粮食为非导磁性物质，在磁场中能自由通过，其中的磁性金属杂质则被磁化，同磁场的异性磁极相互吸引而与粮食分开。

8.5.2 磁选设备

磁选设备一般较简单，体积较小，大部分不需动力，除铁杂效率可达95%以上。常见磁选设备有永磁滚筒、永磁筒等。

1. 永磁滚筒

永磁滚筒是一种具有自排杂能力、除杂效果较好的磁选设备。有自带动力与无动力两种类型。

1）结构与工作过程

永磁滚筒的结构如图 8-21 所示，它由进料口、出料口、排杂口、磁心、滚筒、减速电机和机壳等部分组成。

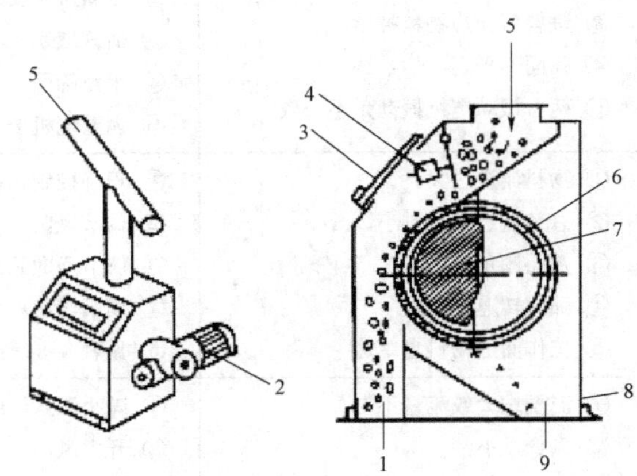

1—出料口；2—减速电机；3—观察门；4—压力门喂料机构；5—进料口；6—滚筒；7—磁心；8—机壳；9—排杂口。

图 8-21　永磁滚筒的结构

磁心由锶钙铁氧体和铁隔板按一定的顺序排成 170° 的弧形，安装在固定的轴上。磁心中的铁隔板起集中磁通的作用，它将锶钙铁氧体分成 8 组永磁块排列，形成多极头开放磁路。磁体圆弧表面用作保护层，以延长其使用寿命。滚筒通过蜗轮杆减速机构由减速电机带动旋转。永磁滚筒的特点是：结构比较简单，吸铁效率高，操作方便，不需人工排除磁性杂质。

工作时，带有磁性杂质的粮食经进料口均匀地落到旋转滚筒上。粮食从滚筒表面流过，自由落到粮食的出口，排出机外。磁性杂质被滚筒里面磁心的磁场磁化，吸附在滚筒表面，随滚筒转至磁场作用区外，自动落入排杂口。

2）技术参数

永磁滚筒的技术参数如表 8-16 所示。

表 8–16　永磁滚筒的技术参数

参数	型号					
	TCXY–25	TCXY–50	TCXY–80	TCXY–2011	TCXY–2015	TCXY–2025
每小时产量/t	6～6.5	20	50	2～4	6～8	10～15
电机转速/（r/min）	38	38	38			
额定功率/kW	0.6	0.6	0.75	不需要动力		
磁场分布区/（°）	170			约 170		
磁筒表面磁感应强度/T	≥0.125			≥0.27		

2. 永磁筒

永磁筒是一种体积很小、不需要动力的磁选设备，可直接装在其他工艺设备的进口，也可串接在物料溜管之中。

永磁筒的结构如图 8–22（a）所示，由机壳、圆锥磁体及检查门等组成。圆锥磁体的磁头使进机物料均匀地沿圆周分流，物料流经圆锥磁体时实现磁选。为防止已被吸住的铁杂又被物料冲走，在圆锥磁体下端设有挡杂环。该设备无自排杂能力，因此需定期人工清理磁体表面吸附的铁杂，如图 8–22（b）所示。为便于清理圆锥磁体，一般将圆锥磁体装设在检查门上，工作中打开检查门即可进行清理。

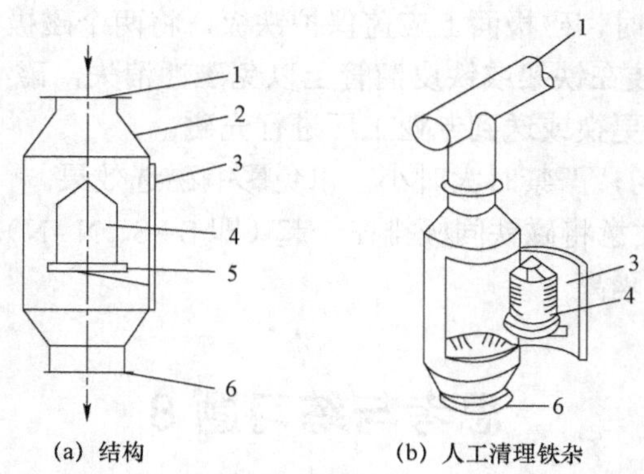

(a) 结构　　(b) 人工清理铁杂

1—进料口；2—机壳；3—检查门；4—圆锥磁体；5—挡杂环；6—出料口。

图 8–22　永磁筒的结构与清理铁杂

为保证物料在圆锥磁体周围分布均匀，永磁筒必须垂直安装，设备上方的进料溜管也须有一垂直段。

8.5.3　影响磁选工艺效果的因素

1. 流量大小与料层厚度

物料应以薄层匀速通过磁体，以利于铁杂被磁体吸住，料层厚度一般应小于 15～20 mm，流速也不应过快，这样就要求工作流量不得大于设备的设计产量。

磁选设备的喂料机构较简单，因此进机物料的溜管一般应制作缓冲接头。

2. 磁心的性能

磁心的性能与它的材料、形状等有关。通常以硬质合金钢材料为好。当需要增加磁感应强度时，常将磁心做成细长的马蹄形；当需要增加磁场强度时，常将磁心做成粗短的马蹄形。

为了保持良好的工艺性能，每块马蹄形磁钢（60 mm×30 mm 截面）要求具有 120 N 以上的吸力。由于磁钢的磁性会逐渐退化，因此每月要检查一次磁钢吸力。若每块磁钢的吸力小于 80 N，应立即更换或充磁。

3. 物料通过磁极面的流速

无论是哪种磁选设备，要保持较好的去杂效果，物料在通过磁极面时的流速都不宜太大，以使磁极面有充分的机会吸住铁磁性杂质。在永磁滚筒中，流速以 0.6 m/s 左右为好。如果使用安装在溜管中的磁钢，其溜管倾斜角以接近物料自流角为好，流速应控制在 0.15～0.20 m/s。

4. 磁极面的清理

在磁心的磁面上，若磁性杂质集聚过多，又得不到及时清理，易被料流冲走，重新混入物料中，影响去杂效果。

8.5.4 磁选设备的操作与维护要点

① 及时清理磁性杂质，以免堆积太多，重新被谷流冲走，要求每班至少清理两次。

② 在安装、使用、搬运过程中，严禁撞击、敲打、摩擦磁心，也不能使之经受高温，以免磁性退化。长期不用时，磁极面上应盖保护铁板，将两个磁极闭锁，以保护磁性。

③ 磁心不能直接安装在铁架或铁皮溜管上以免磁性消失，磁心若退磁则会影响使用效果，退磁后的磁心应及时更换或送到专业工厂进行充磁。

④ 生产中流量应均匀，严禁时大时小，以免影响磁选效果。

⑤ 在排列磁铁时，注意将磁铁同极排在一起（即 S–S、N–N）。为了防止磁铁的同极相斥，在两极之间应该用纸隔离。

思考与练习题 8

1. 当原料小麦中混杂有大石块、麻绳、并肩石、小并肩泥块、铁杂时，各由什么设备来清除？

2. 筛选设备的筛面运动形式有哪些？ 比较直线往复运动与平面回转运动的运动特点及筛理效果。

3. 简述初清筛的分类形式、工作原理及应用特点。

4. 说出振动筛、平面回转筛、平面回转振动筛的振动源和筛面的运动轨迹。

5. 比较平面回转筛、振动筛、平面回转振动筛的筛理特点，并简述如何选用。

6. 为什么在振动筛上安装筛面时，应注意检查筛孔的排列及筛面的安装方向，而在平面回转筛上安装筛面时却不必注意其安装方向？

7. 若想要提高平面回转筛的振幅，应该采用什么调整措施？调整后筛体上物料相对于筛面的运动是加剧了还是减弱了？

8. 影响筛选设备工艺效果的因素有哪些？

9. 筛选的基本条件是什么？

10. 重力分离的基本原理是什么？

11. 在工作过程中，吸式去石机的进机物料忽然断流，在排除前方设备的故障之前，是应该停机，还是应该保持该去石机的运转？请给予判断和解释。

12. 若去石机在工作过程中筛面上物料层薄厚不匀，会产生什么不良后果？

13. 去石机的操作与调整应注意哪些方面？影响去石工艺效果的因素有哪些？

第9章　粮食加工机械

所有粮食在加工前都要经过除杂清理的过程，虽然不同产品的除杂清理过程有所不同，但其本质内容大致相同，设备也相近。粮食加工主要是围绕人们的日常生活而进行的，主要有面粉加工、油类加工、食品加工及饲料加工等，由于不同产品的要求不同，从而使加工工艺和设备产生了差异，本章主要介绍制粉、制油常用设备的结构原理。

9.1　制粉机械

在日常生活中，大量使用的是小麦粉，因此，本节主要介绍小麦制粉机械。

小麦制粉是通过研磨、筛理、清粉等工序，将净麦中的胚乳与麦皮、麦胚分开，并将胚乳磨成一定细度，经过对细粉的处理，制成各种等级的面粉。制粉车间如图9-1所示。

图9-1　制粉车间

9.1.1　磨粉机

磨粉机主要用于对小麦颗粒进行研磨。它利用机械作用将小麦剥开，把胚乳从皮层上逐道剥刮下来，并把胚乳磨细成粉，这个过程称为研磨。研磨是制粉工艺过程中最重要的环节，研磨效果的好坏将直接影响成品质量、出粉率、产量、电耗、成本等各项经济技术指标。

在逐道研磨筛分制粉工艺中，每道研磨设备应选择合理的研磨力度，在破碎胚乳的同时，尽量保持皮层的完整。与筛理设备配合，研磨作用的强弱还可控制各类在制品的分类状态及后续设备的工作流量，因此，对每一道研磨设备的研磨效果都应有相应的要求。

1. 研磨的工作原理

现代制粉厂常用的研磨机械为辊式磨粉机及辅助研磨设备。

辊式磨粉机的工作原理是利用一对相向差速转动的等径圆柱形磨辊，对经过研磨区的物料进行剪切、挤压、搓撕等综合作用，使物料逐步破碎。

辊式磨粉机的主要工作机构是磨辊，其中转速较高的那只磨辊称为快辊，另一只转速较低的磨辊称为慢辊，二者的转速之比称为速比。两辊同时接触物料的工作区称为研磨区，由喂料机构将物料均匀地送入研磨区，研磨前的物料称为磨上物，研磨后的物料称为磨下物。如图 9–2 所示。

物料落入研磨区且两辊恰好同时接触物料时，两辊夹住物料，并开始对物料进行破碎剥刮，此时物料所处的位置（*A* 点、*D* 点）称为起轧点。此后，物料所处的两辊间距越来越小，最后到达最小间距处（两辊中心连线上两磨辊表面之间的交点，*B* 点、*C* 点），此处称为轧点，两轧点之间的距离 *BC*（两辊中心连线上两磨辊表面之间的距离）为轧距（*d*）。经过轧点后，物料不再受到研磨。起轧点与轧点之间的距离（弧长 *AB*）称为研磨区长度（*s*）。磨辊的研磨区如图 9–3 所示。

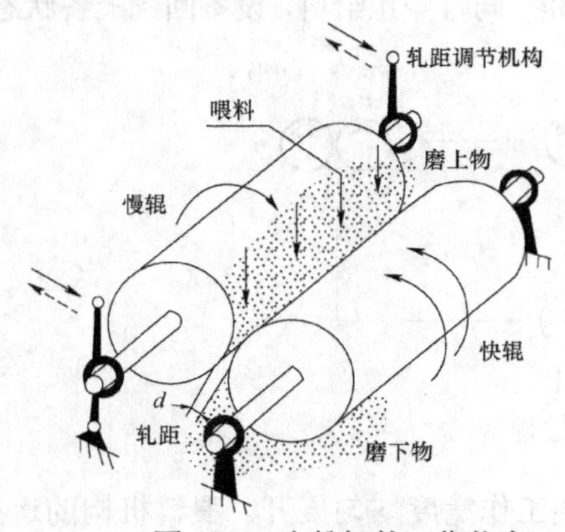

图 9–2　磨粉机的工作状态

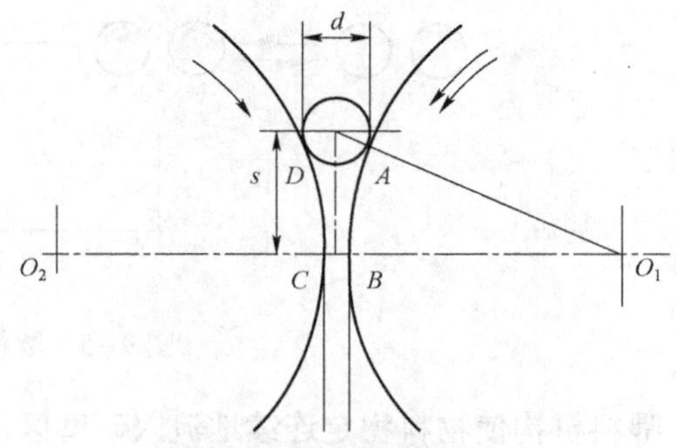

图 9–3　磨辊的研磨区

物料进入研磨区后，在两辊的夹持下快速向下运动，由于两辊的速差较大，快辊速度较高，使物料紧贴快辊的一侧加速较大，而慢辊速度较低，对物料紧贴慢辊的一侧加速较小，慢辊相对快辊近似起阻滞作用。这样物料与两个磨辊都产生了相对运动，产生对物料的剪切、挤压、搓撕作用，使物料逐渐破碎，从皮层将胚乳刮离并磨细成粉。

2. 磨粉机的结构和工作原理

磨粉机的种类很多，但其基本结构大致相同，一般由磨辊、喂料机构、轧距调节机构等几部分组成，其基本结构如图 9-4 所示。

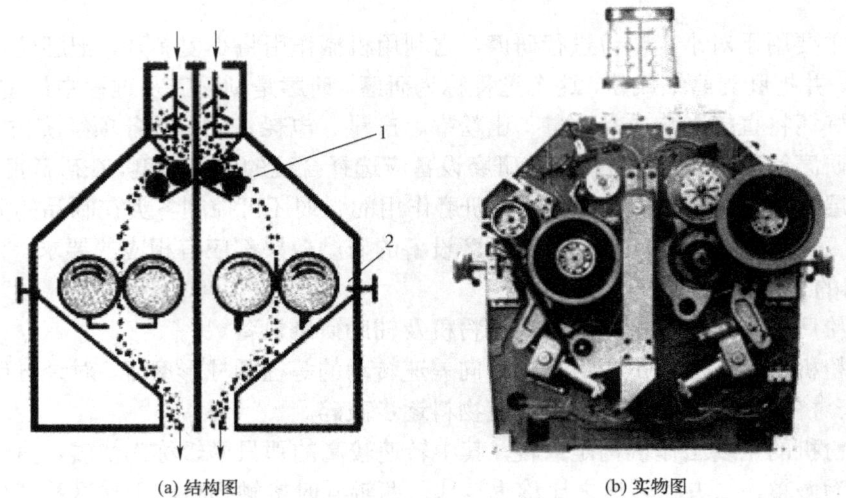

(a) 结构图　　(b) 实物图

1—喂料机构；2—磨辊及轧距调节机构。

图 9-4　磨粉机的基本结构

磨粉机的工作过程（见图 9-5）如下：

① 设备起动后磨辊转动。为便于管理与控制，此时设备处于准备状态，两辊的间距较大，不喂料。

② 当需要研磨时，通常由慢辊向快辊靠近，称为进辊，同时喂料机构开始给料。

③ 当两辊间距等于轧距时，两辊合闸，处于工作状态，开始正常研磨。

④ 当需要退出工作状态时，慢辊离开快辊，开始退辊，同时停止给料，设备回到准备状态。

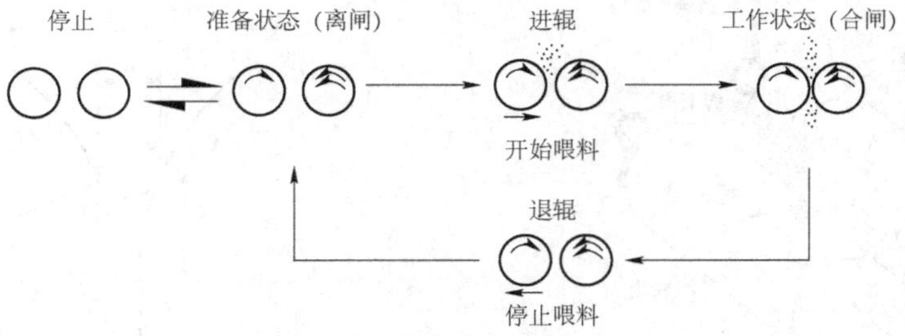

图 9-5　磨粉机的工作过程

喂料机构使物料稳定连续地流入研磨区，并按磨辊工作宽度均匀展开。喂料机构的运行还须与磨辊的工作状态联动，控制喂料或停料。在自动化程度较高的磨粉设备中，喂料机构还能根据来料量自动调节喂料流量。

磨辊两端为轧距调节机构，能控制磨辊的进、退，以及调节轧距的大小。轧距调节机构常采用气动系统驱动，也有采用液压系统驱动的，通常手动调节轧距。与小型设备配套的磨粉机常采用单式结构，操作机构较简单，喂料及进退辊常采用手动控制。

图 9-6、图 9-7 为 MDDK 型磨粉机的外形及结构。该磨粉机是一种自动化程度较高的设备，通常由大中型面粉厂采用。

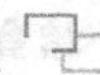

1—轧距调节手轮；2—磨膛门；3—有机玻璃观察门；4—气动控制板；5—喂料活门；6—进料筒；7—进料传感板；8—电源控制板；9—侧面罩壳。

图 9-6 MDDK 型磨粉机的外形

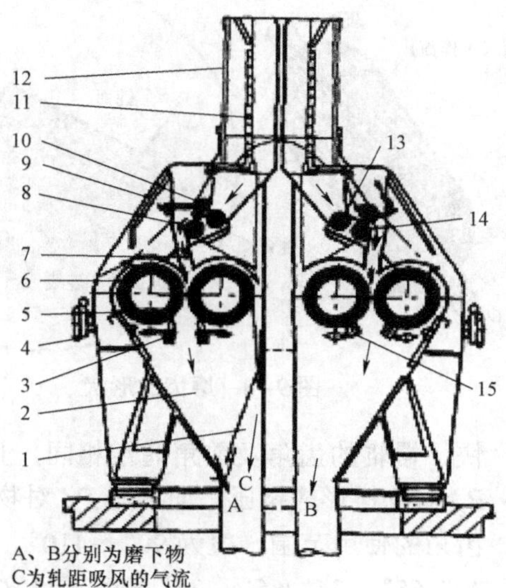

1—轧距吸风装置；2—磨膛；3—磨辊清理刮刀；4—轧距调节手轮；5—慢辊；6—快辊；7—喂料通道；8、14—喂料辊；9—有机玻璃观察门；10—喂料活门；11—料位传感板；12—进料筒；13—喂料绞龙；15—磨辊清理刷。

图 9-7 MDDK 型磨粉机的结构

1）磨辊

磨辊是磨粉机的主要工作部件。工作时，物料经过两辊间的研磨区实现研磨。

磨辊一般为圆柱形。为便于安装，磨辊两头的轴通常也相同。如有需要，有些磨辊的两头可略带锥度。磨辊的长度，用于大型磨粉机的一般为 1 500 mm、1 250 mm、1 000 mm、800 mm，其中 1 000 mm 的应用较多；用于中型磨粉机的一般为 600 mm、500 mm、400 mm；用于小型磨粉机的一般为 350 mm、300 mm、200 mm。

工作时，两辊相向转动，在两辊之间形成较规则的研磨区。

面粉厂使用的磨辊有齿辊和光辊两种。具有磨齿的磨辊称为齿辊，具有光面的磨辊称为光辊。齿辊的特点是对物料的剥刮破碎能力强，处理流量大，动力消耗低，磨下物温度低，水分损耗少，磨后物料松散易筛理。光辊则与此不同，它对物料的研磨以挤压为主，在粉碎胚乳的同时不易使麸皮过度破碎，所以使用光辊有利于提高面粉的质量。因此，目前多数面粉厂为提高面粉质量或在生产高等级面粉时，在心磨、渣磨和尾磨系统中使用光辊。

磨辊转速较高，承受的工作压力大，因此要求辊面有一定的强度、韧性、耐磨性，同时还要具有良好的导热性。

（1）齿辊磨齿的形状

一个磨齿包含两个不对称的齿面，两齿面的夹角即为齿角。齿顶半径将齿角分成两个不等的角，其中较小的角为锋角，较大的角为钝角，对应的齿面分别为锋面与钝面，如图 9-8 所示。

当物料通过齿辊的研磨区时，由于相对运动的关系，快辊对物料产生作用力的齿面朝下，而慢辊对物料产生作用力的齿面朝上，如图 9-9 所示。

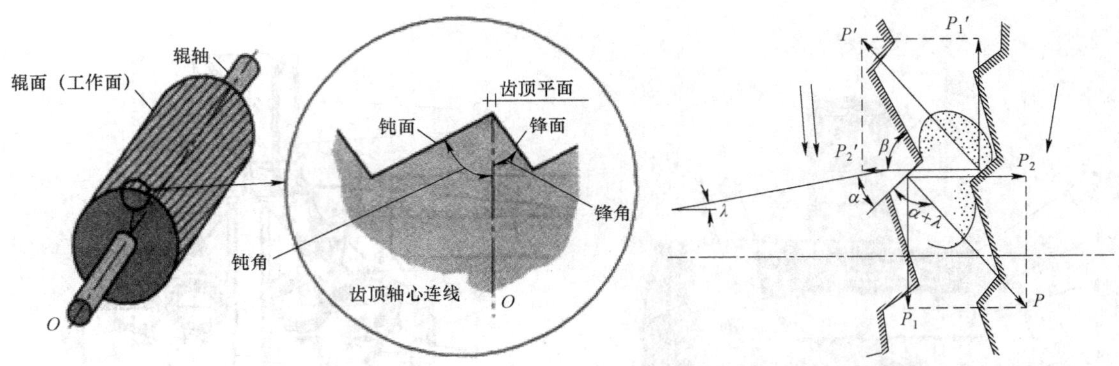

图 9-8　磨齿的形状　　图 9-9　物料受齿辊研磨时的受力分析

快、慢辊的齿角及前角通常相同，且同时对研磨区中的物料施加作用力 P、P'，其中 P_2、P_2' 对物料形成挤压，而 P_1、P_1' 对物料形成剪切。

齿角的使用范围一般为 90°～110°，其中锋角为 20°～40°，钝角为 55°～70°，国内常用：30°/65°、35°/65°、35°/60°、40°/70°、40°/60°。为便于操作管理，每个粉路一般不超过四种。在具体选择时，除考虑物料性质、研磨要求和流量大小外，还应考虑磨齿的排列方式。

（2）齿辊磨齿的排列方式

磨齿有锋角和钝角之分，而磨辊又有快辊与慢辊之分，因此快辊齿角与慢辊齿角有相对排列。按作用于研磨物料的前角（快辊前角对慢辊前角）分，有四种形式：锋对锋，锋对钝，钝对锋，钝对钝，如图 9-10 所示。

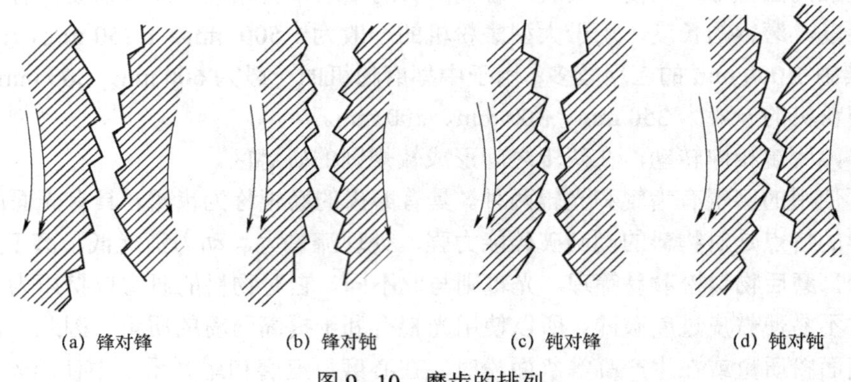

图 9-10　磨齿的排列

① 锋对锋（F-F）。快辊磨齿锋面向下，慢辊锋面向上。锋对锋排列时，快、慢辊磨齿的前角较小，对物料的剪切作用较强，因而破碎程度高，动力消耗低，磨下物中麸片较碎，渣心多而细粉少，适于加工软麦、高水分小麦和要求流量较高的情况。

② 钝对钝（D-D）。快辊磨齿钝面向下，慢辊钝面向上。对物料的挤压力大而剪切力小，研磨作用缓和，磨下物中麸片大，渣心少而面粉多，粉中含麸少，质量好，但动力消耗较高，适于加工硬麦、低水分小麦和要求麸片完整及流量较低的情况。

③ 锋对钝（F-D）。快辊磨齿锋面向下，慢辊钝面向上。

④ 纯对锋（D-F）。快辊磨齿钝面向下，慢辊锋面向上。

由于后两种排列的工艺效果不够稳定，故很少采用，其研磨效果介于锋对锋和钝对钝之间。

磨齿的排列形式要与齿角选择相互配合，才能达到良好的研磨效果。如采用 F–F 排列时，可选用较大的齿角和前角，以免皮层过碎；在选用 D–D 排列时，可选用较小的齿角和前角，以降低动力消耗，提高产量。

（3）齿辊的线速度与速比

快辊线速度以 6～8 m/s 为宜。当线速度超过一定限度时，料层过薄，将引起磨辊磨损加剧、轴承发热、机器振动，甚至发生磨辊断轴等事故。当磨辊直径减小后，可通过提高转速使齿辊保持原有的线速度，以保持产量和研磨效果。

在制粉生产中，根据面粉的种类和各道磨粉机的作用不同，应采用不同的速比（K）。在磨制等级粉时，皮磨系统 K=2.5:1；渣磨系统 K=（1.5～2.0）:1；心磨系统 K=（1.25～1.5）:1。

（4）齿辊的安装

由于磨齿必须具有一定的斜度，因此齿辊正确的安装方法是：在齿辊静止时，两根齿辊的磨齿倾斜方向相同。这样，当一对齿辊相向转动时，快辊磨齿与慢辊磨齿便形成许多交叉点，在齿辊间的轧距小于被研磨物料的情况下，物料就在交叉点上被粉碎。若安装错误，两齿辊的磨齿在研磨时将相对平行，将产生类似无斜度时的现象，如图 9–11 所示。

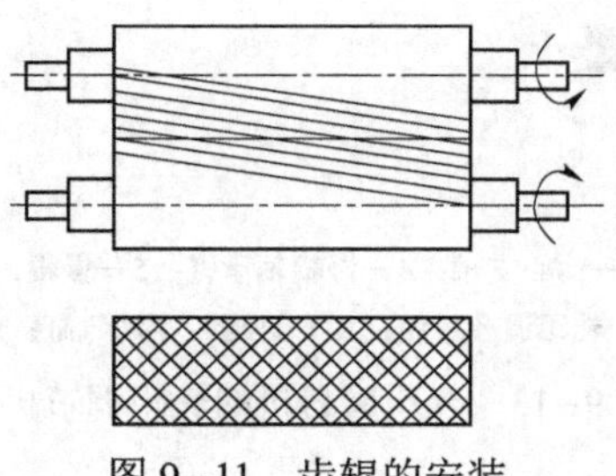

图 9–11 齿辊的安装

（5）光辊

磨制高质量面粉时，心磨系统采用光辊，先将磨辊表面磨光，再经无泽面加工（喷砂处理）。这样，可得到绒状微粗糙表面。当采用无泽面磨辊破碎渣、心类物料时，有助于胚乳的粉碎和保持皮层的完整，为多出好粉创造条件，但其缺点是动力消耗较高、产量较低。若采用光滑面研磨，单纯的挤压作用将主要压扁物料，对胚乳颗粒的破碎能力较差，微粗糙的光辊表面可对物料产生一定的搓撕作用。光辊的结构如图 9–12 所示。

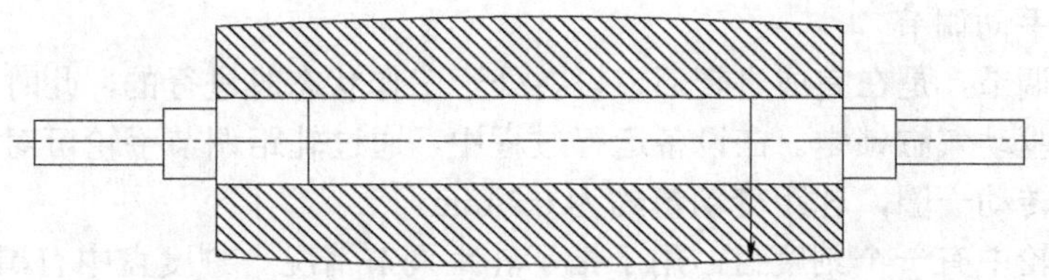

图 9–12 光辊的结构

2）轧距调节机构

轧距调节机构是磨粉机的主要操作机构，其主要作用如下：

① 无论是有料还是无料，均能快速使磨辊合闸或松闸。

② 能按工艺要求，灵活、方便、准确地调整两辊整个长度的轧距或两辊任何一端的轧距。工作中，若流量突然增大，或有大的硬物进入，能允许其通过，并迅速恢复正常工作。快辊是固定辊，慢辊是活动辊，轧距的调节是依靠改变慢辊相对快辊的距离来实现的。

气压磨粉机的轧距调节机构如图 9-13 所示。

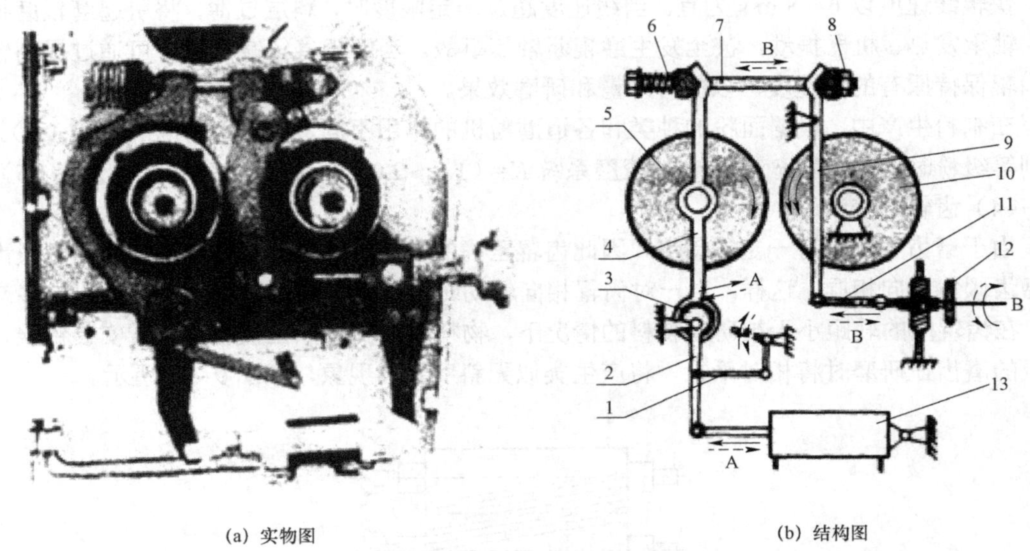

(a) 实物图　　(b) 结构图

1—磨辊清理机构控制连杆；2—曲臂；3—偏心支轴；4—慢辊轴承臂；5—慢辊；6—保护弹簧；7—拉杆；8—调节螺母；9—调节臂；10—快辊；11—调节杆；12—轧距调节手轮；13—进退辊驱动气缸；A—进辊、退辊方向；B—轧距调节方向。

图 9-13 气压磨粉机的轧距调节机构

（1）离合闸的控制

当磨粉机处于进辊状态时，气动控制系统使工作气源进入进退辊驱动气缸的后端，进退辊驱动气缸的活塞杆伸出，推动曲臂转动，曲臂带动慢辊轴承臂和慢辊靠近快辊，并保持稳定，即磨辊合闸进入工作状态。曲臂和慢辊轴承臂相当于一个杠杆，偏心支轴相当于偏心支点，其作用是下端的活塞杆伸出较长距离，而偏心支轴上端的慢辊轴承臂和慢辊移动较小的距离，近似于慢辊沿导轨水平移动较小距离与快辊靠拢。

当料筒内料位低于料位下限或操作人员通过控制元件发出退辊指令时，气动控制系统使工作气源进入进退辊驱动气缸的前端，使进退辊驱动气缸的活塞杆缩回，推动磨辊离闸。

（2）轧距的手动调节

轧距的手动调节，是在完成进辊后，设备处于工作状态时进行的，此时慢辊轴承臂下端的位置由进退辊驱动气缸锁定。在设备运行过程中，通过轧距调节手轮可对轧距进行精确调节，通常手轮每转动一圈，轧距变动量约为 0.2 mm。

轧距调节手轮中有一个刻度盘，用于指示轧距调节情况。刻度盘中有黑、红两个指针，分别指示最小轧距和工作轧距的对应位置。最小轧距的调节在安装磨辊时进行，不起动电机，接通气源，使设备处于合闸状态，通过拉杆末端的调节螺母和轧距调节手轮进行调节，调节后固定黑指针的位置。各系统粗调轧距可参考下列数据进行：1B（0.7 mm）、2B（0.4 mm）、

3～5B（0.3 mm）、光辊（0.3 mm）。通过磨辊轧距调节手轮调节轧距时，应注意观察刻度盘中的红、黑指针之间的关系，应避免轧距过小而造成两辊接触，损坏设备。

（3）磨辊保护装置

拉杆上的弹簧和两磨辊轴承臂之间的弹簧可实现对磨辊的保护。当有大硬物进入研磨区时，辊间压力急剧增加，通过慢辊轴承臂压缩弹簧，使两辊的间距增大，放过硬物，以保护设备。待硬物通过后，弹簧和进入进退辊驱动气缸的压缩空气又能使轧距迅速自动恢复，返回到正常的工作状态。

（4）传动机构

磨粉机的传动系统如图 9–14 所示。喂料辊通过慢辊传动，由气动离合器控制，快慢辊传动装置如图 9–15 所示。

每对磨辊并行采用两条橡胶质的双面圆弧齿形带，在装配时应使两条带的标记对齐。由张紧轮调节皮带的张紧程度，以保持较高的传动效率。

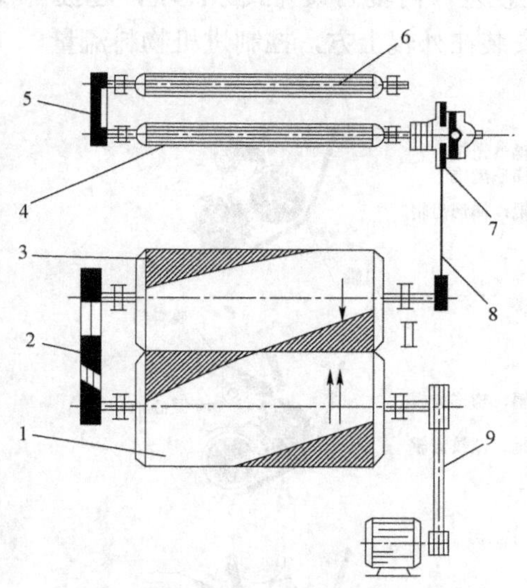

1—快辊；2—双面圆弧齿形带；3—慢辊；4—外辊；5—单面圆弧齿形带；6—内辊；7—气动膜片离合器；8—V 形带；9—窄 V 形带。

图 9–14　磨粉机的传动系统

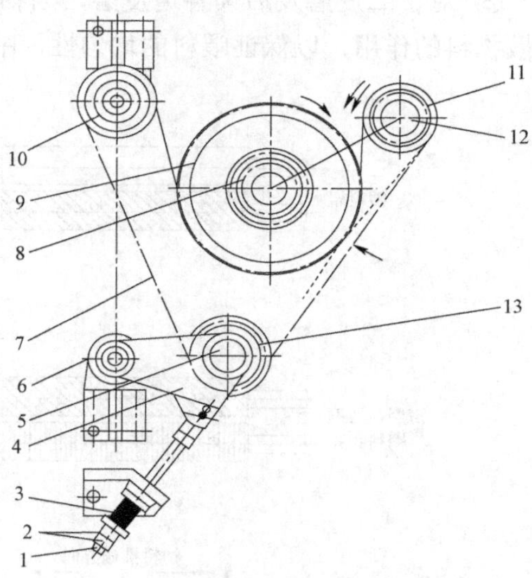

1—拉紧螺杆；2—螺母；3—弹簧；4—张紧轮架；5—张紧轮轴；6—挡圈；7—双面圆弧齿形带；8—压紧法兰；9—大同步带轮；10—导向轮；11—小同步带轮；12—挡圈；13—张紧轮。

图 9–15　磨粉机的快慢辊传动装置

3）喂料机构

喂料机构是磨粉机的重要组成部分，其主要作用如下：

① 控制并稳定入机流量，并能根据来料多少在一定范围内自动调节入机流量，保持生产的连续性。

② 使物料沿磨辊的整个长度均匀地分布，充分发挥磨辊的作用。

③ 使物料准确地、保持一定速度地进入研磨区，以提高产量和保证研磨效果。

④ 能与磨辊的离合闸动作连锁，进辊时先喂料后合闸，退辊时先离闸后停止喂料，以减少磨辊磨损，提高使用寿命。

（1）喂料机构的组成及运动方式

磨粉机的喂料机构采用双辊喂料。内外两喂料辊倾斜排列，靠近操作者的喂料辊称为外辊，靠内侧的喂料辊称为内辊。一个为定量辊，一个为分流辊。喂料活门位于定量辊的上方，可以上下活动，以改变其与喂料辊之间的给料间隙，控制入磨流量。

处于不同工作位置的磨粉机，喂料辊的状态不同，喂料活门的安装位置也不同，如图 9–16 所示。

① 对于物料散落性好的一皮磨粉机，内辊可采用光辊，喂料活门安装在内辊上方，控制进机物料流量；外辊采用较大的梯形齿。

② 心磨、渣磨研磨的物料呈粒状，粒细而重、黏附力强、不易散开。内辊采用较细的梯形齿，喂料活门安装在内辊上方，控制进机物料流量；外辊宜采用密而细的双向螺纹齿槽，以增加拨动能力，并使物料由中间向两端推进，其作用主要是使物料加速和进一步匀料。

③ 对于二皮磨及后续各道皮磨，因物料散落性较差，内辊为桨叶式分流辊，起拨料和松散物料的作用，以保证喂料的均匀性，喂料活门安装在外辊上方，控制进机物料流量。

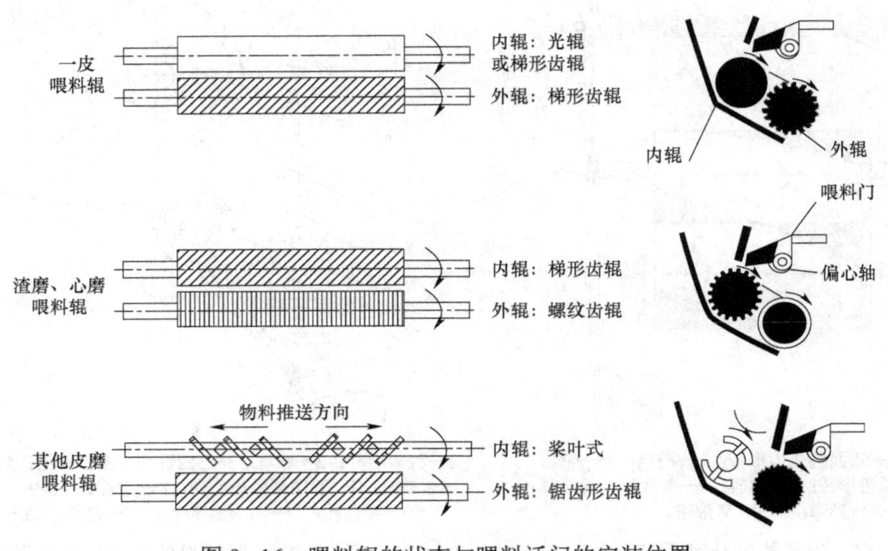

图 9–16 喂料辊的状态与喂料活门的安装位置

喂料机构的自动控制方式常用气压控制和无级调速电机控制。喂料机构的自动控制可以保证磨粉机工作的稳定性及粉路运行的连续性，当来料流量增大时适当开大料门，不致因进料筒内堵料而导致前方设备堵塞；当来料流量较小时适当关小料门，以维持进料筒内起码的积料量。当来料流量过小不足以维持正常工作时，停止喂料并离闸。但若来料流量过大，超出设备的最大工作流量时，将引起物料向上堵塞，此时须进行人工处理。

（2）喂料机构的自动控制

对于采用气压控制的喂料机构，其结构如图 9–17 所示。

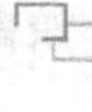

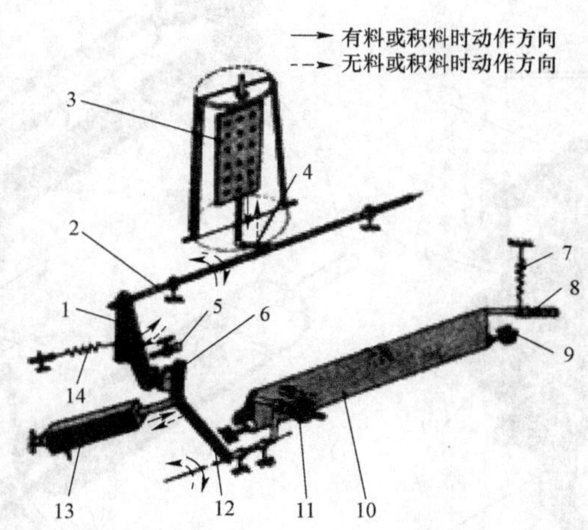

1—转臂；2—绞支轴；3—料位传感板；4—绞支板；5—限位调节螺栓；6—机控换向阀；7—弹簧；8—拉杆；9—喂料活门偏心轴；10—喂料活门；11—活门调节螺母；12—杠杆；13—伺服气缸；14—可调弹簧。

图9-17 气压控制的喂料机构的结构

当物料进入进料筒，筒内的积料达到一定高度时，进料筒内堆积的物料压力迫使料位传感板下降，通过绞支板、绞支轴转动，使转臂克服可调弹簧的拉力逆时针方向摆动，转臂的摆出将压住机控换向阀，机控换向阀内的阀芯动作，使控制气源进入的伺服气缸的后端，导致伺服气缸内活塞两面的受力发生变化，伺服气缸的活塞外移，活塞杆伸出，通过杠杆克服弹簧的阻力，带动喂料活门上抬，增大喂料活门与喂料辊之间的间隙。喂料门开启，同时喂料辊转动，开始喂料。

若进料筒内料位过低或无料时，可调弹簧将拉着转臂使其退回到起始位置，机控换向阀内的气路发生变化，控制气源消失，伺服气缸的活塞杆缩回，通过杠杆的传递和弹簧的拉力带动喂料活门下压，使喂料门关闭，同时喂料辊停止转动。

在正常运行过程中，进料筒的料位稳定在一定范围内，喂料活门开启的大小随进料筒内料位的变化而自动调节。

改变可调弹簧在转臂上的挂孔位置和弹簧在拉杆上的挂孔位置，可调节系统动作的灵敏度及进料筒内的积料量。

（3）喂料活门的手动调节

使用活门调节螺母，可手动控制喂料活门开启的大小，手动调节喂料流量。

注意：喂料活门不能接触喂料辊，其最小间隙，皮磨为1 mm，心磨为0.3 mm。使用限位调节螺栓，可控制喂料活门的最大给料间隙。其最大给料间隙，皮磨一般为6 mm，心磨为2 mm。

喂料活门的转动支点为两端的喂料活门偏心轴，该偏心轴可使喂料活门沿整个喂料辊长度方向的间隙均匀一致。

（4）喂料辊的传动

喂料辊的传动方式如图9-18所示。

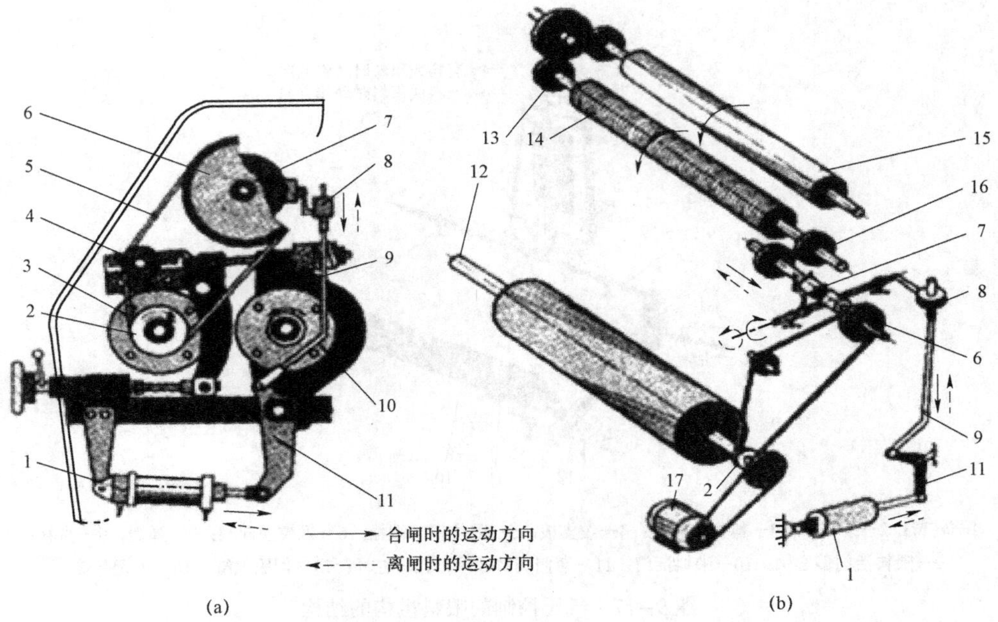

1—进退辊驱动气缸；2—喂料辊小传动带轮；3—快辊轴承；4—张紧轮；5—窄三角带；6—喂料辊大传动带轮；7—齿轮离合器；8—压帽；9—传动杆；10—慢辊轴承；11—曲臂；12—快辊；13—内外辊传动齿轮；14—外辊；15—内辊；16—外辊传动齿轮；17—传动电机。

图 9–18　喂料辊的传动

喂料辊小传动带轮固定在快辊轴上，随快辊转动而转动，通过窄三角带带动喂料辊大传动带轮转动，齿轮离合器轴转动，转速降低。

齿轮离合器的啮合通过传动杆的上升或下降来控制。当进料筒内积料达到要求时，气动控制系统工作，进退辊驱动气缸的活塞杆伸出，曲臂转动，带动固定在其上的传动杆下降，使齿轮离合器啮合。齿轮离合器啮合，带动喂料辊的外辊转动，再由另一端的内外辊传动齿轮带动内辊转动。同时相关机构动作，喂料活门开启，开始喂料。随后，进退辊驱动气缸的活塞杆伸出到位，磨辊合闸，进入研磨状态。当进料筒内积料较少或无料时，气动控制系统发生变化，进退辊驱动气缸的活塞杆缩回，磨辊离闸。曲臂带动传动杆上升，齿轮离合器退出啮合，喂料辊停转，停止喂料。

由于各道磨粉机所研磨物料的粒度、性质不同，所以各喂料辊应配置的转速也不同。通过选择不同直径的喂料辊传动带轮及喂料辊两端不同传动比的齿轮，可得到不同的喂料辊转速。喂料辊的参考转速如表 9–1 所示。

表 9–1　喂料辊的参考转速　　单位：r/min

名称	1B	2B	3B～5B	1S	1M、2M	3M、4M	5M、6M	7M、8M
外辊	73	117	119	170	170	170	160	152
内辊	102	85	85	87	87	71	71	71

9.1.2　筛理

小麦经过磨粉机逐道研磨以后，获得颗粒大小不同及质量不同的混合物料，将这些混合物料按其粒度进行分级的工序称为筛理。

筛理的目的为筛粉和分级，即一是从各道研磨后的物料中筛出面粉；二是将在制品按粒度分级，然后分别送往不同的系统进行处理。

筛理的主要设备有平筛、打麸机和圆筛。

1. 平筛

平筛是粉厂常采用的筛理设备，常用的平筛有高方平筛、双仓平筛、挑担平筛等。高方平筛具有筛理面积大、分级种类多的特点，故现在制粉厂采用较多。双仓平筛体积小，筛格层数少，分级种类少，多用于小机组和面粉检查筛。挑担平筛的筛格大而笨重，互换性差，灵活性小，面粉厂现在较少使用。高方平筛、双仓平筛结构原理大致相同，下面以高方平筛为例进行介绍。

高方平筛主要的处理对象是磨下物，采用多组筛面逐段分选出多种在制品，需要较长的筛理长度及较大的筛理面积。因此，在有限的设备空间内，配置了较多层数的正方形筛格，设备高度较高，故称其为高方平筛。

高方平筛一般由进料筒、出料口、筛仓、顶格、筛格、筛箱、偏重块、电机等组成，其结构如图 9-19 所示。

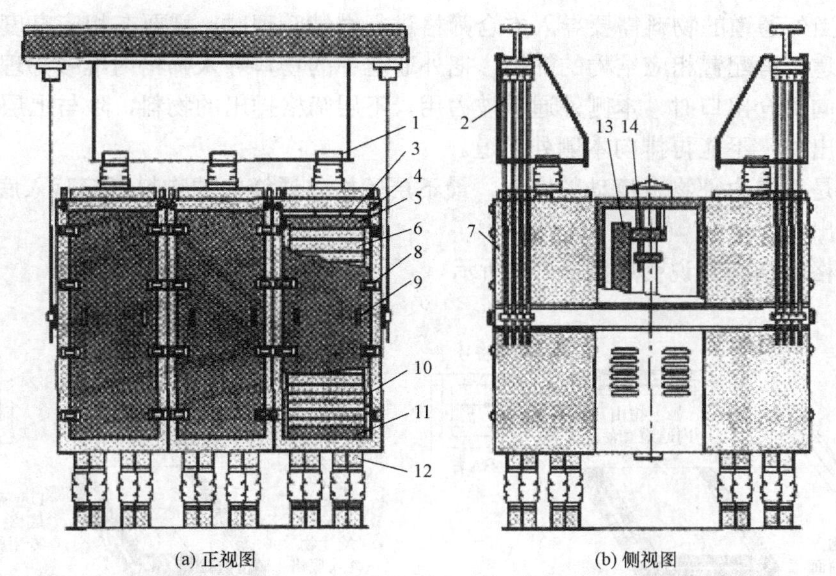

1—进料筒；2—吊杆；3—筛仓；4—顶格压紧结构；5—顶格；6—筛格；7—筛箱；8—仓门压紧装置；

9—仓门；10—筛格水平压条；11—筛底格；12—出料口；13—偏重块；14—电机。

图 9-19　高方平筛的结构

高方平筛的筛体由两个对称的筛箱组成，每个筛箱又被分隔成若干个（2～4 个）独立的工作单元，每个工作单元称为一仓，故有四仓式、六仓式、八仓式、十仓式平筛。每仓内上下叠置 20～30 层方形筛格，组成独立的筛理单元，可分别筛理不同的物料。两筛箱由上下平板和钢架连成一体，带有偏重块的立轴装置位于筛体的中心，由自带电机传动。高方平筛的筛仓可同时处理多种物料。

高方平筛的运动原理与平面回转筛相同，在稳定的工作条件下，物料相对筛面的运动轨迹是一个正圆，而且其圆周半径总是小于筛体运动半径。平筛的特点是体积较大，其重心易与偏重块重心在垂直方向上产生偏差，导致筛体运动异常。因平筛振动的阻尼较小，工作振幅较大，所以停机后筛体自由振动持续的时间较长，若在筛体还没有静止下来时就起动设备，自衡振动产生的振幅可能与还未衰减的自由振动振幅叠加，使筛体出现较大的振幅或产生大幅度的游动，导致进出料布筒被拉掉，严重时还有可能撞坏设备，因此平筛必须在静止状态下起动。在安装设备时，筛体与周围设施须留足必要的间距。

1）筛体

筛体是高方平筛的主要工作部分，面粉的提出、在制品的分级都由它来完成。高方平筛的筛体由多个独立的筛仓组合而成，每个筛仓可根据需要选用不同的筛格组成不同的筛路。物料由进料筒进入筛仓内后，在筛格内流动，依靠筛面筛理分级，筛格在筛仓内可根据筛理物的特点和筛理要求，配置不同筛网的筛格，把进机物料分为几种不同粒度的物料，分别由筛仓内的不同通道排出筛仓，送往不同的系统或设备进行处理。

2）筛格

根据筛理的需要，可选用不同的筛路。筛路即筛理路线，由不同结构的筛格完成。导入外通道的物料，当不再需要继续筛理时，从外通道下落至筛仓底部，由筛底格外通道出料口排出筛仓；当外通道的物料需要导入本仓筛格进行继续筛理时，需要在相应高度设置挡板隔条封闭外通道，再配置相应结构的筛格，把外通道中的物料导入筛格内继续筛理。当物料经由外通道排向筛仓出口时，本侧外通道被占用，下层筛格排出的物料，除与上层筛格的排出物料合并排出外，不能再排向本侧外通道。

内通道是筛格内部物料流动的空间，最下层筛格内通道中的物料直接落入底格内通道，从出料口排出。

常用筛格的结构及说明如图 9-20 所示。

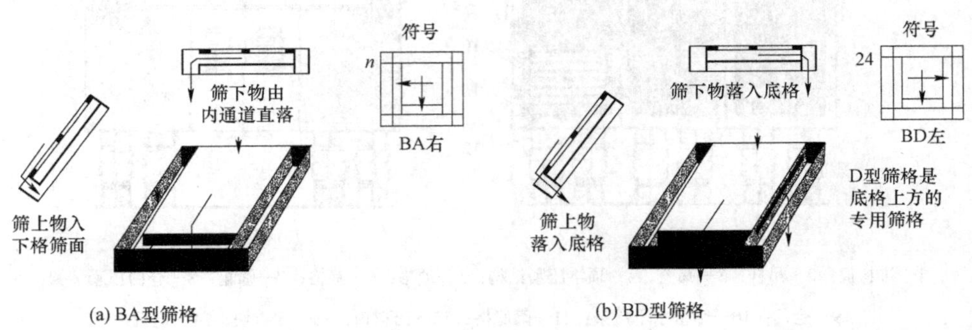

图 9-20　常用筛格的结构及说明

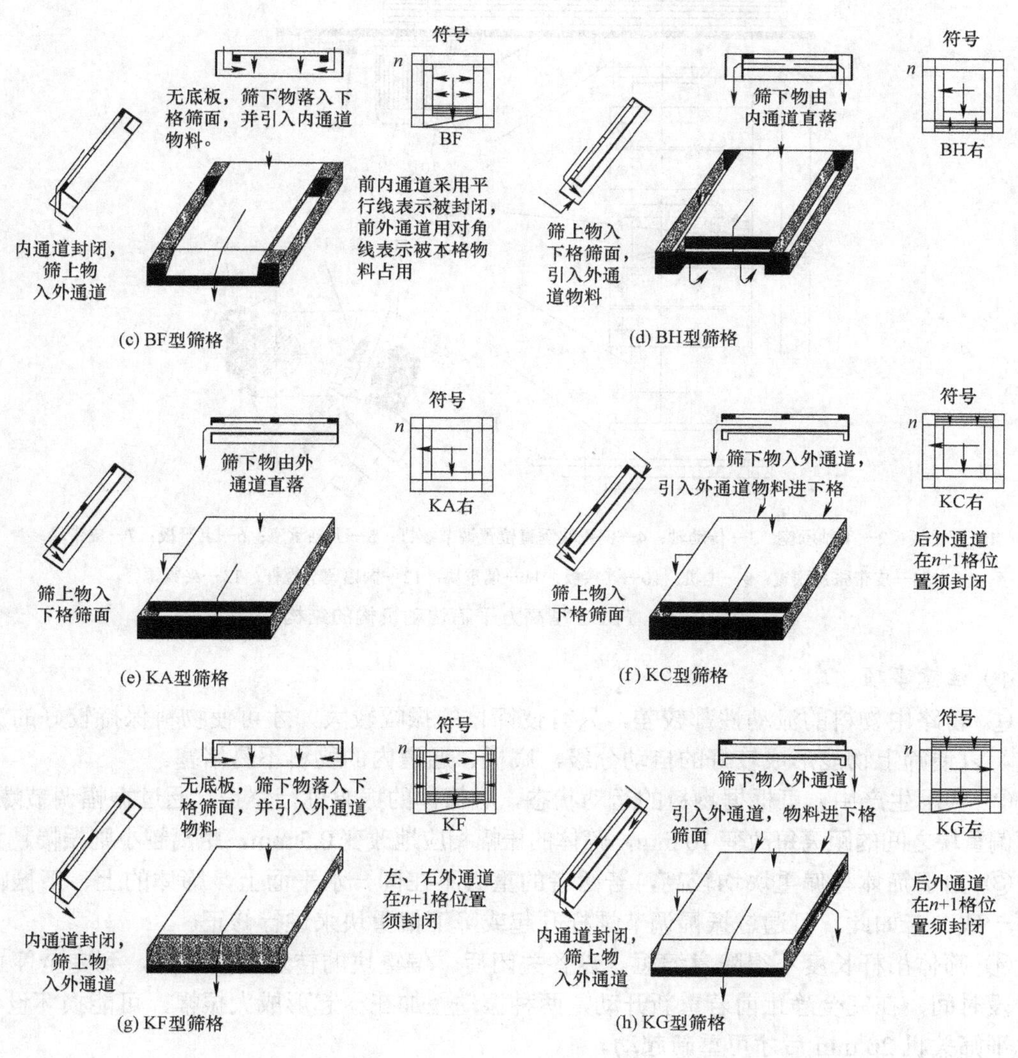

图 9–20　常用筛格的结构及说明（续）

3）传动机构

高方平筛传动机构的工作原理类似平面回转筛。由于筛体自重可达数吨，工作振幅在 30 mm 以上，因此偏重块的质量及其回转半径均较大。图 9–21 是 FSFG 型高方平筛传动机构的结构。

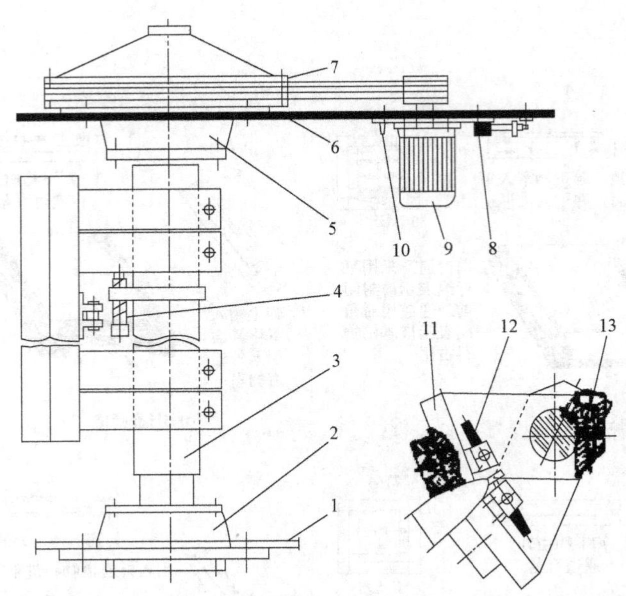

1—下平板；2—下轴承座；3—传动轴；4—偏重块垂直位置调节螺钉；5—上轴承座；6—上平板；7—皮带轮；8—皮带张紧张置；9—电机；10—连接板；11—偏重块；12—振幅调节螺杆；13—夹紧螺钉。

图 9-21　FSFG 型高方平筛传动机构的结构

4）注意事项

① 粉路中物料的流动性都较差，只有使筛体的振幅较大，才可使物料保持较好的流动状态，以便筛上物能形成较好的自动分级，底板、通道内的物料不易堵塞。

② 实际生产中，可根据物料的运动状态，对筛体的振幅进行修正。通过振幅调节螺杆，使两偏重块之间的距离每改变 10 mm，筛体的振幅相应地改变 0.5 mm，距离越小则振幅越大。

③ 由于筛体与偏重块均较高，若两者的重心不在同一水平面上，筛体的上、下振幅可能不一致。若如此，可通过振幅调节螺杆升起或降下偏重块来进行修正。

④ 筛体吊杆长度不得随意缩短。设备关闭后，偏重块的转速逐渐下降，到完全停止需要一段时间，在完全静止前若重新开动，两种振动叠加在一起形成大振幅，可能损坏设备，因此平筛关机 20 min 后才可重新起动。

2. 打麸机

打麸机是专门处理麸片的设备，因为在打净麸片上黏附的粉粒时，也将物料分为筛出物和未筛出物，故一般也称其为筛理设备。

打麸机是利用旋转的打板的作用，将黏附在麸片上的粉粒分离下来，并使其穿过筛孔成为筛下物，而麸片成为筛上物。打麸机可以设置在处理麸片的最后一道工序，以降低副产品麸皮的含粉量；也可设置在皮磨系统的平筛之后，用于处理粗筛上的大麸片，打下黏附在其上的粉粒，以降低后续皮磨的负荷，有助于提高研磨效率。

打麸机根据其结构形式不同，分为卧式打麸机和立式打麸机两种，目前常用的是卧式打麸机（见图 9-22）。

卧式打麸机主要由打板转子（打板支架、打板）、挡板固定手轮、挡板、后墙板、缓冲板、半圆多棱筛面、取样门、检查门、打麸粉出口等组成，如图 9-23 所示。麸片沿打板转子的切线方向从进口进入机内，在打板的作用下，麸片向后墙板、缓冲板和半圆多棱筛面撞击，使粘连在麸片上的面粉逐渐与麸片分离，穿过筛孔成为筛下物，而麸片留存筛筒内由机体后端的出口排出。

打板转子上装有 4 块打板，打板上有调节工作间隙用的长圆孔，打板的外沿制成锯齿形，每齿扭转 12°～15°，其作用是推进物料。后墙板、缓冲板和半圆多棱筛面组成多面工作圆筒。与水平面成 45° 倾斜放置的筛面为八棱多边形，由 0.5～0.8 mm 厚的不锈钢板制成，筛孔直径有 0.8 mm、1.0 mm、1.2 mm 三种规格可供选用。多边形的工作圆筒可阻挡麸片随打板转子连续旋转，延长物料在机体内的停留时间，保持打击强度。在机壳上顶板沿机体轴线方向装有半框形的挡板，该挡板在 45° 左右范围内可调，用以改变物料在机内停留的时间。

图 9－22　卧式打麸机

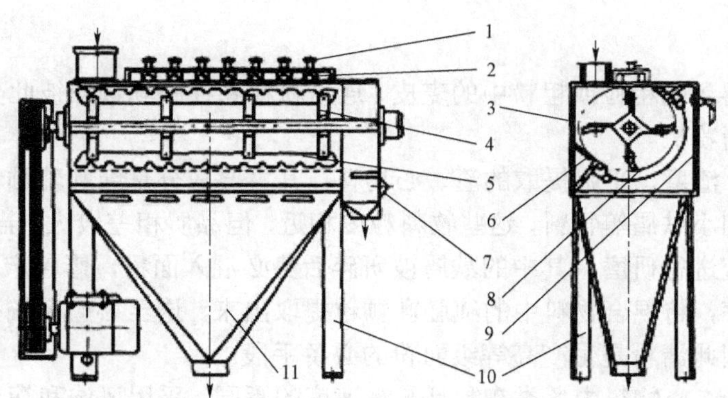

1—挡板固定手轮；2—挡板；3—后墙板；4—打板支架；5—打板；6—缓冲板；
7—取样门；8—半圆多棱筛面；9—检查门；10—机架；11—打麸粉出口

图 9－23　卧式打麸机的结构

3. 圆筛

圆筛主要用来处理黏性较大的打麸粉和吸风粉，分立式和卧式两种，目前常用的是立式振动圆筛。下面以 FSFL 型立式振动圆筛为例进行介绍。

立式振动圆筛的结构如图 9－24 所示。其主要机构为吊挂在机架上的筛体，筛体中部是一打板转子，外部为圆形筛筒。打板转子主轴的一侧装有偏重块，转速较高，使筛体产生小振幅振动的频率也较高。打板转子由 4 块后倾一定角度的打板组成，打板上安装有许多向上倾斜的叶片，叶片间隔呈螺旋状。物料自下方进料口进入筛筒内，在打板的作用下甩向筛筒内表面，细小颗粒穿过筛孔，从下方出口排出，筒内物料呈螺旋状上升，被逐渐推至上方出料口排出。

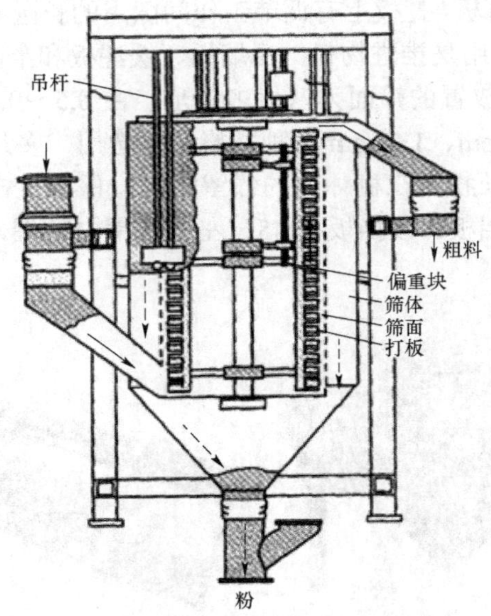

图 9–24　立式振动圆筛的结构

9.1.3　清粉机

将经过筛理得到的粗粒或粗粉中的麦皮、连麸粉粒和纯胚乳颗粒彼此分开的工序称为清粉，所用设备为清粉机。

由前路皮磨、渣磨、平筛提取的渣、心物料，其主要成分是纯胚乳颗粒，但还不同程度地混有连皮胚乳和小麸屑等物料，这些物料粒度相近，但品质相差较大，若不进行分级提纯，直接送入心磨系统进行研磨，其中的麸屑被研碎后势必混入面粉，影响产品的质量。

采用清粉工序，将混合物料中的纯胚乳颗粒提取出来，送至心磨系统处理，可有效地提高面粉的质量。因此清粉是生产高等级面粉的必备手段。

清粉是利用渣、心物料中各类在制品悬浮速度的不同，采用风选和筛选的联合作用对物料进行提纯，清粉的基本原理如图 9–25 所示。

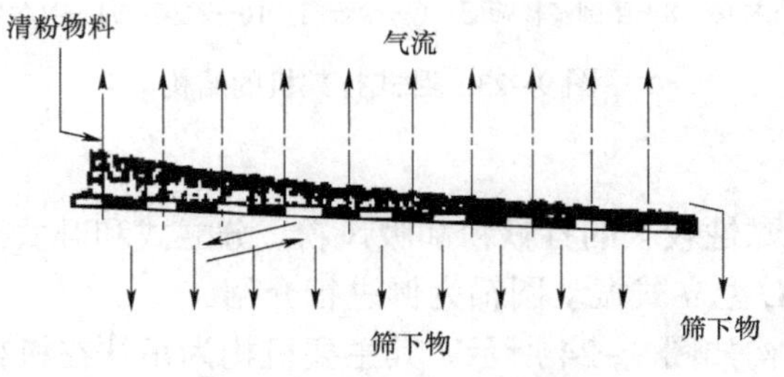

图 9–25　清粉的基本原理

清粉机的主要工作部件是一组小倾角的振动筛面。当物料经过筛面时受到上升气流的作用，使筛上物按悬浮速度差别形成自动分级，此时悬浮速度较大的胚乳颗粒处在下层，上面则是品质较差的连皮胚乳颗粒及麸屑。

因采用的筛孔大于筛上物的平均粒度，筛上物将按分级的层次，从下至上逐层穿过筛孔成为筛下物，而由于上升气流的承托作用，许多粒度较小但品质较差的物料也难以穿过筛孔。因此，前段筛下物主要是纯净的胚乳颗粒，品质最好；筛上物主要是含皮较多的颗粒，品质较次。清粉机常采用多层筛面的形式，目前多为三层筛面，如图 9–26 所示。

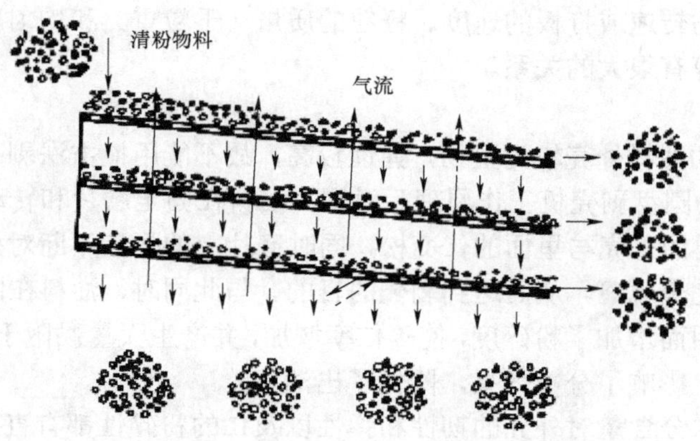

图 9–26 清粉机多层筛面的工作原理

9.2 制 油 机 械

9.2.1 油料剥壳去皮

各种油料外壳性质不同，所以采用的剥壳和去皮方法也各不相同。目前所用的剥壳方法主要是：利用剥壳设备对带壳油料产生撞击、搓碾、剪切和挤压等作用，使油料皮壳破碎。油料种皮的性质与外壳有所不同，因此去皮方法也有区别，一般是采用破碎法或搓撕法除去带皮油料的种皮。

1. 油料剥壳原理

1）撞击法剥壳

油料在撞击式剥壳机（如离心式和打板式）中的受力情况是离心剥壳机使油料以一个较大的离心力撞击壁面，而壁面对油料产生一个同样大小的反作用力（在打板式剥壳机中，油料直接受到打板的撞击力）。假如撞击力足够大，会导致外壳变形，形成裂缝。同时，外壳的弹性形变力使油料离开壁面（或打板），而油料因惯性力的作用将继续运动并紧靠在外壳的变形部分，产生了塑性变形。当油料离开壁面时，由于外壳和仁具有不同的弹性变形，因而具有不同的运动速度，仁所受到的弹性力较小，运动速度也不如外壳，阻止了外壳迅速向外移动，使其在裂缝处裂开。这样经过多次撞击作用就达到了仁和壳分离的目的。但由于需要多次撞击作用，部分仁也可能被打成碎屑。

油料水分的含量对剥壳的效果有很大的影响，必须使油料尽量保持最适当的水分含量，以保证外壳和仁具有最大的弹性变形差异和塑性变形差异，使其具有最大限度的破碎率，即一方面必须使外壳含水量低到使其具有最大的脆性，另一方面又不能因水分太少而使仁在多次撞击作用下粉末度太大。适当地控制油料剥壳时的水分含量，对提高剥壳效率和减少粉末度都十分重要。

另外，由于此类剥壳机对籽粒的作用力主要取决于转盘产生的离心力或打板产生的撞击力，而其大小又与转盘的转速或打板的速度，以及籽粒的质量成正比，剥壳机的剥壳效率和剥壳质量与剥壳机的转速或打板的速度、籽粒的质量（千粒重）和均匀度、转盘的结构、打板的数量、下料量等有很大的关系。

2）*搓碾法剥壳*

由于棉籽之类的油料外壳较为坚韧，弹性较高，故不能用撞击法剥壳，必须用搓碾法或剪切法，图 9–27 为圆盘剥壳机工作原理示意图。油料在固定磨片和转动磨片之间受到强烈的搓碾作用，使油料的外壳与里面的仁变松，同时磨片上的牙齿不断对外壳进行切割，最后使外壳破碎并与仁完全脱离，从而达到剥壳的目的。与此同时，油料在圆盘剥壳机中受磨片的多次连续搓碾作用而增加了粉碎度，使碎仁率增加，并产生大量黏附于外壳上的含油粉末，使外壳含油率增加，影响了分离效果，降低了出油率。

同样，油料的水分含量对外壳的韧性和弹性以及仁的粉碎性都有直接影响。因此，水分对于圆盘剥壳机的剥壳效率和粉末度的影响也很大。另外，鉴于圆盘剥壳机的结构特点，圆盘的转速高低、磨片之间工作间隙的大小、磨片上槽纹的形状和籽粒的均匀度，也直接影响到剥壳的效率和质量。

3）*剪切法剥壳*

具有高弹性和韧性外壳并带有短绒的棉籽，用刀板剥壳机进行剥壳效果较好，图 9–28 为刀板剥壳机工作原理示意图。棉籽在刀板剥壳机的固定刀架和转鼓之间受到相对运动着的刀片的剪切作用，棉籽外壳被切裂并打开，使棉籽壳与棉仁分离。

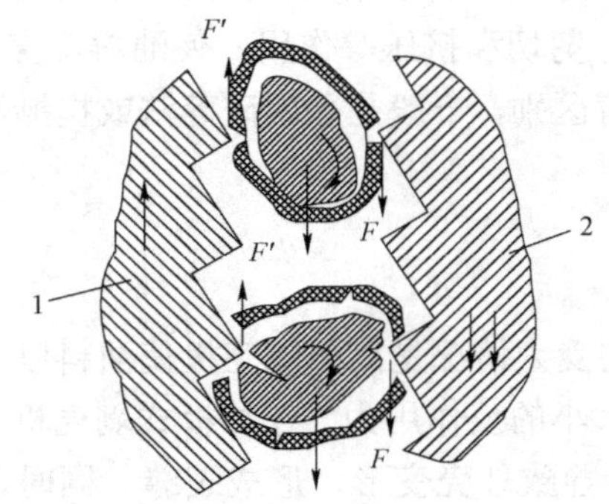

1—固定磨片；2—转动磨片；

F、F′ —油料所受搓碾力；箭头代表运动方向。

图 9–27　圆盘剥壳机工作原理示意图

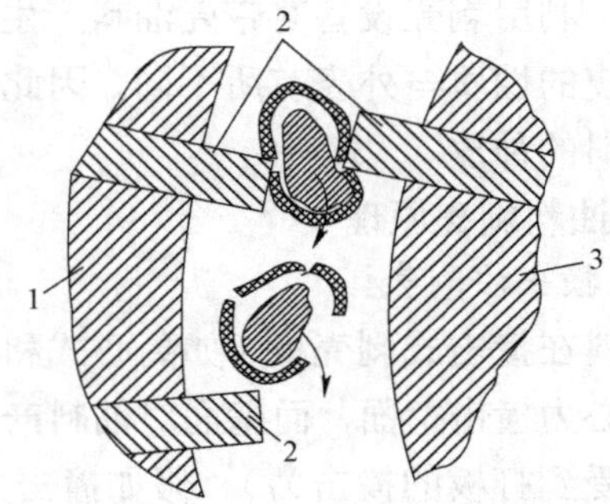

1—固定刀架；2—刀片；3—转鼓。

图 9–28　刀板剥壳机工作原理示意图

在刀板剥壳机中，虽然棉籽也受到转动着的刀板的多次作用，但因不是连续的而是周期性的，又仅仅是在固定刀片口与活动刀片口相接触处瞬时相遇，因此油料不会或很少会被碾

磨成粉末，仁粒较为完整。但由于其工作面较圆盘剥壳机小，故易发生漏籽现象，重剥率较高。

影响刀板剥壳机的剥壳效率和剥壳质量的因素有以下几种：

① *原料的水分含量*。当水分含量低时，剥壳率高，但粉碎度大；当水分含量高时，剥出物粉碎率低，但剥壳率也低。

② *转鼓的转速*。转速高则剥壳率高，但相应地整仁率变低。在相同的转鼓转速下，喂料量越大，剥出物的整仁率就越高，这说明喂料量也会影响剥壳质量。

③ *刀板之间的间隙*。这个间隙无论对处理量，还是对剥壳率、整仁率都有直接关系。当间隙增大时，漏籽现象增多，剥壳率和处理量大大下降，但粉碎度减小，整仁率相应增高。在相同条件下，带绒棉籽和脱绒棉籽的剥壳率也不同，带绒棉籽难以破碎，故其剥壳率较低，粉碎度小，动力消耗较大。

4）挤压法剥壳

图 9–29 为辊式剥壳机的工作示意图。图中 1、2 为一对带有槽纹的轧辊，它们以不同的转速 n_1、n_2 相对地转动。油料进入两轧辊间的缝隙后，受到轧辊的挤压力 P_1、P_2 的作用，引起压缩变形，同时，辊面上槽纹齿尖也将楔入外壳，产生劈裂作用，坚硬的外壳在挤压和劈裂作用下破裂，而仁则可能在挤压作用下产生塑性变形，没有破碎或破碎较少。在具有一定线速差的辊面齿槽的作用下，产生破裂的外壳同时又受到剪切和冲击力 F_1 的作用，使外壳与仁在通过轧辊缝隙后完全分离。

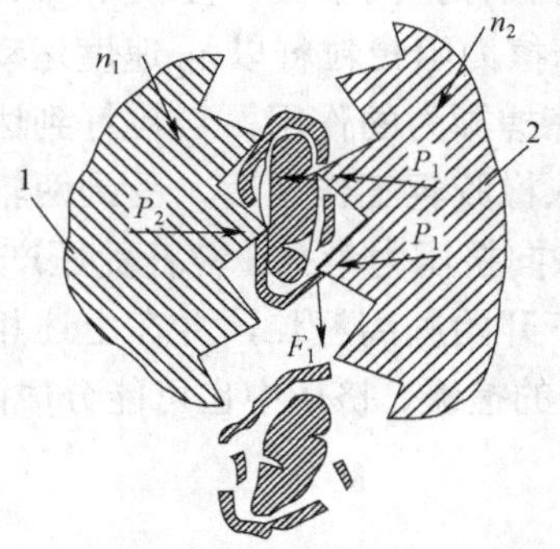

图 9–29　辊式剥壳机工作示意图

由于轧辊槽纹与油料之间的接触仅仅是短时间的，辊面之间的碾磨作用较小，因此避免了大量油料粉末的产生。

辊式剥壳机适合具有较坚硬外壳的油料的剥壳。对于辊式剥壳机来说，控制适当的油料水分含量同样是十分重要的。也就是说，既要保证外壳的脆性，使其受挤压能被充分破裂，又要尽量保持仁的可塑性，减少籽仁破碎，以达到良好的剥壳效果。轧辊的转速越高，其剥壳率也越高，处理量也越大。两辊转速差越大，剥壳率也越高，但剥出物粉碎度也越大。轧辊间的轧距越小，剥壳率越高，粉碎度越大，处理量越小，动力消耗越大。轧辊上槽纹的形状、牙形的角度、槽纹的数量等，对剥壳的质量都有直接影响，应根据不同的原料选用适宜的槽纹形状和大小。

2. 油料去皮

1）油料去皮工艺的特点

油料的种皮较薄，与籽仁的结合附着力也较强，如大豆、花生仁等的种皮都紧紧地贴在籽仁上，使用一般的剥壳方法很难使种皮与籽仁分离，特别是当油料水分含量较高时，种皮韧性较大，更难使其分离，即使是籽仁在外力的作用下被破碎，种皮也可能仍然附着在破碎的仁粒上。因此，油料的水分含量是去皮工艺中非常关键的因素，必须控制适当的油料水分含量才能依靠机械的方法有效地去除种皮。

通常可采用搓碾、切裂或挤压的方法，使油料破碎成若干瓣，籽仁外面的种皮也同时被破碎并从籽仁上脱落，然后用风选或筛选的方法将仁、皮分离。但油料破碎时必然会产生部分粉末，造成分离的困难，增加油脂损失，不利于后道工序的进行，特别是对于高油分油料（如花生仁等）影响更大，破碎过程中应尽可能地减少粉末度。

2）搓撕法去皮原理

搓撕法去皮，是利用橡胶辊筒对油料进行搓撕而使油料脱皮的。设砻谷机的两只胶辊水平放置，两辊分别以不同的转速 n_1、n_2 相对转动，辊面之间则存在一定的线速差，橡胶辊面具有一定的弹性，且摩擦系数较大。当经水分调节后的油料颗粒进入胶辊工作区时，油料粒籽与两辊面相接触，如果此时油料粒籽符合被辊子啮入的条件（啮入角 α 小于摩擦角）就能顺利地进入两辊间。这时油料粒籽两边分别受到运动着的两个橡胶辊面的摩擦力的作用，将油料粒籽继续拉向辊间，同时由于两辊面的线速度不同，快辊以 v_1 的速度作用于粒籽左边，并利用摩擦力，将粒籽拉向下面，慢辊则以 v_2 的速度作用于粒籽的右边，并因 $v_2 < v_1$，就相当于它将利用摩擦力阻止粒籽以 v_1 速度运动。这样粒籽在被拉入辊间的同时，又受到两个不同方向的摩擦搓撕力的作用，当粒籽到达两辊中心连线附近时，两搓撕作用力的方向相反，粒籽在进入橡胶辊工作区后，受到两辊面的法向挤压力的作用，当粒籽到达辊子中心连线附近时，法向挤压力最大，粒籽受压产生弹性–塑性变形，此时粒籽外面较脆的种皮也将在挤压作用下开始脱离籽仁，并在上述相反方向搓撕力的作用下完成脱皮过程。与此同时，籽仁在强烈的搓碾、挤压中也可能分成两瓣或更多瓣，与种皮一起离开胶辊工作区。

3. 油料剥壳去皮设备

1）圆盘剥壳机

圆盘剥壳机的结构如图 9–30 所示。它主要由喂料翼、流量调节板、进料通道、固定磨盘、活动磨盘、扇形磨片、底座和调节器等组成。当油料进入喂料斗后，依靠喂料翼的不断转动，将料均匀地送入机内，通过流量调节板控制进料量。油料（如棉籽）通过进料通道进入剥壳机磨盘间，受到搓碾作用而被剥壳或破碎。固定盘又称作“死盘”，工作时不转动，其上装有 4～6 块扇形磨片，组成一个环形磨片。活动磨盘固定在转动的主轴上，随轴转动，称作“活盘”，也同样装有 4～6 块扇形磨片，组成环形磨片，磨片有斜纹磨片和方格磨片之分。活盘上还装有四把打刀（里叶打刀、外叶打刀各两把），在活盘高速旋转时，里叶打刀将油料打入磨片之间进行碾磨。磨片之间的间距可由调节器进行调节。

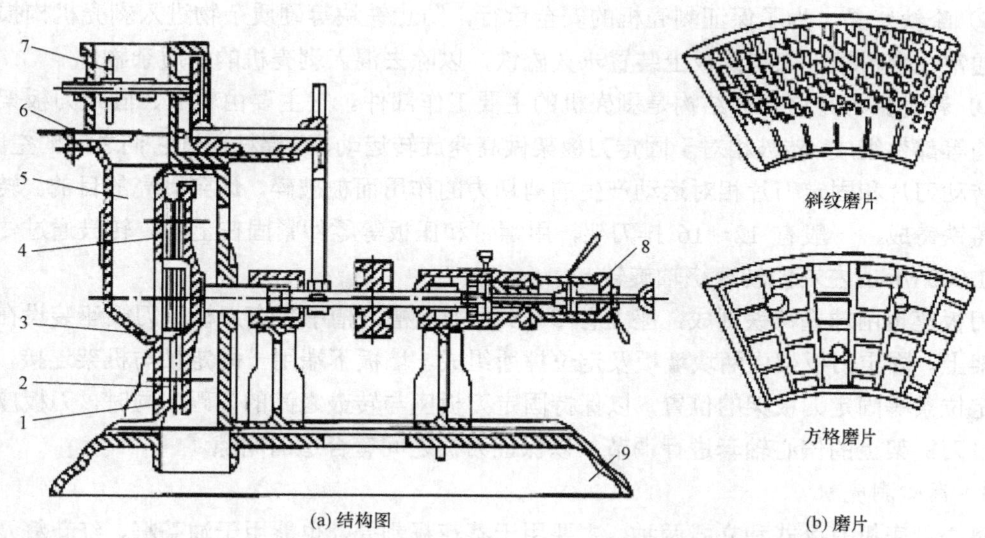

1、2—扇形磨片；3—活动磨盘；4—固定磨盘；5—进料通道；6—流量调节板；7—喂料翼；8—调节器；9—底座。

图 9-30　圆盘剥壳机的结构

2）刀板剥壳机

刀板剥壳机的结构如图 9-31 所示，刀板剥壳机主要是由喂料机构、除铁装置、剥壳机构（包括固定刀板座和转鼓）等部分组成。

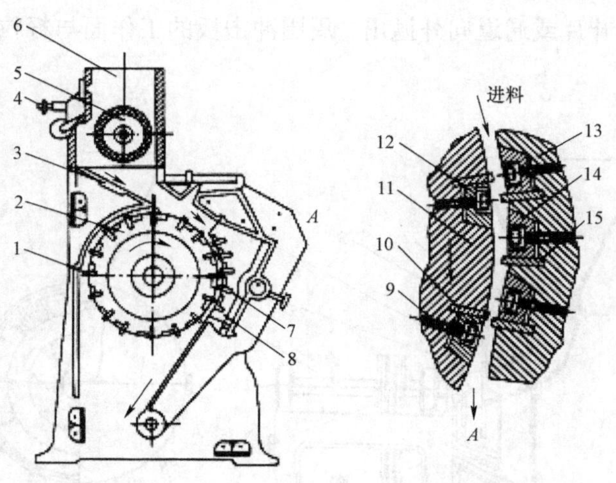

1、7、10—刀板；2、11—转鼓；3—永久磁铁；4—可调节料门；5—喂料辊；6—料斗；8—刀板座；9—内六角螺钉；12—转鼓刀片压板；13—固定刀板架；14—刀板架刀片压板；15—刀片。

图 9-31　刀板剥壳机的结构

① 喂料机构。由料斗、喂料辊、可调节料门及传动机构等组成。进入料斗的物料通过可调节料门来控制进料流量。喂料辊由若干片齿形槽轮拼装组成，以保证均匀供料。其轴端

装有离合器，以便控制喂料辊的运行或停止。

② 除铁装置。为了保证剥壳机的安全运行，防止铁块等硬质杂物进入剥壳机构损坏刀板，通常在喂料辊下部斜淌板上装置永久磁铁，以除去混入剥壳机的铁质杂物。

③ 剥壳机构。这部分结构是剥壳机的主要工作部件。它主要由转鼓、固定刀板架及传动机构等部件组成。转鼓相对于固定刀板架做高速旋转运动，当棉籽通过它们之间的空间时，受到转动刀片和固定刀片相对运动产生的剪切力的作用而被破碎，达到剥壳的目的。转鼓由球墨铸铁铸成，一般有 12～16 排刀架，用螺钉和压板等零件紧固在上面。转鼓通过传动装置以 1 000 r/min 左右的转速绕轴旋转。

刀板座也由球墨铸铁制成，座上有 5～8 条刀板槽，槽中装有刀板。刀板座装设在固定刀板架上。固定刀板架由两块墙板及定位撑所组成。墙板下端用一固定轴与机架连接，上端依靠定位条等固定刀板架的位置，以保持固定刀板座与转鼓之间的间距。同时，刀板座还可以通过刀板架上的偏心轴套进行调节，以保证刀板之间有合适的间隙。

3）离心剥壳机

离心剥壳机有卧式和立式两种，主要用于葵花籽剥壳，也能用于油茶籽、红花籽及核桃等油料的剥壳。

（1）卧式离心剥壳机

卧式离心剥壳机的结构如图 9-32 所示，主要由料斗、甩盘、冲击板、传动轴及传动皮带盘等机件组成。传动轴带动甩盘以一定方向进行回转运动，原料由料斗进入甩盘中心，在高速回转着的甩盘的离心力作用下，油料以较大的速度撞击在甩盘周围的冲击板上，使外壳产生弹性变形而得以剥壳。甩盘上有沿半径方向安装的若干条弧形叶片或由甩块组成的若干条通道，使籽粒沿着叶片或通道向外抛出。周围冲击板的工作面与籽粒运动方向垂直或倾斜成一定角度。

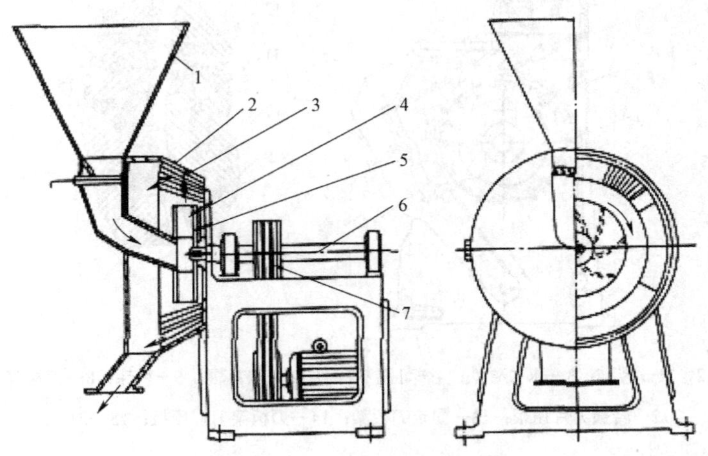

1—料斗；2—机壳；3—冲击板；4—弧形叶片（或甩块）；5—甩盘；6—传动轴；7—传动皮带盘。

图 9-32　卧式离心剥壳机的结构

卧式离心剥壳机的优点是结构简单、使用方便、剥壳效率较高，缺点是由于卧式离心剥壳机的甩盘是垂直放置的，籽粒进入甩盘中心时集中于下部，同时，由于籽粒本身的重力作用，使其运动方向也偏于下方，籽粒在甩盘中的分布不均匀，故与冲击板产生的冲击作用也不均匀，致使冲击板局部磨损较严重，影响了剥壳效率的提高。另外，由于籽粒在甩盘及冲击板之间反复地碰撞而使得粉碎度加大。

（2）立式离心剥壳机

立式离心剥壳机又称透平剥壳机，它克服了卧式离心剥壳机的缺点，专门用于葵花籽剥壳。立式离心剥壳机的结构如图 9-33 所示，它主要由转盘、打板、料门、调节手轮、料斗、卸料斗、传动轴、机架及传动皮带轮等组成。转盘水平设置，其上装有 12 块打板。挡板固定在转盘周围的机壳上。料门可通过调节手轮调节，使之向下移动以控制进料量。当立式离心剥壳机工作时，首先由旋转着的打板的冲击作用力使油料产生动力压缩变形，进而引起外壳破裂；然后，再使破裂及尚未破裂的油料高速撞击挡板，使之进一步破裂，以达到充分剥壳的目的。由于油料在打板的作用下以水平方向均匀地抛向挡板而下落，避免了籽粒的重复撞击现象。因此，它不仅具有剥壳效率高、打板利用率高及粉碎度低等优点，而且结构紧凑，节省动力。它的缺点是设备结构较复杂、操作要求较严格、调速麻烦。

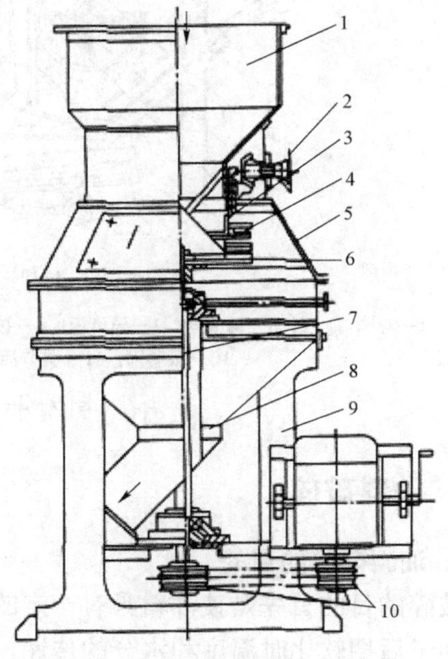

1—料斗；2—调节手轮；3—料门；4—打板；5—挡板；6—转盘；7—传动轴；8—卸料斗；9—机架；10—传动皮带轮。

图 9-33　立式离心剥壳机的结构

4）花生剥壳机

锤击式剥壳机主要用于花生剥壳，它利用带有锤击头的转动辊在半圆形的箅栅内旋转，锤击、挤压进入箅栅的花生，使之破碎，然后通过筛选和风选将仁与壳分离，如图 9-34（a）所示。花生剥壳机类型较多，但其剥壳及仁壳分离部分的基本结构大都相近。也有采用带齿辊筒来代替锤击辊的，如图 9-34（b）所示，它利用齿辊的挤压、搓碎作用使花生破碎。

被锤击辊或齿辊打击和挤压破碎后的花生果，通过下部的箅栅缝隙下落。尚未破碎的花生果则留在箅栅内被继续锤击、挤压，直至破碎排出缝隙为止。花生剥壳机通常都是破碎、风选、筛选的联合设备。破碎后的花生仁、壳通过筛选及风选系统进行分离。筛选一般用振动筛。它装有三层筛面，可以将未破碎的花生果、花生仁、部分碎仁及灰尘、杂质做分级处理。风选系统可采用吹式或吸式将壳及轻杂质分离。锤击式或齿辊式花生剥壳机结构较简单，使用方便，剥壳率高，壳仁分离效果较好，经处理后的花生仁中含壳率一般为 2%～4%。

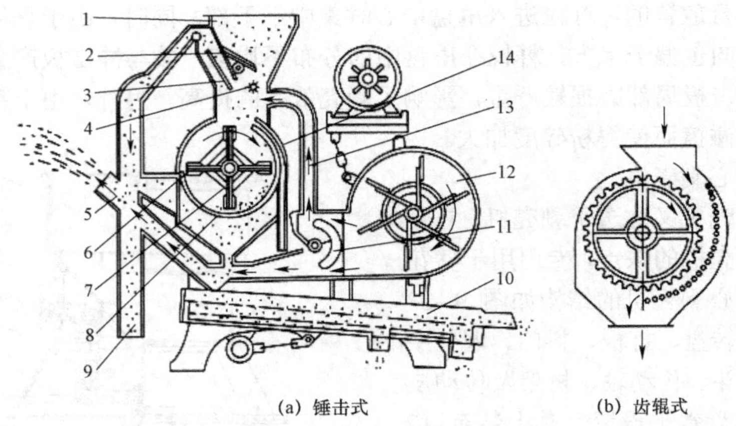

(a) 锤击式　　(b) 齿辊式

1—存料斗；2、6—调节器；3—导风板；4—拨料辊；5—集壳管出口；7—剥壳辊；8—箅栅；9—集壳管；10—振动筛；11—调节活门；12—风机；13—风道；14—溜管。

图 9-34　花生剥壳机的结构

9.2.2　油料破碎

1. 油料破碎的目的

破碎的目的首先是使油料具有一定的粒度以符合轧坯条件；其次是油料破碎后表面积增大，利于后期软化时温度和水分的传递，软化效果好。

2. 油料破碎的方法

① 压碎。两工作面相互迫近时对物料施加压力，使物料破碎。

② 劈碎。利用尖齿楔入物料产生劈力，将物料破碎。

③ 折断。物料在工作面间承受若干尖齿的作用，除在作用点受劈裂作用外，物料本身也如同受到外力作用的支点梁那样被折断而破碎。

④ 磨碎。两工作面相对移动，使其中的物料受剪切力作用而被磨碎。

⑤ 击碎。利用瞬间作用在物料上的冲击力使物料破碎。

3. 油料破碎设备

1）双对辊齿辊破碎机

双对辊齿辊破碎机的结构如图 9-35 所示，它主要由喂料箱、喂料辊、辊距调节装置、上辊传动轮、下辊传动轮及电动机等部分组成。齿辊破碎机的上下两对齿辊分别平行排列安放，每对齿辊相向转动，其中一个为快辊，另一个为慢辊，快辊与慢辊的速度比为 1.5:1。工作时，由于对辊速差的存在，两个相向转动的齿辊利用齿辊上齿角的剪切和挤压作用，将落入辊间的物料切成 1/8～1/4 的小块，从而达到破碎的目的。辊距调节装置可用来改变齿辊的间距，以保证油料破碎后的粒度满足工艺要求。在调节齿辊间隙时，既应使齿辊两端间隙一致，又应使两齿辊位于机架中心对称轴的位置上。当齿辊磨损后，需重新拉丝，以免破碎时出现粉末度增大现象及电动机过载现象。

2）锤式破碎机

锤式破碎机的结构如图 9–36 所示。锤式破碎机也是一种通用的破碎设备，其主要工作部件是中间的一个转鼓，转鼓上铰链 6～12 只锤棒，锤棒可用长方形的钢铁制成，要求有一定的强度和耐磨性。转鼓外面是机壳，机壳下半部分是由许多钢条组成的栅格形箅栅，钢条之间的缝隙可按物料要求的细度进行调整。

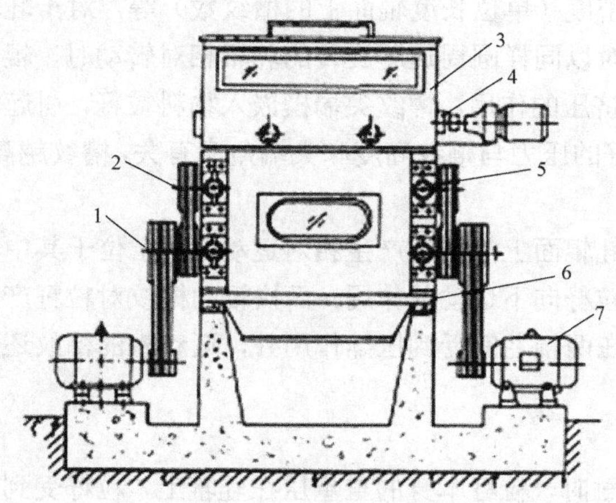

1—下辊传动轮；2—上辊传动轮；3—喂料箱；4—喂料辊；5—辊距调节装置；6—机座；7—电动机。

图 9–35　双对辊齿辊破碎机的结构

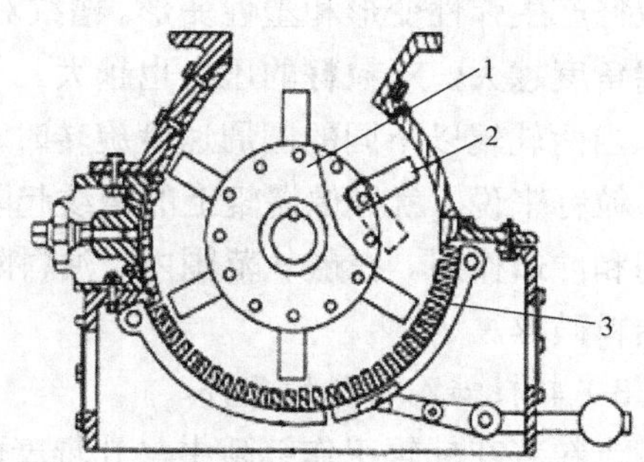

1—转鼓；2—锤棒；3—箅栅。

图 9–36　锤式破碎机的结构

油料从上面的进料口进入机内后，受到高速旋转的锤棒的锤击而破碎，较细的颗粒通过箅栅被甩出去，未通过箅栅的较大颗粒仍留在机内，继续受锤棒的打击而破碎，直到能通过箅栅为止。经锤式破碎机出来的细料，由于有箅栅的过滤，绝大部分都能达到要求的细度。

9.2.3　油料轧坯

1. 轧坯原理

1）光面辊的碾轧作用

被轧的油料粒籽，从轧坯机的进料斗或前一对轧辊的缝隙，进入两个轧辊圆筒表面之间的工作缝隙中。粒籽在被拉入和顺次通过此缝隙的过程中，因受到碾轧作用而发生变形，碾轧作用的强度随着两轧辊圆周速度的比值而变化。如果两轧辊的圆周速度相同，则工作缝隙中只发生受压作用而使油料产生弹性变形和塑性变形，形成薄片。如果两轧辊圆周速度不同，则不仅发生挤压作用，而且也发生撕碎和剪切作用，因为粒籽接触在两个以不同圆周速度旋转的辊面上，它的两边分别受到以不同速度运动的辊面摩擦，使粒籽内部在某一平面或某些平面发生了位移，从而产生剪切作用。两辊间的圆周速度的差异越大，对粒籽的剪切作用越强烈，粉碎的粒籽越多。当油料通过两辊之间距离最小处（在中心线上）以后，轧辊工作面对油料的作用就停止了，油料与辊面脱离，落入轧坯机下部送走或进入下一对轧辊的缝隙中。

2）槽辊的碾轧作用

如果轧辊表面带有槽纹，碾轧的机理就较上述情况大为复杂，因为此时出现了槽纹对物料的各种力的作用。所谓槽纹，就是在轧辊表面上加工成许多沟槽时所形成的凸出部分。槽纹在辊面上相对于轧辊母线具有一定斜度，并具有各种不同的形状，其截面形状有锐角、圆角和梯形等。槽纹的形状、角度、倾斜度和密度（单位长度辊面上的槽纹数）等，对于轧辊给予被轧物料的作用会产生重大影响。当一对以同样圆周速度旋转的轧辊相对转动时，辊面上对称的槽纹尖端会对被轧物料产生劈裂和挤压的作用，槽纹尖端楔嵌入物料粒籽，引起油料粒籽产生弹性变形和塑性变形。槽纹对粒籽的压力与槽纹高度和尖端角度有关，槽纹越高，尖端角度越大，对粒籽的压力也越大。

当两轧辊以不同的圆周速度旋转时，两轧辊面上的槽纹产生相对运动，对于位于其中的油料粒籽来说，就好像慢辊上的槽纹起阻止粒籽向下运动的作用，而快辊的槽纹对粒籽产生剪切和冲击作用。在碾轧范围内，油料除了在两辊之间受到压碎作用外，运动着的槽纹还会使油料破碎。

3）轧辊啮入物料的条件

当粒籽在轧辊工作缝隙中与轧辊表面接触时，粒籽本身的重量压在轧辊上，粒籽受到辊面对它的反作用力，同时粒籽又受到辊面与粒籽之间产生的摩擦力。

4）轧辊的工作缝隙

当光面轧辊工作时，通常都须确定辊间的工作缝隙，工作缝隙的大小由料坯所需的厚度而定，主要依靠压紧弹簧或液压系统来调节轧辊间距。在一定辊径、一定辊重和一定的弹簧压力下，轧辊工作时缝隙的大小，主要取决于油料的物理性质和通过缝隙的油料数量。粒籽的抗压强度越高，油料中带有的坚硬外壳越多，或进入缝隙的油料越多，则辊间产生的压力也越大，缝隙也越大。因此，当油料的硬度太大或轧辊的工作能力超过一定的限度时，将会降低轧坯的效果。

轧辊表面要充分磨光，使两轧辊在整个辊面长度上都能相互完全接触，以保证工作缝隙均匀一致，而提高轧坯的质量。另外，任何轧坯机所轧得的生坯的厚度，都略大于其工作缝隙的宽度。因为在油料的总变形中，有一部分是弹性变形，油料在工作缝隙中处于受压状态，产生弹性形变，一旦离开轧辊，压力消除，生坯即膨胀，故其厚度稍大于缝隙宽度。

2. 轧坯设备

1）直列式轧坯机

直列式轧坯机通常有三辊和五辊两种。这两种轧坯机的结构与工作原理基本相同，其轧辊都是垂直放置，被轧油料从上到下顺次通过轧辊的两道或四道工作缝隙而形成坯片。图 9-37 为立式五辊轧坯机的结构。

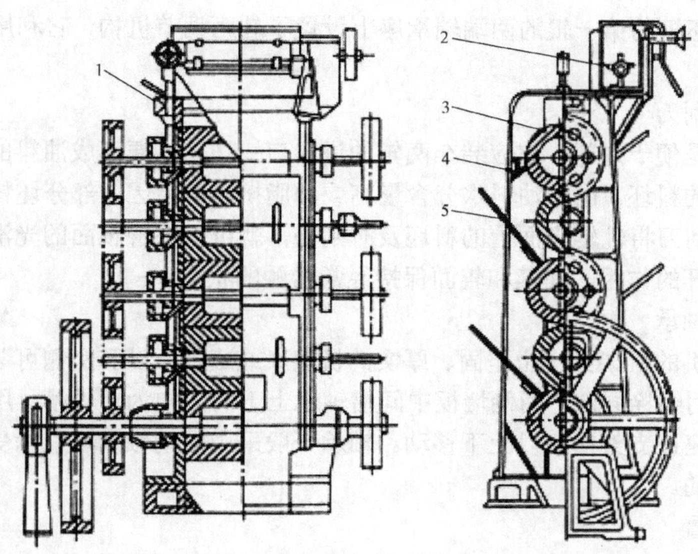

1—轧距调节机构；2—喂料机构；3—轧辊；4—刮刀；5—挡板。

图 9-37　立式五辊轧坯机的结构

（1）喂料机构

喂料机构的作用是保证在整个轧辊长度上均匀下料。最简单的喂料机构，可采用装置有若干交叉放置的三角挡板的淌板，或在料箱底部均匀地开有若干落料孔，以保证均匀下料。通常采用的自动喂料器有喂料辊和喂料绞龙等。喂料辊由旋转着的喂料辊、料斗及控制闸门组成，喂料辊上刻有粗而宽的长格，当它不断转动时，可带动油料从下料缝隙中均匀地喂入轧辊。喂料绞龙是机槽底部开有均匀落料孔的螺旋输送机。

（2）轧辊

轧辊是轧坯机的主要工作部件，一般分光面辊及槽辊（拉丝辊）两种。槽辊主要用于头道轧辊，有利于吃料。轧辊由辊体及辊轴依靠热压“冷缩”紧配合连接在一起。辊体中空，可满足减轻重量、节省材料和动力消耗的目的。辊体的要求：表面耐磨，具有足够的强度和刚度；平衡性能好，装配简单。一般采用高强度的合金铸钢或铸铁的离心浇铸法制成。为保证有足够的强度，辊体壁层厚度一般在 100～150 mm 以上，辊面外层为白口层，硬层深度为 20～50 mm，硬度可达 HRC50～HRC60。槽辊的辊面上通常均匀地开有宽度约为 2 mm、截面呈 V 形、角度为 45° 的斜槽，槽长方向与辊面母线的夹角为 6°～7°。轧辊通常采用交错排列，以使吃料方便。三辊轧坯机的第一、三轧辊的中心线在同一垂直面上，中间辊的中心线在另一垂直面上，两垂直面相距 25 mm 左右。同样，五辊轧坯机的第一、三、五三辊的中心线在同一垂直面上，第二、四辊的中心线在另一垂直面上。三辊轧坯机的中间辊子辊径通常略微小些，也有相同的。五辊轧坯机通常是一至四辊的辊径相同，第五辊的辊径略大，也有的是一、三、五辊的辊径相同，二、四辊的辊径较小，辊径相差 50 mm 左右。为了便于轧辊吃料，有时三辊或五辊轧坯机的上面一个轧辊为槽辊。

（3）轧距调节机构

直立式轧坯机的轧辊是垂直重叠排列的，靠轧辊自身的重量顺次接触在一起。当物料通过工作缝隙时，将出现轧辊向上跳动的现象。为了控制跳动幅度，也是为了控制所轧料坯的厚度，在立式轧坯机的第一辊的两端轴承座上设置了轧距调节机构，它利用弹簧的压紧力将轧辊向下压紧。

（4）挡板和刮刀

挡板的作用是便于进料。它应装在两辊的进料口一边，以便形成油料的通道。刮刀的作用是清除辊面上的料坯。由于油料水分含量高或油脂挤出等原因，部分坯料坯会黏附于辊面随辊转动，利用刮刀将轧辊表面上的料坯及时刮去，就可以保持辊面的光滑。刮刀通常依靠弹簧或重锤与杠杆的作用，使其和辊面保持经常接触的状态。

（5）机架及轴承

直列式轧坯机的机架由一个坚固、厚实的机座（或底板）以及两侧可装拆的支架（或称墙板）组成，并用螺栓固定。两侧墙板中间沿轴承上下的方向为一长槽，用于垂直放置轧辊轴承座，该轴承座在支架内可以上下移动。轴承一般采用滑动轴承，以承受较大的负荷，也有采用滚子轴承的。

（6）传动装置

直列式轧坯机的传动装置一般采取总体传动，也可采用 V 带轮直接传动，或者采用减速装置通过联轴器由电机直接传动。

2）平列式轧坯机

平列式轧坯机有单对辊轧坯机（如图 9-38 所示）及双对辊轧坯机（如图 9-39 所示）两种形式，它们的主要结构和工作原理基本相同。

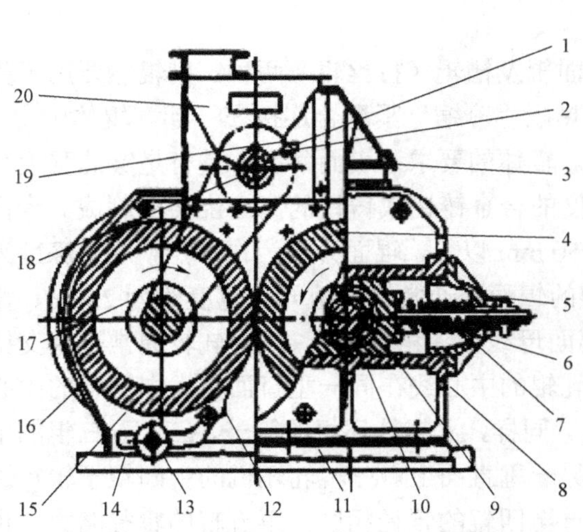

1—凸轮；2—凸轮轴；3—调节手柄；4—前辊；5—弹簧；6—调节螺母；7—调节螺杆；8—轴承座；9—轴承；10—机架；11—机座；12—刮刀；13—重锤；14—重锤柄；15—皮带轮；16—后辊（主动辊）；17—链条；18—喂料辊；19—下料活门；20—下料斗。

图 9-38　单对辊轧坯机的结构

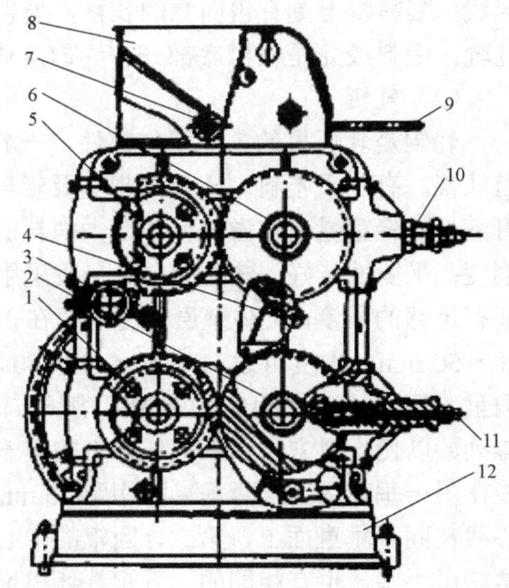

1—后下轧辊；2—前下轧辊；3—压紧链轮；4—刮料板；5—后上轧辊；6—前上轧辊；7—喂料器；8—下料斗；9—离合器手柄；10—调节螺杆；11—调节轴；12—机座。

图 9-39　双对辊轧坯机的结构

（1）轧辊

平列式轧坯机的轧辊平行排列，其辊径较直列式轧坯机要大，单对辊压坯机用的是光面辊。双对辊轧坯机的上对辊一般为槽辊，以起破碎作用及便于吃料，也有全部是光面辊的。轧辊的结构与直列式轧坯机相同。

（2）轧距调节机构

平列式轧坯机的轧距调节机构同样采用弹簧压紧装置，辊轴随轴承座分别装置在两边墙板内，可前后移动。轧距调节机构如图9-40所示。调节弹簧的压紧螺母可调节两辊间的压紧程度。旋动调动螺母可使连接在两轴承座上的螺杆前后移动，以改变两辊间的工作间隙，调节适当后分别以锁紧螺母和压紧螺母锁紧。

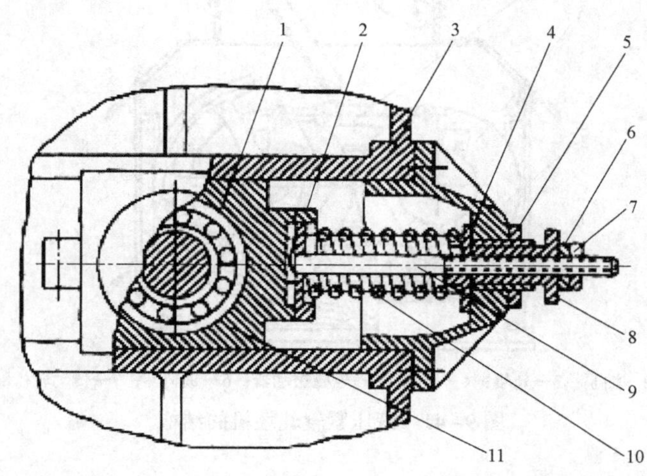

1—轴承；2、4—弹簧座；3—机架；5、7—锁紧螺母；6—调节螺母；8—压紧螺母；9—螺杆；10—弹簧；11—轴承座。

图9-40 平列式轧坯机的轧距调节机构

（3）传动装置

单对辊轧坯机的传动，一般通过三角带直接传动主动辊轴，主动辊轴通过齿轮带动从动辊轴。喂料辊轴也可由主动辊轴通过三角带拖动。双对辊轧坯机一般通过若干对链轮及链条来进行传动。

3）液压紧辊轧坯机

液压紧辊轧坯机也属于平列式轧坯机，但结构有所不同。它是采用液压系统的压力来代替弹簧轧距调节机构的一种新型轧坯机，克服了用弹簧来压紧轧辊时调节不大方便、产生的压紧力受到一定限制的缺陷，目前国内外都已开始采用新型的液压紧辊轧坯机。由于液压紧辊轧坯机利用油缸的液压作用力代替弹簧压力来紧辊，不仅大大提高了紧辊压力，使轧出的料坯薄而坚实，粉末度小，提高了坯片质量，而且还使设备的生产能力得到了成倍的提高。液压紧辊轧坯机的结构如图9-41所示，它与普通对辊轧坯机相似，主要由电磁振动器、轧辊、油箱、油缸、油泵、刮刀、传动轮、进料斗等组成。

喂料机构依靠电磁振动器的高频振动作用，使物料连续、均匀地喂入到两轧辊的缝隙中。轧辊工作时，当达到规定的油缸压力后，油泵能自动停止进油，而当油缸压力降低到一定限度时，油泵能自行起动，向油缸供油，以保持恒定的压力。此过程是通过电气控制系统来完成的，从而保证了自动控制液压紧辊的稳定操作。轧辊上的刮刀也是通过液压系统来控制的。它平时不接触辊面，当需要刮料时，刮刀即在液压油缸及活塞的控制下自动靠拢辊面进行刮料，料刮净后又能与辊面脱离，可以免除长期紧贴辊面而很快磨损。

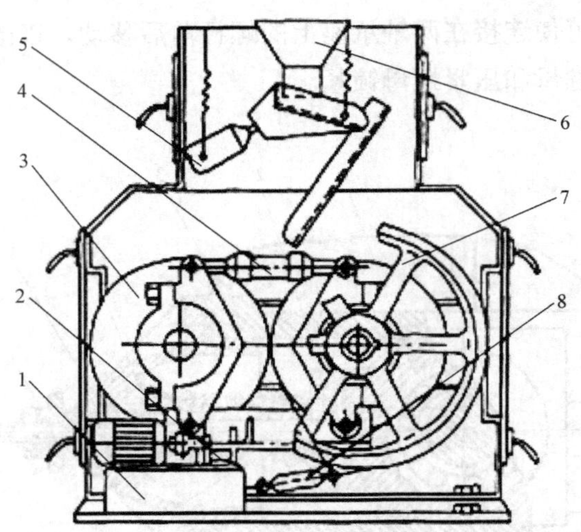

1—油箱；2—油泵；3—轧辊；4—油缸；5—电磁振动器；6—进料斗；7—传动轮；8—刮刀。

图 9-41　液压紧辊轧坯机的结构

9.2.4　压榨法制油

压榨法制油是借助机械外力的作用，将油脂从油料料坯中挤压出来的制油方法。按压榨时榨料所受压力的大小及压榨制油的深度，压榨法制油可分为一次压榨和预榨。一次压榨又称全压榨，要求在压榨过程中将榨料中的油脂尽可能多地榨出，压榨后饼中残油 3%～5%。而预榨仅要求在压榨过程中将榨料中约 70%的油脂榨出，饼中残油 15%～18%，预榨饼可再进行溶剂浸出制油。

1. 液压机榨油

顾名思义，液压机榨油是采用液体静压力作为其压榨的动力，以液体为压力传递的介质，对料坯进行挤压而将油脂榨出的一种榨油方法。该方法具有压榨设备结构简单、油脂风味好、油饼质量好、消耗动力小（甚至不需要电力）等优点；但也存在着饼中残油较高、生产能力较小、间歇性生产（压榨周期长，辅助时间占 15%～25%）、操作麻烦、劳动强度大等缺点。现在，液压机榨油主要用于对油、饼质量有特殊要求的油料（如油棕果、油橄榄、可可仁等）的压榨，以及缺乏电力的边远地区。图 9-42 为立式液压机的结构，图 9-43 为卧式自动液压机的结构。

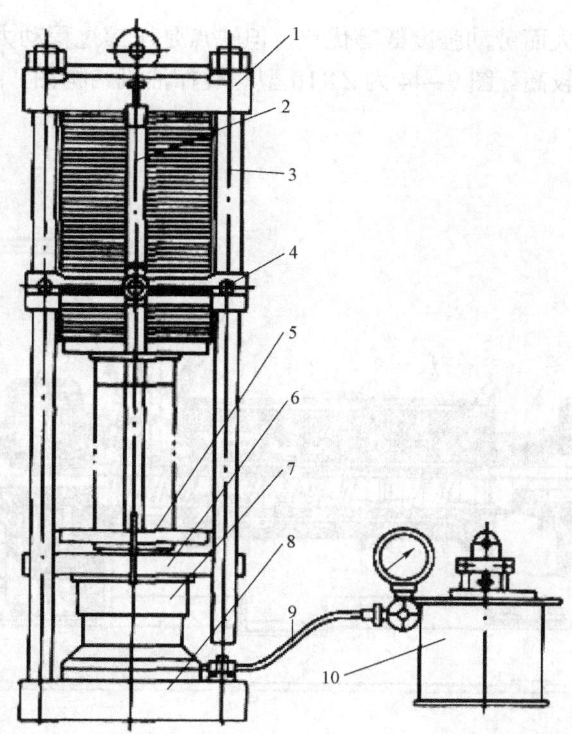

1—顶板；2—支柱；3—拉杆；4—支板；5—承饼板；6—中座；7—油缸；8—底板；9—管路；10—油泵及油箱。

图 9-42　立式液压机的结构

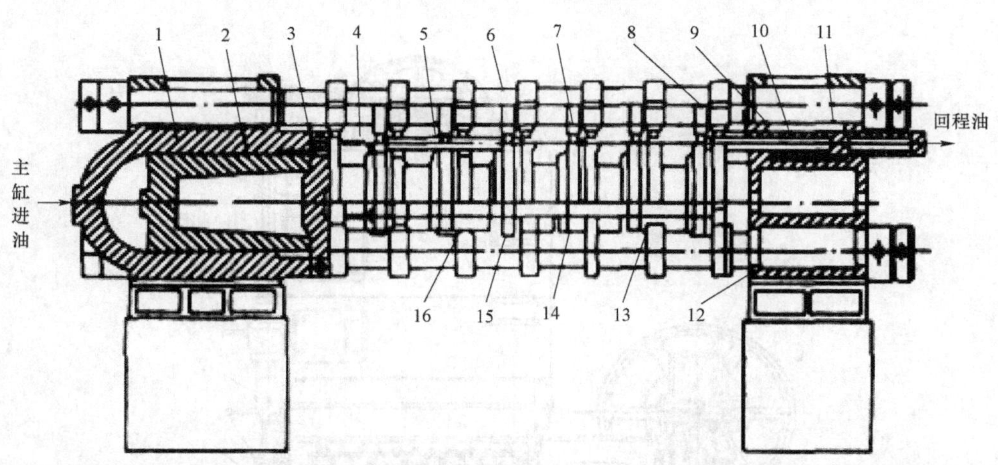

1—油缸；2—活塞；3—嵌入板；4—弹簧；5—承饼板；6—榨柱（连接柱）；7—出饼推杆；8—上导轨轴承；9—回程油缸；10—回程杆；11—回程活塞；12—顶盖；13—出饼拉杆；14—榨膛；15—下导轨轴承；16—压盘。

图 9-43　卧式自动液压机的结构

2. 螺旋榨油机榨油

1）螺旋榨油机的结构

螺旋榨油机榨油是采用榨油机榨螺的推动力、设备空间压缩及摩擦阻力作为压榨动力，将料坯中油脂挤压出来的一种榨油方法，是目前压榨制油的主要方法。该方法具有生产连续化、生产效率高、产量大而劳动强度低等优点，但缺点是压榨过程动力消耗大、榨条等零部件易磨损，且配件成本较高。图 9-44 为 ZX10 型螺旋榨油机结构图，图 9-45 为 ZX18 型螺旋榨油机结构图。

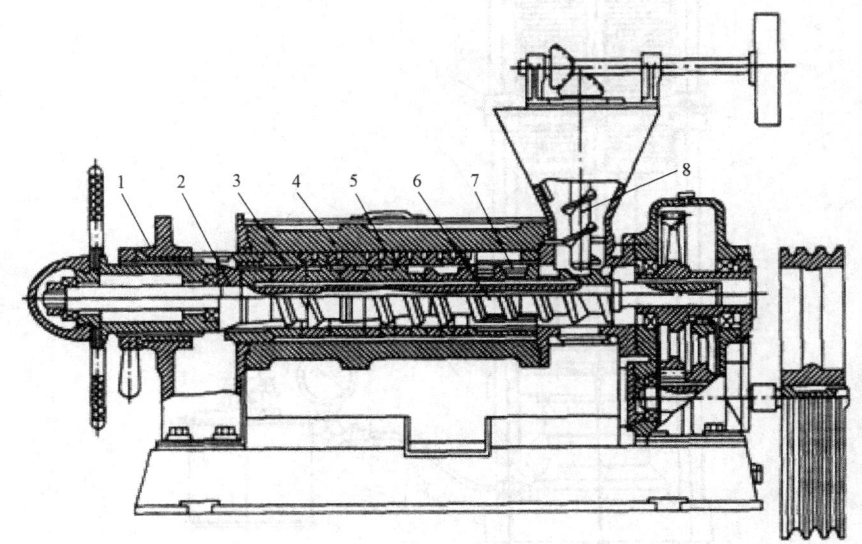

1—出饼圈；2—压紧螺母；3—榨螺；4—上、下榨笼骨架；5—榨圈笼；6—螺旋轴；7—榨条笼；8—进料装置。

图 9-44　ZX10 型螺旋榨油机的结构

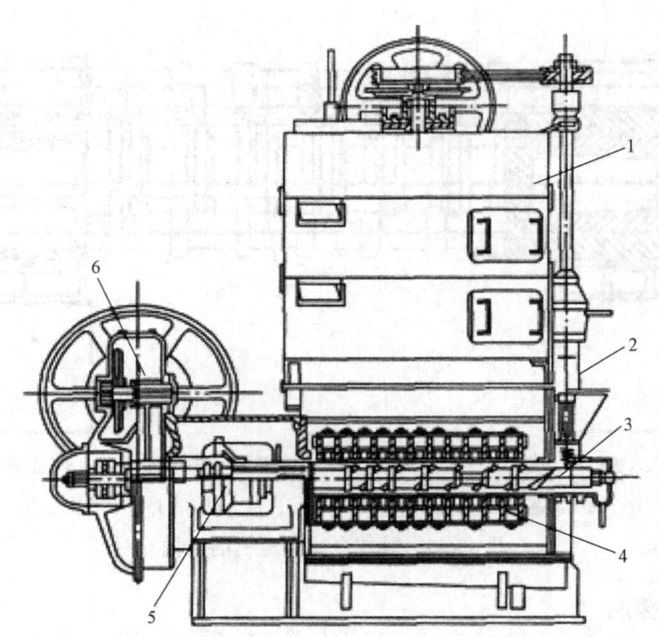

1—炒锅；2—进料机构；3—螺旋轴；4—榨笼；5—校饼机构；6—传动机构。

图 9-45　ZX18 型螺旋榨油机的结构

2）螺旋榨油机压榨取油的一般过程

螺旋榨油机的工作过程是：由于旋转着的螺旋轴在榨膛内的推进作用，使榨料连续地向前推进，由于螺旋轴上榨螺螺距从进料端向出饼端逐渐缩短、根圆直径则逐渐增大，加之榨膛内径逐渐减小，使榨膛的体积从进料端向出饼端逐渐缩小，进而对榨料产生压榨作用。榨料受压缩后，油从榨笼缝隙中流出，同时榨料被压成饼块从榨膛末端排出，其过程如图 9-46 所示。

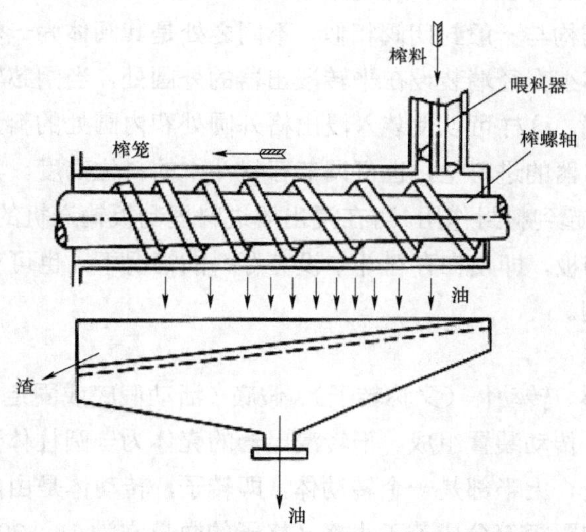

图 9-46　螺旋榨油机的压榨取油过程

9.2.5　平转浸出器

平转浸出器有活动假底平转浸出器和固定栅板平转浸出器两种形式，这两种浸出器除浸出格下的假底形式不同外，其他部分的结构基本相同。平转浸出器由进料部分、浸出器部分和出粕部分组成。

1. 进料部分

进料部分主要由存料斗、料封螺旋输送机、封闭阀及闸板组成。

1）存料斗

存料斗也称存料箱，是一个长方体或圆柱体形的容器，壳体上装有视镜以观察其中的料位。存料斗的作用是存料和料封。存料，即保证向浸出器均匀供料；料封，即利用一定高度料层的封闭作用防止浸出器中的溶剂气体通过输送设备逸向预处理车间。要求存料斗的容积为 1.5 倍浸出格，存料高度不小于 1.4 m。当存料斗中料位低于 500 mm 时应停止向浸出器进料。

2）料封螺旋输送机

料封螺旋输送机即封闭绞龙，圆筒壳体的出料端筒体端面为斜面，与斜面的截面形状一致的盖板（又称重力门）用铰链装在出料端筒体上。在螺旋轴的出料端一般有 1～1.2 倍螺距长度没有螺旋叶片，物料在此处的推进速度减慢，筒体中物料充满系数增大，当物料将出料端的盖板顶起时，物料方可落入浸出器中。当筒体中的料量较少时，重力门由于自身重量作用紧贴在筒体出料口上，停止向浸出器进料。其作用是保证向浸出器均匀供料并起到料封作用。为避免料坯落入浸出格中形成自动分级现象，可以在浸出器的进料管中喷入混合油，使混合油与料坯混合后一起落入浸出格。

3）封闭阀及闸板

为确保封闭作用，有时也在存料斗之后采用封闭阀或锥形封闭阀下料器向浸出器进料。锥形封闭阀下料器的结构与一般封闭阀相似，不同之处是其阀体为一较长圆柱体，阀芯为锥形，锥形封闭阀的阀芯小直径端装设在平转浸出器的外圆处，当阀芯转动时，阀芯的小直径端下料量大于大直径端，这样可以使装入浸出格外圆处和内圆处的料量均匀一致。改变阀芯的转速，即可改变浸出器的进料量，也可调节存料斗中的料位高度。其作用既保证了向浸出器料格中均匀供料，又起到料封作用。可在浸出器进料埋刮板输送机的出料溜管上装置闸板。在开、停机时，关闭闸板，即使在存料斗中没有存料的情况下，也可有效防止浸出器中的溶剂气体逸向预处理车间。

2. 浸出器部分

浸出器部分由壳体、转动体（又称转子）、假底（活动假底或固定栅板）、混合油收集格、混合油循环喷淋装置、传动装置组成。平转浸出器的壳体为一圆柱体形的密闭外壳。在密闭的壳体内分上下两部分，上半部是一个转动体，即转子，转动体是由内外两个同心圆环组成的环形体，将其用径向隔板等分成若干小格（格子的数量常为 18、20、22 个），这些小格即为浸出格。

在活动假底平转浸出器的每个浸出格底部是由筛板和筛网制成的假底，假底的一边用铰链与隔板连接，可绕铰链轴开闭，另一边装有两个滚轮，滚轮支承在内外轨道上并可在轨道上滚动运行，这样就使得假底与料格形成一个可使得液体流过的有底容器。为防止假底与料格四周缝隙漏料，亦可在假底四周以聚氨酯泡沫塑料或帆布等固定。轨道通常固定在壳体的内壁，内外轨道在出粕斗处是中断的，当假底上的滚轮转到此处时失去支撑，假底绕铰链轴打开，浸出格中的湿粕落入出粕斗，并由湿粕埋刮板输送机送往蒸脱机。

在固定栅板平转浸出器的转子的下方有一固定的环形栅板底，栅板底由许多根不锈钢栅板条组成，栅板条的截面为上大下小的梯形，栅板条之间所形成缝隙的截面是向下扩大的梯形，缝隙上宽为 0.8 mm，下宽为 1.5 mm。转子下边缘至固定栅板上表面的间距为 3～5 mm。环形栅板底在出粕斗处开有扇形缺口，浸出后的湿粕通过它从浸出格中落入出粕斗。在这个缺口之后是一段没有缝隙的实板，卸粕后的浸出格转过这一段后，在进料斗处再装新料。单层固定栅板平转式浸出器的结构如图 9−47 所示。

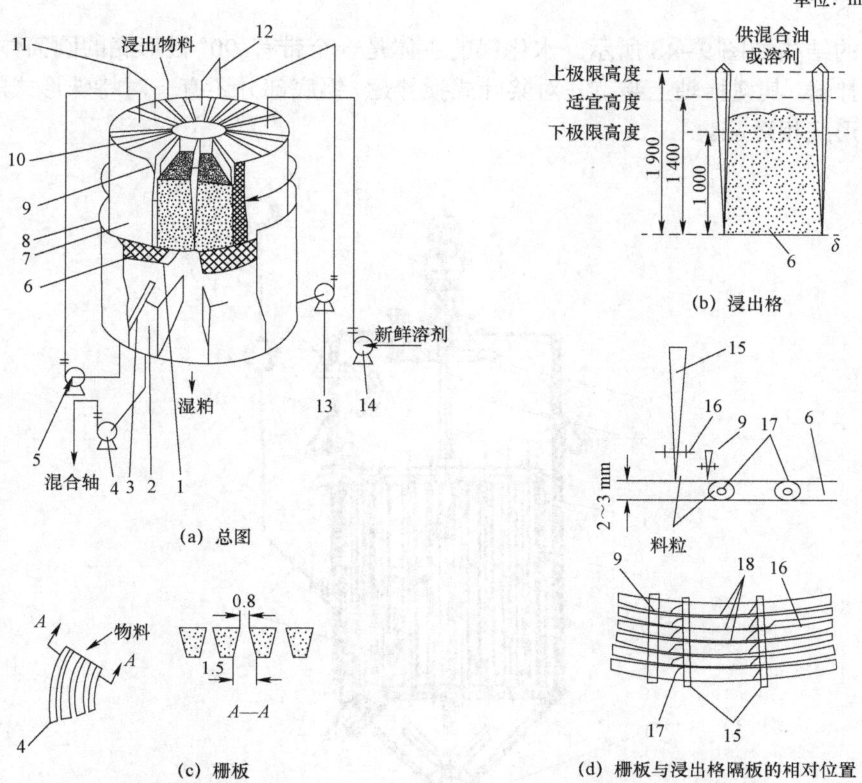

1—底板；2—混合油油斗；3—油斗隔板；4—混合油泵；5、13—循环泵；6—栅板；7—转子外圈；8—外壳；9—浸出格隔板；10—内圈；11、12—循环管；14—溶剂泵；15—固定杆；16—薄板；17—金属丝；18—栅板缝隙。

图 9–47　单层固定栅板平转式浸出器的结构

9.2.6　精炼设备

经压榨或浸出法得到的、未经精炼的植物油脂一般称为原油（也称为粗油或毛油）。

油脂精炼亦称“炼油”，是清除原油中所含固体杂质、游离脂肪酸、磷脂、胶质、蜡、色素、异味等的一系列工序的统称。

油脂精炼的方法，根据操作特点和所选用的原料不同，可大致分为机械法、化学法和物理化学法三种。这里主要介绍机械法精炼，包括脱胶、脱酸、脱色、脱臭、脱蜡 5 道程序。

1. 水化脱胶设备

1）设备结构及原理

脱除油中胶体杂质的工艺过程称为脱胶，而原油中的胶体杂质以磷脂为主，故油厂常将脱胶称为脱磷。

水化脱胶设备按工艺作用可分为水化器、分离器及干燥器等，按生产的连贯性可分为间歇式和连续式。间歇式水化的主要设备是炼油锅和干燥锅，若用离心机回收磷脂油脚中的油脂，还需有油脚调和锅和离心机；连续式水化脱胶使用的设备主要是离心机。这些设备同时也是碱炼脱酸中的配套设备，故一并放在“碱炼脱酸设备”部分叙述。水化脱胶的其他主要设备介绍如下。

水化锅的结构如图 9-48 所示。水化锅的主体是一个带有 90°锥形底的圆筒体，锅内装有桨叶式搅拌器，其搅拌轴上装有三对桨叶式搅拌翅，锅底部分还有一对特殊形式的搅拌翅，其形状与锥形底相适应。

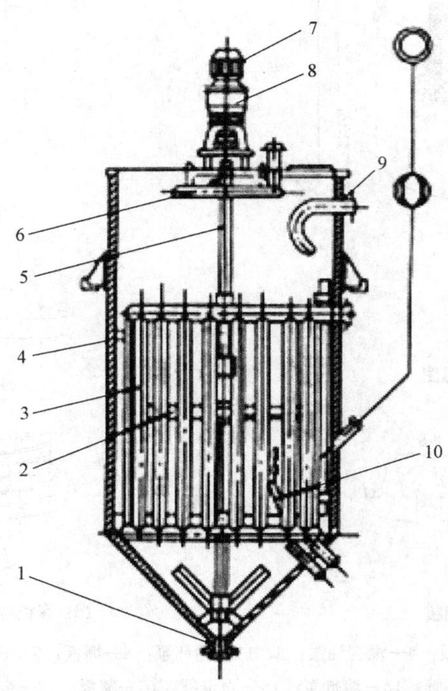

1—油脚排出管；2—搅拌翅；3—间接蒸汽加热管；4—锅体；5—搅拌轴；6—加水管；7—电动机；8—减速器；9—进油管；10—摇头管。

图 9-48 水化锅的结构

搅拌器由电动机通过摆线针轮无级调速器传动，可根据工艺要求调节搅拌轴的转速。电动机和减速器安装在锅的盖板上方，在锅体和搅拌器之间装有垂直加热栅管（或蛇形管），操作时通蒸汽加热，也可与冷却管相通（可通入冷却水冷却锅内油脂）。锅体上部有原油进口管，锅口有一圈加水管（水化时加水、碱炼时加碱），加水管上有许多小孔，交错地斜指向油面，使加入的水能均匀地喷洒到整个油面。锅内装有一个可上下摆动的摇头管，它可以根据需要放出不同深度的油脂。锥形底尖端有油脚排出管，在锥底上还装有油和冷凝水出口管。

2）水化脱胶操作

刚榨出的原油须趁热过滤，若粗磷脂需要进一步综合利用，则必须使滤清后原油的含杂量低于规定；若要制取食用浓缩磷脂，过滤后含杂量应低于 0.1%。水化脱胶操作分以下 4 个步骤：

（1）预热

泵入水化锅的原油在机械搅拌下，用间接蒸汽（有的用直接蒸汽配合）加热到 65 ℃左右。

（2）加水水化

这是水化脱胶最重要的阶段，要掌握好加水量、温度和加水速度。一般加水量为油中磷脂含量的 3.5 倍左右。若油中机械杂质或黏液物较多，加水量可适当增加。水化时要经常用勺子取样观察，凭经验灵活掌握加水量和加水速度，加完水后要继续搅拌，一般搅拌 0.5 h 以上。最好事先做小样实验，确定最佳加水量。

加入的水有三种：比油温稍高或同温的清水、直接蒸汽的冷凝水、稀盐水。直接蒸汽使加热和加水同时进行，热量利用最充分，但有时需要加入的冷凝水和需要加入热量不一定配合得好，且加直接蒸汽的量没有加明水易掌握。加稀盐水可以提高水化效果，还可以提高油脂的稳定性，但要消耗一定量的食盐。不仅增加溶盐操作，而且对磷脂的综合利用也有一定的影响，故一般不用盐水。只有当胶粒絮凝不好或发生乳化时，才添加食盐。实际生产中，采用高温水化时，一般都是加入微沸的清水。

当磷脂胶粒开始聚集时，应慢速搅拌，并升温到 75～80 ℃。也有的原油预热的温度达到 75～80 ℃，这种情况下加水水化后不用升温，当液面有明显的油路时，即停止搅拌。

（3）静置沉降，分离油脚

静置时间为 3～8 h，根据具体情况确定。一般时间越长效果越好。对于分离出的磷脂油脚，若用离心机回收其中的油脂，或用来制取浓缩磷脂，沉淀的时间可以短些。为了减少磷脂油脚中的含油量，尤其在冬天，可在沉降时稍开间接蒸汽，使油温维持在 70 ℃左右，保温时间最好不低于 4 h。沉降完毕，先用摇头管抽出上层水化净油，再从锅底放出黄水，然后再放出磷脂油脚。

（4）加热脱水（或脱溶）

水化净油中通常含有 0.3%～0.6%的水分。脱胶后的油若作为成品油储藏，必须脱除水分。脱水有常压脱水和真空脱水两种。常压脱水是将油升温到 95～110 ℃，并不断搅拌，直至小样检验合格为止（小样检验的方法：取样于玻璃试管中，冷却到 20 ℃，油样澄清透明为合格）。但常压脱水会使油脂氧化，颜色也会有一定程度的加深，只有小型油厂使用，一般的油脂加工厂大多采用真空脱水。

真空脱水的油温可控制在 90～105 ℃，设备中的残压为 8 kPa 左右。浸出油脱胶后需转入脱溶罐或连续脱溶器脱除残留溶剂。操作条件为温度 140 ℃，绝对压力 4.0 kPa，直接蒸汽通量不低于 30 kg/（h·t），脱溶时间 1 h 左右，连续式设备的时间为 40 min 左右。

2. 碱炼脱酸

1）碱炼脱酸设备

碱炼脱酸的主要设备，按工艺作用可分为中和锅（结构同水化锅）、油碱比配装置、混合机、洗涤罐、脱水机、皂脚调和罐及干燥器等，下面重点介绍油碱比配装置及混合机。

（1）油碱比配装置

油碱比配装置是连续式碱炼工艺的重要装置。它的作用是根据原油品质，按原油流量比配碱液。油碱比配装置主要有比配泵、油碱比配机等几种形式。

① 比配泵。比配泵又称计量泵，属容积式泵。其柱塞行程可按比例进行调节，因而可用于物料定量比配。该类泵有单缸、双缸和多缸式，按输送物料的性质分为普通型和耐酸型两类。我国研制专用于油脂精炼工程的 YBND 计量泵为三缸比配泵（如图 9-49 所示），可用于流量为 19～240 L/h、工作吸力为 0.7 MPa 的酸、碱计量场合。其他定型计量泵也可按需

配套于精炼过程。

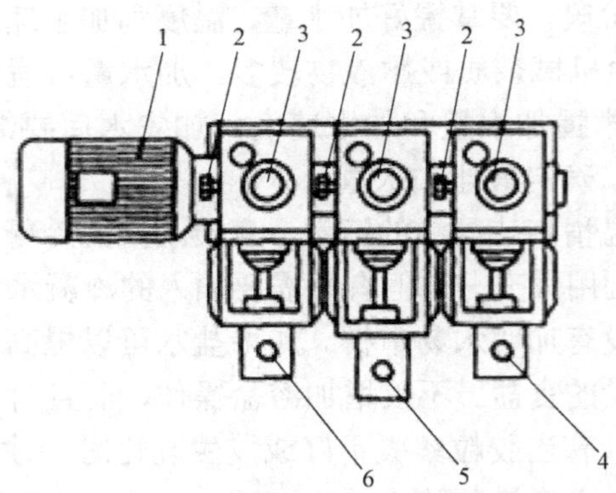

1—电机；2—定位螺杆；3—刻度盘；4—酸泵；5、6—碱泵。

图 9-49　YBND 计量泵的结构

② **油碱比配机**。油碱比配机是专用于油脂精炼工程的一种计量泵，其结构如图 9-50 所示。

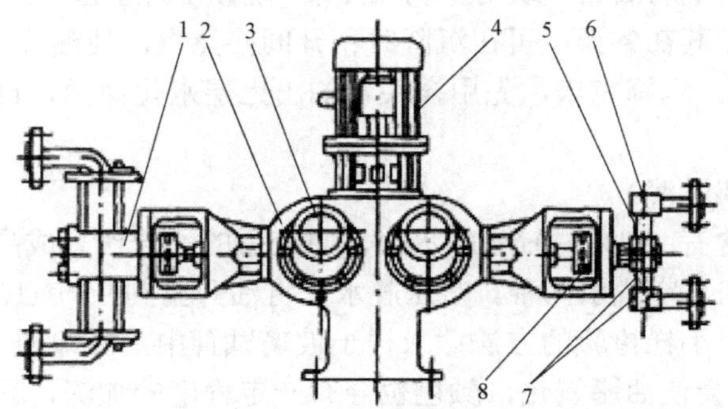

1—油泵缸体；2—传动机构；3—行程调节机构；4—电机；5—柱塞；

6—碱泵缸体；7—双重型球阀；8—填料箱。

图 9-50　油碱比配机的结构

我国研制的 YJR 型油碱比配机采用双缸柱塞计量泵形式作为主体结构，主要由油泵头、碱泵头、传动机构和行程调节装置等部件组成。油、碱泵头包括球阀、柱塞、填料和油泵缸体等。传动机构包括立式电动机、蜗轮蜗杆、楔形轴偏心轮连杆、十字头等。传动机构用同一蜗杆带动两只蜗轮，进而借楔形轴偏心轮连杆、十字头带动柱塞做同步往复运动，使油、碱物料脉动吸入并输送至油、碱混合机。油、碱流量的调节，通过高速电机的速度，或通过调节螺杆改变楔形轴与偏心距，进而改变柱塞行程而实现。电机速度或偏心距的改变，通过一套齿轮装置反映在行程表上，从而可由行程表直接读出油、碱流量。该机的特点是流量精度高、动力省、具有定量比配输送物料的双重功能。

（2）混合机

混合机是使碱液或洗涤水在油中高度分散、混合的设备或装置。有桨叶式、盘式、刀式、离心式混合机以及静态混合器等。目前国内大中型油脂加工企业主要使用桨叶式混合机或离

心式混合机、静态混合器。

① 桨叶式混合机。桨叶式混合机分卧式和立式两种形式。卧式桨叶式混合机配套于管式离心机工艺。立式桨叶式混合机配套于碱炼油连续洗涤工序，也可配套于油脂连续脱胶工艺。其结构如图9-51所示，主要由带锥底的圆筒体（以下简称筒体）、密封盖、搅拌轴、隔板、传动机构、进料口、出料口等构成。其工作原理与卧式桨叶式混合机相同。该设备根据工艺作用和生产规模设有不同规格，可根据工艺需要选择。

② 离心式混合机。离心式混合机是近代发展起来的集混合、输送为一体的流体混合设备。按混合物料性质的不同分为带机械密封环和不带机械密封环两种。前者用于易氧化、易挥发的物料混合，配套防爆电机可用于混合油精炼；后者则广泛用于酸、碱水溶液与油脂等流体物料的混合。其结构如图9-52所示，主要由机座、机壳、调节阀、混合转鼓、向心泵、物料进出口和电机等构成。混合物料由物料进口连续输入工作腔，在随混合转鼓高速旋转的同时，与供料管末端轴向运动物流产生强烈的混合，然后沿转鼓径向形成高速旋转的层流，抵达转鼓边缘的高速旋转物流在向心泵入口端，由于物流方向的急速改变，产生二次强烈混合，这种带有细小气泡的物流在沿向心泵特殊通道运动时转变成层流流动，并同时将物料流入口端的动能转化成静压能，然后压入物料出口排出。向心泵所产生的静压在生产工艺中能满足流体输送的要求，加上结构简单、体积小、操作维护简便，在油脂精炼工艺中应用得相当普遍。

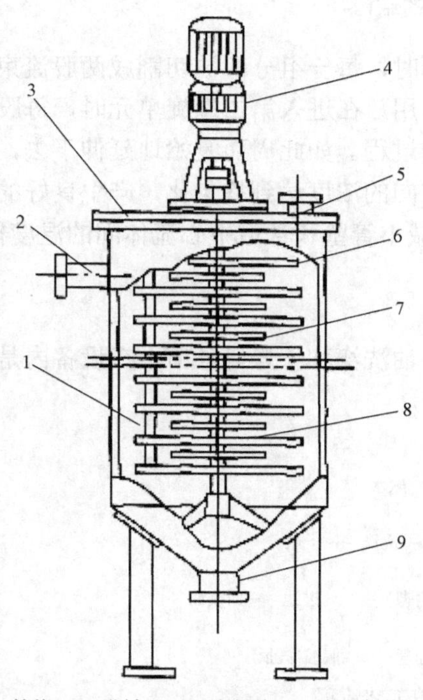

1—筒体；2—进料口；3—密封盖；4—传动机构；
5—溢流器；6—隔板；7—搅拌叶；
8—搅拌轴；9—出料口。

图9-51 立式桨叶式混合机的结构

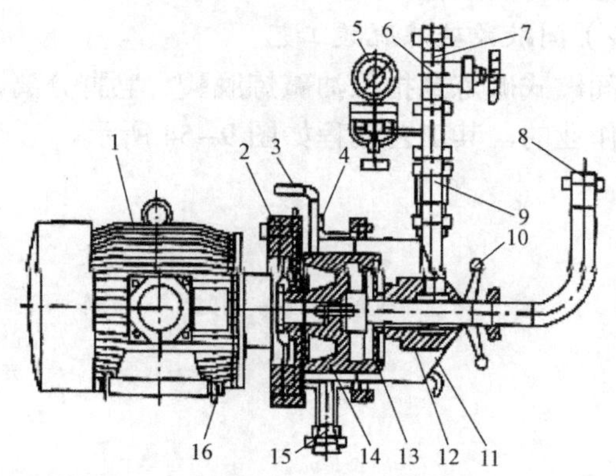

1—电机；2—机座；3—销钉；4—混合器座；5—压力表；6—调节阀；
7—物料出口；8—物料进口；9—视镜；10—接管锁紧轮；11—机壳；
12—填料；13—向心泵；14—混合转鼓；15—污油口；16—电机座。

图9-52 离心式混合机的结构

③ 静态混合器。静态混合器是指流体通道中没有机械转动部分，仅由装置在管道内的一组混合元件构成的混合器，其优点是结构简单、制作方便、混合效果好，所以广泛应用于化工单元操作中的搅拌、萃取、气体吸收、强化传热、溶解、分散及粉粒体混合等，其结构如图9-53所示。管内混合元件由扭转了180°的一些右旋和左旋的麻花状螺旋单元交替排列，并且相邻两个单元的导向边相互交错成90°，组合在同一轴线上。螺旋单元长度和直径的比值为1.4～2，螺旋边缘与管道内壁应尽量吻合，不可留有过大的缝隙，以免缝隙滞流层影响混合效果。

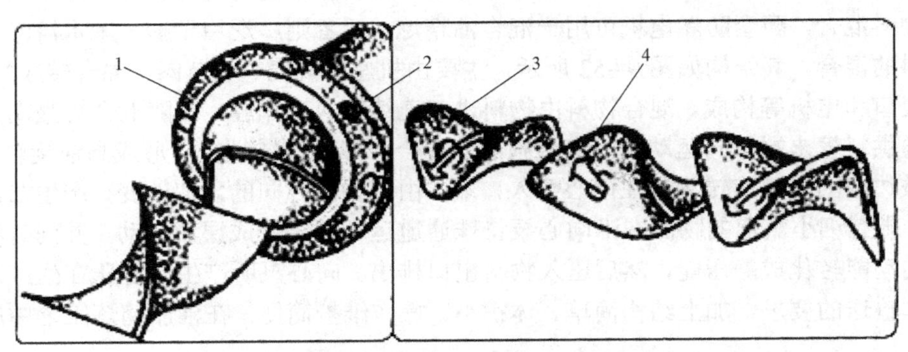

1—法兰；2—管道体；3—左螺旋单元；4—右螺旋单元。

图9-53 静态混合器的结构

混合机理：当油和碱液（水）流经第一螺旋单元时，每一组分即被切割成两股流束，由于流道截面积的变化，流体产生加速、减速及旋转作用，在进入第二螺旋单元时，每股流束又被分割成两股，并反向重复上述加速、减速及转向过程。如此周而复始地延伸下去，产生强烈的湍流，并由此而产生旋涡，从而使空间三个方向的浓度达到均匀化，产生良好的混合效应；或使换热器管壁滞流内层中的流体不断更新，减小管壁和管道中心流体间的温度梯度，进而强化传热过程。

2）间歇式碱炼脱酸工艺

间歇式碱炼是指原油碱炼脱酸、皂脚分离、碱炼油洗涤和干燥等环节，在设备内是分批间歇作业的，其工艺流程如图9-54所示。

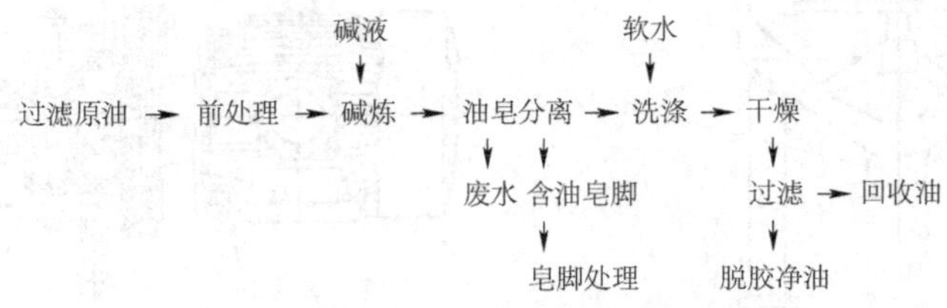

图9-54 间歇式碱炼脱酸工艺流程

间歇式碱炼脱酸按操作温度和用碱浓度分为高温淡碱、低温浓碱及纯碱-烧碱工艺等。

（1）过滤原油

采用高温淡碱脱酸的前提条件是原油的品质，待炼油一般是采用高水分蒸胚而制得的低

胶质浅色油，要求滤后油含杂量不超过 0.2%。

（2）前处理

前处理的内容包括预热和凝聚胶杂。预热温度一般为 75 ℃左右。凝聚胶杂的添加剂为食盐溶液（食盐用量一般为油重的 0.1%），添加量可按原油酸值确定。当原油酸值低时，每 100 kg 油的加水量可按酸值的 1.25 倍添加。对于酸值较高的原油，按下法处理：当原油酸值在 5 以下时，每 100 kg 油的总加水量（包括食盐水和碱液中的水）为酸值的 2.3 倍；当原油酸值大于 5 时，总加水量控制在原油的 12%以内。凝聚胶杂的方法与一般水化脱胶的操作相同。搅拌至胶杂充分凝聚后，方可进入碱炼操作。

（3）碱炼

碱炼操作是该工艺的核心。理论碱量根据酸值确定，超量碱一般按油质量的 0.05%～0.2%添加。对于酸值较高的原油，碱液浓度可偏高，以控制总加水量不超过原油的 12%。

碱炼操作时，全部碱液在 5～10 min 内连续加入，搅拌要强烈（搅拌速率为 60 r/min 左右），保证碱液有足够的分散度。碱加完后，搅拌 40～50 min，使酸碱充分进行化学反应。完成中和反应后，将搅拌速率降至 30 r/min 左右，继续搅拌 10 min，使皂粒凝聚。然后开启间接蒸汽，使油温升至 90～95 ℃，在升温过程中，视皂粒的凝聚情况，添加电解质或调整皂粒内的水分，促使皂粒絮凝，当油皂明显分离、易于沉降时，即可停止搅拌，保温静置，使皂脚沉降。

（4）油皂分离

油在静置沉降过程中，要注意保温。静置时间视皂脚处理方法而定。当采用间歇方法处理时，应适当延长静置沉降时间（不小于 4 h），使沉降皂脚有足够的压缩、压实时间，以降低中性油含量，最后放出废水和皂脚。当采用脱皂机连续脱皂时，静置沉降的时间可以缩短至 3 h 以内。

（5）洗涤

洗涤操作最好在专用设备（洗涤罐）内进行。洗涤操作温度（油温、水温）应不低于 85 ℃。洗涤水要分布均匀，搅拌强度适中，洗涤水应采用软水，每次洗涤用水量为油量的 10%～15%。洗涤 2～3 次，直到油中残皂量符合工艺指标为止。当油皂分离不好，油中残留有多量微细皂粒时，要注意严格控制洗涤操作条件。第一遍洗涤水可选用淡碱液或食盐稀溶液，搅拌强度降低或不搅拌，采用喷淋方式使洗涤水均洒油中，以防产生洗涤乳化现象。一旦发生洗涤乳化现象，可根据情况采用细食盐破乳。洗涤操作的油－水沉降分离时间，以油－水分离界面清晰或油－水界面间的乳化层极少为度，一般为 0.5～1 h。

（6）干燥

这一步也称脱溶。因为洗涤合格的油中含有约 0.5%的水分，所以需转入干燥设备脱水。干燥过程应采用真空干燥工艺，操作温度为 100～105 ℃，真空度为 98.6 kPa，碱炼浸出油需转入脱溶器脱除残留溶剂，操作条件为：温度 140 ℃，真空度 98.6 kPa，直接蒸汽通量不低于 30 kg/（h・t），脱溶时间约 1 h（连续脱溶 40 min）。

（7）皂脚处理

沉降分离的皂脚中含有中性油，可转入皂脚处理设备内回收中性油。采用皂脚调和罐，通过添加中性油、食盐或食盐溶液，使皂脚调和到分离稠度，然后送入脱皂机连续分离皂脚中的油。富油皂脚经上述处理后，所得贫油皂脚即可转入综合车间加以利用。

3. 油脂脱色

1）间歇式脱色工艺

间歇式脱色即油脂与吸附剂在间歇状态下通过一次吸附平衡而完成脱色的过程。工艺流程如图 9-55 所示。

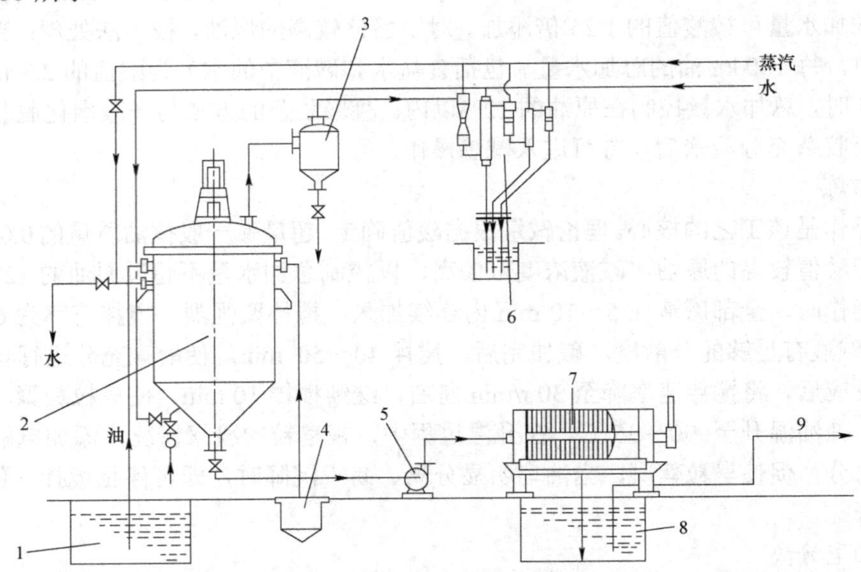

1—待脱色油储池；2—脱色罐；3—捕集器；4—吸附剂罐；5—油泵；6—真空装置；7—压滤机；8—脱色油储池；9—去脱臭工序。

图 9-55 间歇式脱色工艺流程

采用常规间歇脱色工艺时，待脱色油经储池转入脱色罐，在真空下加热干燥后，与由吸附剂罐吸入的吸附剂在搅拌下充分接触，完成吸附平衡，然后经冷却油泵泵入压滤机分离吸附剂。滤后脱色油汇入脱色油储池，借真空吸力或输油泵转入脱臭工序，压滤机中的吸附剂滤饼则经压缩空气“吹干”后转入处理罐回收残油。

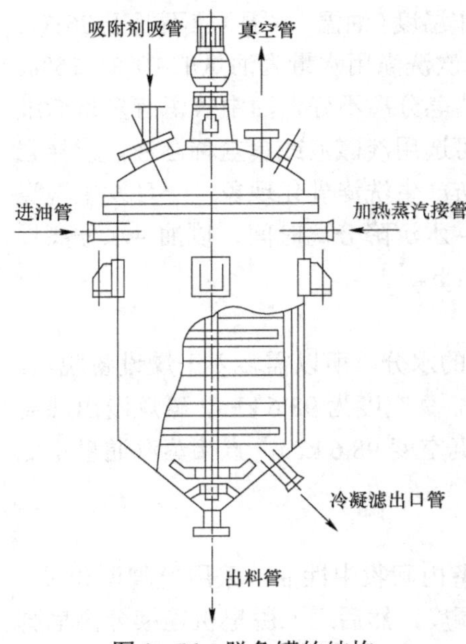

图 9-56 脱色罐的结构

2）脱色设备

吸附脱色工段具有工艺功能的主要设备包括脱色罐、吸附剂分离设备等。按生产的连贯性，脱色罐又可分为间歇式和连续式。

（1）脱色罐

脱色罐是间歇脱色的主要设备，主体为一带有碟盖和锥底的密闭圆筒体，罐内设有传热装置和能造成强烈混合的搅拌装置，顶部碟盖上设有真空管、照明灯、吸附剂吸管及传动装置等，锥底上设有出料管和冷凝（却）液出口管。加热蒸汽（及冷却水）接管、进油管在罐体上部，其结构如图 9-56 所示。

（2）吸附剂分离设备

脱色后的油与吸附剂分离一般采用压滤法。常用的压滤设备有直立式叶片过滤机（如图 9-57 所示）、板框式压滤机、圆盘叶滤机等，过滤介质多选用不锈钢过滤网和涤纶滤布。

滤后吸附剂残油的回收方法有溶剂萃取法、常压或加压水煮法等。溶剂萃取法可采用类似蜡饼处理罐结构的装置，常压水煮法可选用带气流搅拌的敞口罐或槽，加压水煮法则采用吸附剂处理罐。

3）脱色操作

脱色油吸入脱色锅内之后，首先进行真空加热脱水，这时油中的空气也随之脱去。脱水后，借真空吸入脱色剂，在充分搅拌下，油和脱色剂接触后将油从脱色温度冷却到 70 ℃，再用泵送到过滤机，除去废脱色剂，得到脱色油。脱色锅内的水蒸气、空气等则从锅上方出口，经捕集器捕集液滴后进入真空系统。吸附剂添加量占油量的 1%～3%，在温度 90 ℃、残压 8 kPa 的条件下反应 30 min，然后冷却到 70 ℃左右，过滤分离脱色剂。

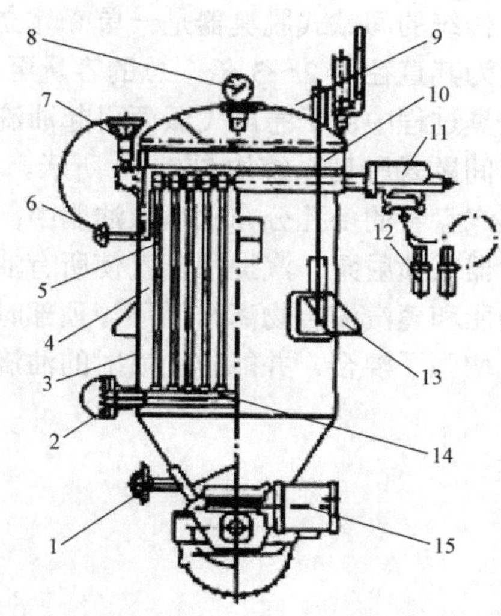

1—进油口；2—出油口；3—罐体；4—工作腔；5—滤叶；6—溢油、蒸汽、压缩空气口；7—快开锁帽；8—压力表；9—碟盖提升装置；10—碟盖；11—振动器；12—气阀；13—支座；14—滤液集油管；15—卸渣碟。

图 9-57　直立式叶片过滤机的结构

4. 油脂脱臭

1）间歇式脱臭工艺

间歇式脱臭工艺流程如图 9-58 所示，该工艺适合于产量小、加工多品种油脂的工厂。其主要缺点是汽提水蒸气的耗用量高、进行热量回收利用。

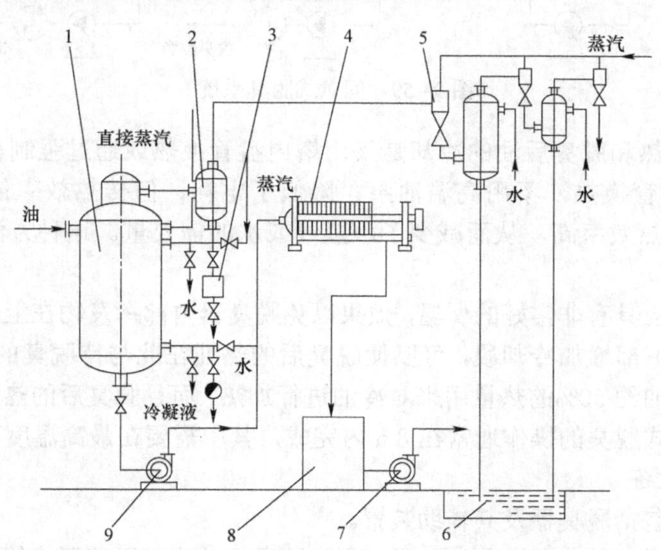

1—脱臭锅；2—分离器；3—油脂收集罐；4—板框压滤机；5—蒸汽喷射泵；6—水封池；7、9—泵；8—脱臭油暂储池。

图 9-58　间歇式脱臭工艺流程

传统的间歇式脱臭器是一单壳体立式圆筒形带有上下碟形封头焊接结构的容器，壳体的高度为其直径的 2～3 倍，总的容量至少 2 倍于处理油的容量，以提供足够的顶部空间以减少脱臭过程中由于急剧飞溅而引起油滴自蒸汽出口逸出。

间歇式脱臭系统如图 9–59 所示。汽提水蒸气由两种途径加入，一种是从脱臭器底部直接蒸汽盘管的多孔分布器喷入油脂中；另一途径是从中央循环管中喷入，其喷射装置是一种喷射器或喷射泵。汽提水蒸气使所有油脂反复地被带到蒸发表面，在表面产生大量的蒸发。当油脂和蒸汽混合物离开循环管顶部时，混合物飞溅，撞击喷射管上方蒸发空间的挡板帽，由此增强了混合，并能防止喷射的油滴进入蒸汽出口。

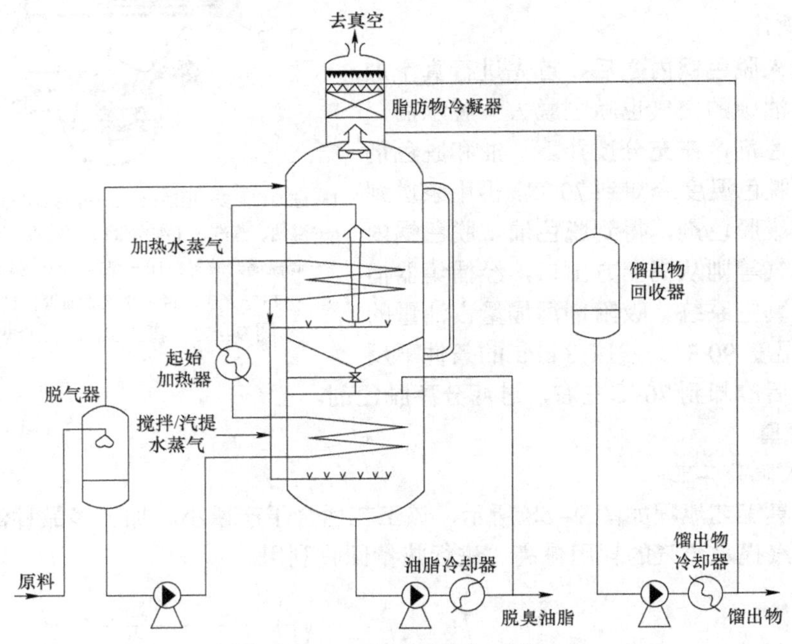

图 9–59　间歇式脱臭系统

待脱臭油的加热和脱臭后油的冷却是采用塔内盘管换热或通过强制循环的外部换热器来完成的。塔内盘管换热，不用高温油泵，降低了电耗，但传热效率低。外部加热或冷却通常速度快，传热效率高，从而减少了水蒸气或水的需要量。这种方法也容易清理加热表面。

间歇式脱臭器应具有非常好的保温，效果以免脱臭器内部挥发物在上部空间被冷凝而产生回流。在脱臭器下部增加冷却段，可以使脱臭后的热油在此与待脱臭的冷油进行热交换。这样不仅回收了热油约 50%的热量用来对冷油进行加热，而且脱臭后的热油在真空条件下得到了预冷却。间歇式脱臭的操作通常在 8 h 内完成，其中需要在最高温度下维持 4 h 以上。

2）油脂脱臭设备

油脂脱臭设备包括脱臭器及其辅助装置。

脱臭器是油脂脱臭的主要设备，根据生产的连贯性分为间歇式脱臭罐、半连续式和连续式脱臭塔。在油脂脱臭工艺过程中，辅助完成油脂脱臭的设备有油脂析气器、换热器、脂肪酸捕集器和屏蔽泵等。

（1）脱臭器的材质

由于脱臭是在高温下（230～250 ℃）下进行的，所以对制造脱臭器的材料选择，必须排除碳钢的助氧化影响。过去采用普通碳钢制作间歇式脱臭器时，在容器的内壁涂上一层聚合材料，现在已改用耐酸钢或不锈钢制作。耐酸钢（316）、不锈钢（304）、碳钢和铜，依次增加对油脂氧化的催化活性。铜是一种非常强的助氧化剂，绝不能与油脂接触。此外，采用物理精炼工艺的脱臭器，常与具有腐蚀性的脂肪酸接触，因此脱臭器所用材料应选择耐酸腐蚀的不锈钢。

（2）双壳体和单壳体容器

所谓双壳体，即外壳用普通钢制成，塔板及接触油脂部分均由不锈钢制成，以节约不锈钢材。每层塔盘上缘均内倾，以减少油质飞溅。双壳体的外壳与内层之间留有空隙，真空管道连接在外壳上，防止了空气泄漏对油脂的氧化，同时也避免了回流作用，且保温要求较低。而单壳体比较容易操作（通过视镜）和保养，有相对较低的设备成本，对空气泄漏问题可通过改善制造、装配技术来解决，由于单壳体加强了蒸发操作，因而也避免了回流的问题。单壳体和部分单壳体结构目前最为常用。脱臭器应该每年检查、清理 1～4 次，次数多寡主要取决于加工油脂的种类。

（3）油脂析气器

油脂经脱色处理后，通常溶解有万分之一到万分之五的氧气，为了避免在脱臭温度下的氧化现象，脱臭油脂在进入高温换热器前须经过除氧处理。油脂除氧设备通称油脂析气器，简称析气器。它是利用减压脱气原理工作的，主体结构由一圆筒形的真空罐和一个油分布器构成。脱色油脂借真空吸入工作腔，在真空条件下脱气除氧。

（4）换热器

最常用的换热器是板式、螺旋板式和列管式换热器。

① 板式换热器的应用最多，但当采用传统的腈类垫片密封时，使用温度不能超过 120 ℃。

② 螺旋板式换热器效率不如板式换热器，可用于高温连续操作，无垫片泄漏，但形成污染后很难用机械方式清理。螺旋板式换热器主要用于换热和加热/冷却，可用于 120 ℃以上的物料。

③ 列管式换热器虽然效率较低，但能设计成可以拆卸的封头，易对管子进行清理，因此是最常用的换热器类型。

（5）脂肪酸捕集器

油脂脱臭过程蒸馏出来的挥发组分主要是脂肪酸、不皂化物及飞溅油脂，其组成比例随进入脱臭塔的油脂品质而异。对于游离脂肪酸含量较高的油脂，为了回收脂肪酸，减少污染，各类脱臭器在真空装置前的挥发性气体通道上都设有脂肪酸捕集器。脂肪酸捕集器由脂肪酸喷头、旋风分离室和分离挡板组成。脂肪酸的捕集多采用混合式的冷却方法，以冷却的脂肪酸直接喷洒于挥发性气体中，使脂肪酸等高沸点组分冷凝，从而与工作蒸汽分离。

（6）屏蔽泵

屏蔽泵又称密封泵，用于高温油脂输送，并可使真空脱臭器的安装高度降低。由于它的泵体和转子同处在一个密封装置内，故能有效地防止泵运转时的空气泄漏，从而避免高温油脂与氧的接触。屏蔽泵的主要特点是：泵与电机为一整体结构，定子与转子都用薄金属罩密封，所有通向外界的连接处均使用密封片或 O 形密封环进行密封。

屏蔽泵主要由机座、蜗壳、转子、定子、金属密封罩及电机等组成。转子和叶轮联装在泵轴上，叶轮收容于蜗壳里。转子由耐蚀性金属薄壳包覆，定子由耐蚀性薄金属定子罩包覆，循环管可通过过滤器由螺壳出口侧的分支口汲取一部分输送液送往前后轴承箱，润滑前后轴承，并冷却转子与定子。这部分汲取液在润滑了前轴承之后进入蜗壳叶轮背侧的低压区域，随输送液排出泵体。

3）油脂脱臭热媒源

在油脂脱臭工艺中，提供高温的热媒源主要有高压蒸汽、矿物油和电加热装置等。

（1）高压蒸汽

以高压蒸汽作热媒，传热系数高、经济、安全。由于它与油脂的相对温差较小，可避免油脂的局部过热，是比较理想的热媒体。脱臭采用的高压蒸汽的饱和蒸汽压力为 6.86 MPa 左右，在化学工程上属中等压力，可由特制的小蒸发量中压锅炉提供。一般中等处理量的脱臭器，每小时蒸发量为 0.5～1.0 t 的中压小型锅炉即能满足生产要求。采用高压蒸汽作热媒，要求脱臭器加热装置的管道和管件能承受高压、高温，传热装置的制作和安装要求较高，如果管件质量及制作安装技术不能适应高压，则不宜采用。高压水蒸气锅炉加热流程如图 9-60 所示。

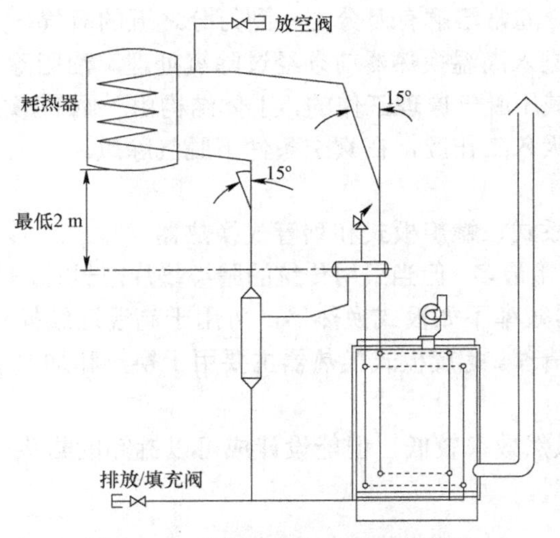

图 9-60　高压水蒸气锅炉加热流程

（2）矿物油

以热稳定性良好的矿物油作传热媒在工业上应用较多。其特点是工艺效果稳定、操作简便。我国生产有导热油炉和导热油系列产品，如 YD-131、YD-132、YD-133 型导热油的导热温度分别为 10～250 ℃、10～300 ℃、10～330 ℃。导热油炉的燃料可采用燃煤、燃油或煤气，也可采用电热器加热，运行中要求导热油循环泵耐高温，应注意调节燃料量，严格控制导热温度范围。要定期检查换热装置，加强对成品油的检测，杜绝管道渗漏。矿物油热媒在循环系统内难以达到湍流状态，有可能在局部造成过热分解；又因传热系数较低，需要的工艺传热面积大，而且渗漏后易造成油品的污染，近年来有被高压水蒸气取代之势。

（3）电加热装置

电加热装置以电加热器直接加热油脂。其特点是清洁卫生、操作简便、更换物料节省时间。电加热装置一般由以氧化镁固定的镍铬合金电阻丝装置在U形不锈钢套管内组成，可直接置入脱臭器，也可以在脱臭器外设计成加热室。

4）油脂脱臭工艺流程

① 首先开启蒸汽喷射泵的蒸汽阀门和冷却水阀门，将脱臭锅抽真空，当达到一定真空度时，开启进油阀，利用真空将脱色、过滤后的清油吸入真空脱臭锅。

② 接着用导热油将油加热至230 ℃（若为脱溶油，则只要加热到140 ℃左右即可），当油温达到100 ℃时，开启直接蒸汽，使锅内油充分翻动。喷射直接蒸汽的时间为2～4 h，整个脱臭过程的真空度必须保持残压0.13～0.8 kPa，直接蒸汽的喷射量为油量的5%～15%。

③ 脱臭停止前30 min，关闭导热油。脱臭时间达到后关闭直接蒸汽，然后开启冷却水阀门，将油冷却至70 ℃以下，最后关闭喷射泵的蒸汽阀门，解除真空，脱臭油即可泵出。

5. 油脂脱蜡

常规油脂脱蜡法是单靠冷冻结晶，然后用机械方法分离油、蜡而不加任何辅助剂和辅助手段的脱蜡方法。分离时采用加压过滤、真空过滤和离心分离等设备。此方法中最简单的是一次结晶过滤法。例如，将脱臭后的米糠油（温度在50 ℃以上）移入有冷却装置的储罐，慢速搅拌，在常压下冷却至25 ℃。整个冷却结晶时间为48 h，然后用布袋过滤，分离油、蜡。过滤压强维持在0.3～0.35 MPa，过滤后要及时用压缩空气吹出蜡中夹带的油脂。

1）脱蜡工艺流程

脱蜡工艺流程如图9-61所示。

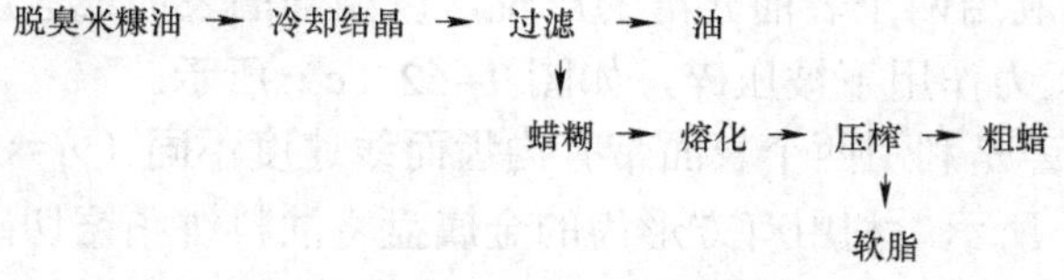

图9-61　脱蜡工艺流程

2）脱蜡操作

由于脱蜡温度低、黏度大，分离比较困难，所以对米糠油这种含蜡量较高的油脂，通常采用两次结晶过滤法，即将脱臭油在冷却罐中冷却至30 ℃，冷却结晶时间为24 h，用滤油机进行第一次过滤，以除去大部分蜡质，过滤机压强不超过0.35 MPa。滤出的油进入第二个冷却罐中，继续通入低温冷水，使油温降至25 ℃以下，24 h后，再进行第二次过滤，滤出的油即为脱蜡油。经两次过滤后，油中蜡含量（以丙酮不溶物表示）在0.039/5以下。有的企业采用布袋过滤，也能取得良好的脱蜡效果，但布袋过滤的缺点是速率慢、劳动强度也较大。

冷却结晶是在冷却室进行的，室温为0～4 ℃，将70 ℃左右的油送入外涂保温层的冷却罐中，冷却时间为72 h，冷却罐最终油温为6～10 ℃。降温速度开始24 h内，平均降温速度为2 ℃/h；以后24 h降温速度为0.5 ℃/h，最后24 h总降温1～2 ℃。布袋过滤在过滤室内进行，室温保持在15～18 ℃，过滤时间为10～12 h，布袋可用涤卡、维棉或棉布制成，过滤速度是涤卡＞维棉＞棉布，脱蜡效果都相当好。

滤出的蜡糊占总油量的15%～17%，将其倒入熔化锅，加热到35～40℃，装袋入榨，榨机选用90型液压榨油机，榨盘平面压强为2.5～5 MPa，操作时要做到轻压、勤压、不跑蜡糊，压榨时间为12 h。压榨分离出的软脂约占61%，粗蜡约占39%。粗蜡中含油40%～45%。

冷却结晶后用板式压滤机分离油和蜡糊。有些小厂用布袋过滤，由于条件的限制，不能像上述要求那样控制冷却结晶温度和时间，所以脱蜡效果不太理想。葵花籽原油含蜡比毛米糠油少，可以采用脱胶、脱酸制油，在2 d时间内从50℃以上冷却到10～15℃，然后用压缩空气将油送入滤油机，分离出的油中含蜡在20 mg/kg以下。用常规法脱蜡，设备简单，投资省，操作容易，但油、蜡分离不完全，脱蜡油获得率较低且浊点高。

9.3 饲料机械

9.3.1 普通粉碎机

所谓粉碎，是指通过挤压、撞击、研磨或其他方法使饲料颗粒变小的一种工艺过程，其方法主要有击碎、磨碎、压碎和锯切碎等，如图9-62所示。

① *击碎*。击碎是利用安装在粉碎室内的许多高速回转的锤片，对饲料进行撞击，从而达到粉碎效果的，如图9-62（a）所示。

② *磨碎*。磨碎是利用两个磨盘上刻有齿槽的坚硬表面，对饲料进行切削和研磨而碎裂饲料的，如图9-62（b）所示。

③ *压碎*。压碎是利用两个表面光滑的压辊，以相同的表面线速度相对转动（$v_1=v_2$），被粉碎的饲料颗粒在压力作用下被压碎，如图9-62（c）所示。

④ *锯切碎*。锯切碎是利用两个表面带有沟齿而线速度不同（$v_1 \neq v_2$）的磨辊，将饲料破碎的，如图9-62（d）所示。利用有方形齿的金属盘将油料饼粕锯切碎的还有饼粕粉碎，如图9-62（e）所示。

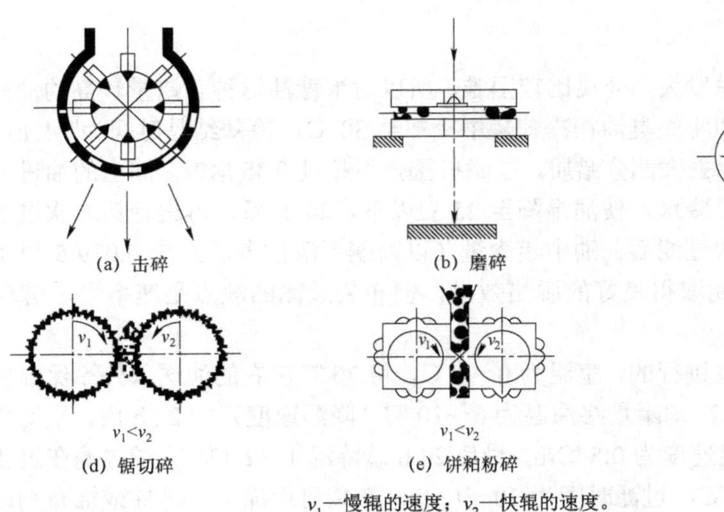

v_1—慢辊的速度；v_2—快辊的速度。

图9-62　粉碎机构示意图

1. 锤片式粉碎机

1）一般结构

锤片式粉碎机一般由进料口、导向板、耐磨板、锤架板、锤片、主轴、操作门、筛板、机体、出料口等部分组成，其结构如图 9-63 所示。

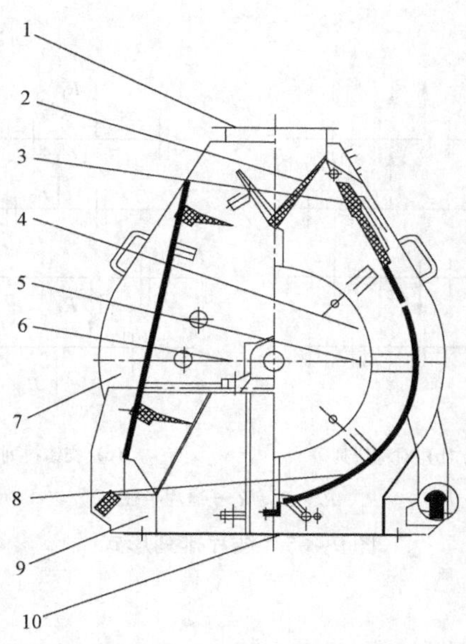

1—进料口；2—导向板；3—耐磨板；4—锤架板；5—锤片；6—主轴；
7—操作门；8—筛板；9—机体；10—出料口。

图 9-63　锤片式粉碎机的结构

① 进料机构。进料机构是使饲料能均衡地进入粉碎机中的部件。按进料方向有径向和轴向之分，其进料口的位置形式如图 9-64 所示。另外，径向进料又有切向和顶部进料之分，在顶部进料中，一般都安有进料导向板，可使转子正、反转，以减少锤片的调角次数。

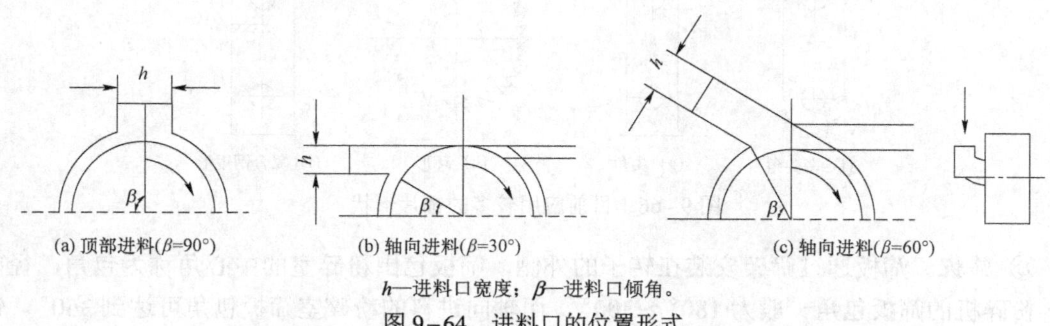

(a) 顶部进料(β=90°)　(b) 轴向进料(β=30°)　(c) 轴向进料(β=60°)

h—进料口宽度；β—进料口倾角。

图 9-64　进料口的位置形式

② 转子。转子是由锤架板和锤片组（4 组或 6 组）构成的，并由轴承支承在机体内，上机体内装有齿板，下机体内（底座）装有筛板，齿板与筛板呈圆形或水滴形包围着转子，

与粉碎机侧壁一起构成粉碎室。锤片是借助于销轴装在锤架上的，并通过锤架板与主轴相连，锤片由销轴隔套隔离定位，使得锤片按一定规律沿轴向均匀分布排列和自由转动，锤片排列形式如图 9–65 所示。锤片是锤片式粉碎机中最主要的工作部件，也是易损件之一，目前应用较多的锤片形状如图 9–66 所示，其中又以通用性好、形状简单、易于制造的板条状矩形锤片最为普遍。

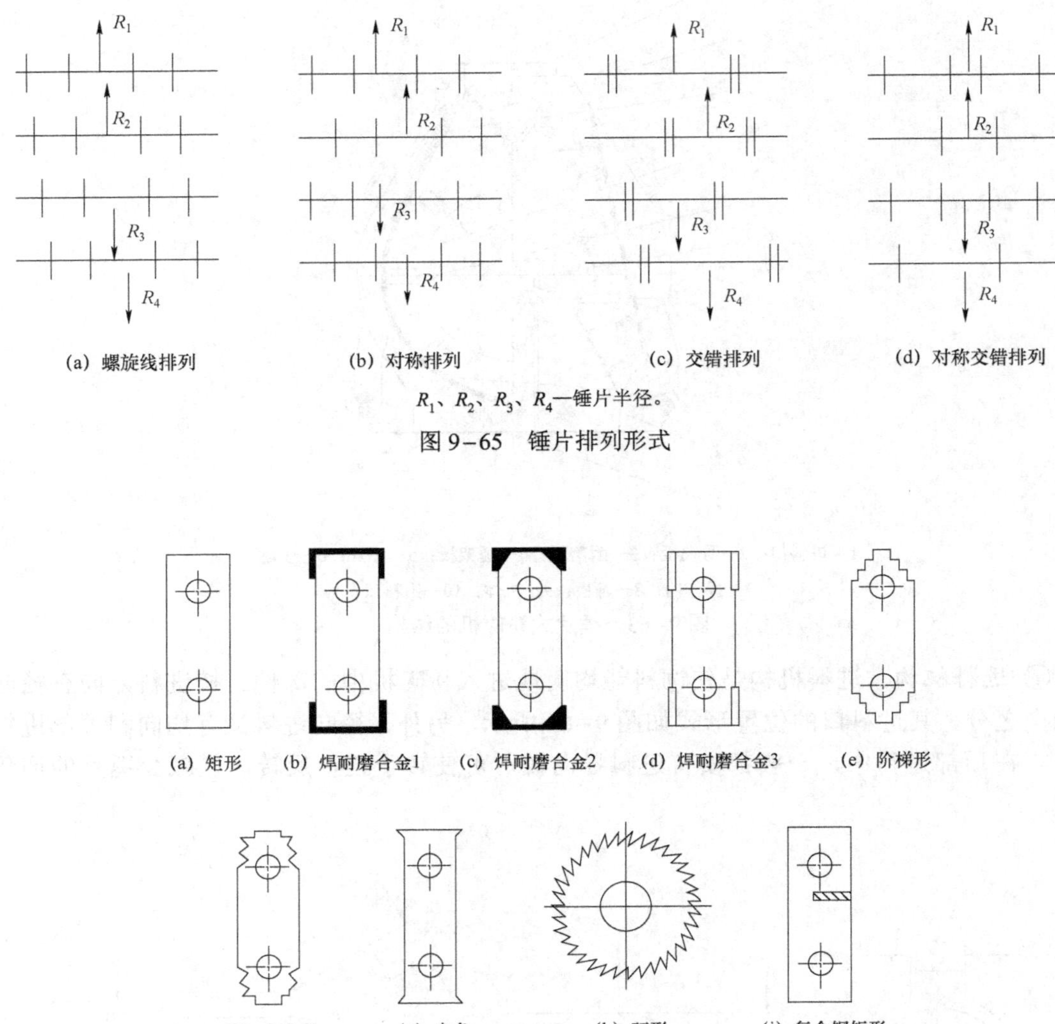

R_1、R_2、R_3、R_4—锤片半径。

图 9–65 锤片排列形式

图 9–66 目前应用较多的锤片形状

③ 筛板。筛板通过筛架安装在转子的外侧，筛板包围粉碎室的中心角称为包角，径向进料粉碎机的筛板包角一般为 180°～300°，而轴向进料的粉碎室筛板包角可达到 360°。饲料在粉碎室中被转子击碎后，细粒料穿过筛孔排出，而粗粒料则继续受锤片撞击，故筛板起着控制粉碎粒度的作用，筛孔大小是由加工要求的粒度决定的。

④ 机壳与机体。机壳的作用是将粉碎料归集并从排料口排出，而机体是用来支撑转子

和安装筛板的，其结构形式有整体式和上下剖分式之分。

⑤ 出料机构。出料机构一般在机体的下方，可以及时排除粉碎室中的热量和水汽，达到清理筛孔和提高产量之目的。目前粉碎机常采用自重落料、负压吸送和机械输送等出料方式。

2）工作过程

粉碎机工作时，需粉碎的饲料经进料口均匀地被送进粉碎室，受高速旋转的锤片打击而破裂，并以较高的速度飞向齿板，与齿板撞击而进一步破碎。在打击和撞击的同时，饲料还受到锤片末端与筛板、齿板以饲料之间的摩擦、搓擦等作用，使饲料颗粒再次发生破碎而形成小颗粒，当饲料颗粒直径小于筛孔直径时，则在本身离心力和筛孔内外气流（一般需外加吸风）压差的作用下穿过筛孔，并由出料口排出机外，成为粉碎料。

2. 立轴锤片式粉碎机

1）一般结构

立轴锤片式粉碎机主要由进料分流机构、电机、粉碎室、观察操作门、出料斗等部分组成，其结构如图 9-67 所示。

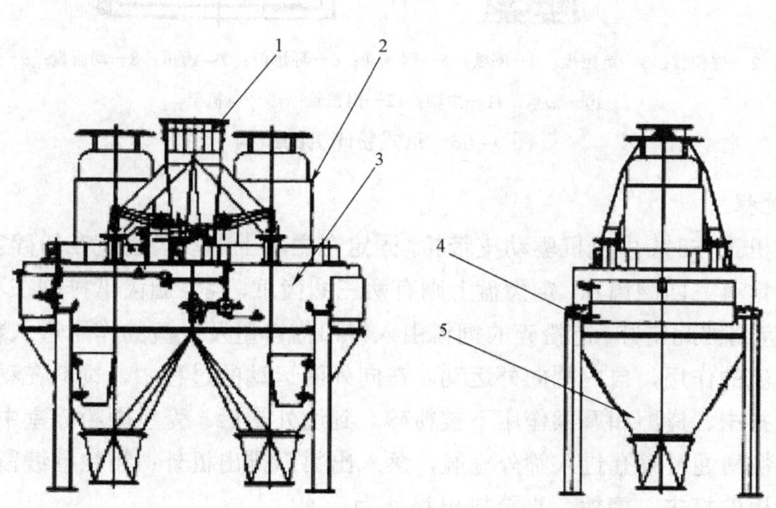

1—进料分流机构；2—电机；3—粉碎室；4—观察操作门；5—出料斗。

图 9-67　立轴锤片式粉碎机的结构

2）工作过程

立轴锤片式粉碎机工作时，饲料通过喂料器进入分流机构，被其均匀地分成三股，从机体上部的三个进料口进入粉碎室，在高速旋转锤片的打击和筛板的摩擦作用下，饲料迅速被粉碎，并在转子高速旋转时，在所产生的气流与离心力的共同作用下穿过筛孔，落入出料斗排出机外。

3. 爪式粉碎机

1）一般结构

爪式粉碎机由机壳、主轴、喂入斗、环形筛、齿盘、电机架等零部件组成，其结构如图 9-68 所示。

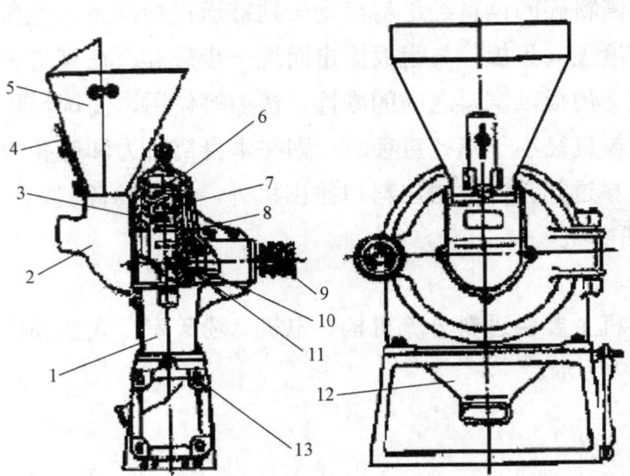

1—机壳；2—进料管；3—定齿盘；4—闸板；5—喂入斗；6—环形筛；7—齿爪；8—动齿盘；9—皮带轮；10—轴承；11—主轴；12—出粉管；13—电机架。

图 9-68 爪式粉碎机的结构

2）工作过程

爪式粉碎机工作时，由电机驱动皮带轮，固定在主轴上的动齿盘就在粉碎室内高速旋转。在动齿盘上固定有三四圈齿爪，定齿盘上则有两三圈齿爪，且各圈齿爪排列在不同的直径上，动、定齿盘的齿圈彼此错开。待粉碎的饲料由入料口借自重及气流的作用进入粉碎室的中央，受离心力和气流的作用，自内圈向外运动。在向外圈运动的过程中，饲料在动、定齿盘上各个齿爪的多次打击、搓擦和摩擦作用下被粉碎。到达外圈后，受包围粉碎室中央部位的环形筛的限制，细粒料通过筛孔进入筛外空腔，落入出料口排出机外；粗粒继续留在粉碎室中受到动齿盘和筛板的打击、摩擦，直至排出筛外为止。

9.3.2 制粒机

1. 制粒原理与设备类型

制粒工艺中的主要设备是制粒机。根据压粒机构的工作原理不同，制粒机大体可分为成型机和挤压机两大类。成型机在一个密闭的机体内压制饲料原料，挤压机则是利用对压粒器模壁压挤的摩擦力而产生的一种抗力来压制成颗粒。

根据压粒部件的结构特点不同，可将制粒机分为柱塞式、螺杆式、环模式、平模式，如图 9-69 所示。

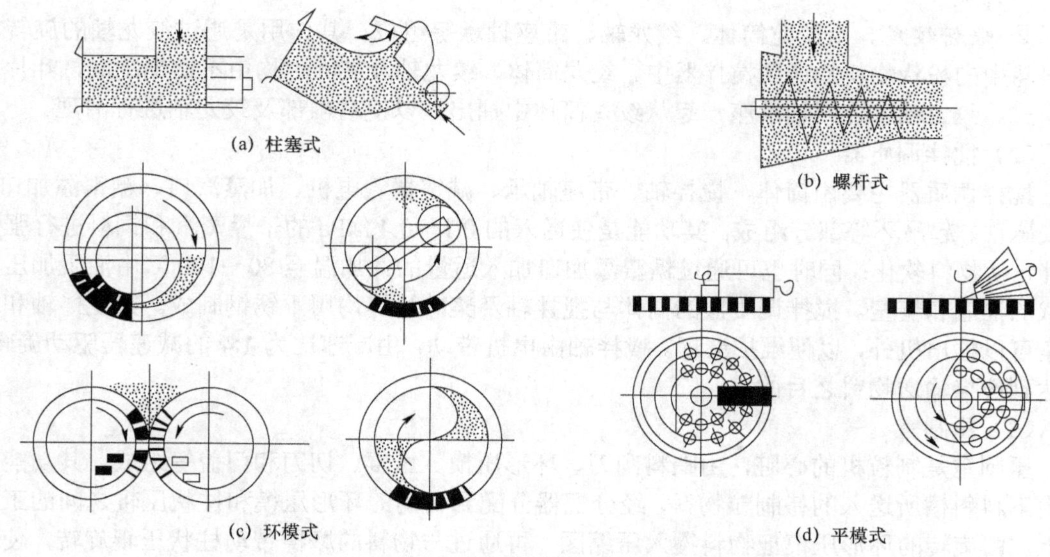

图 9–69　制粒机的类型

2. 硬颗粒制粒机的一般结构和工作过程

1）一般结构

硬颗粒制粒机主要由喂料器、搅拌调质器、压制室、传动系统等组成，其结构如图 9–70 所示。

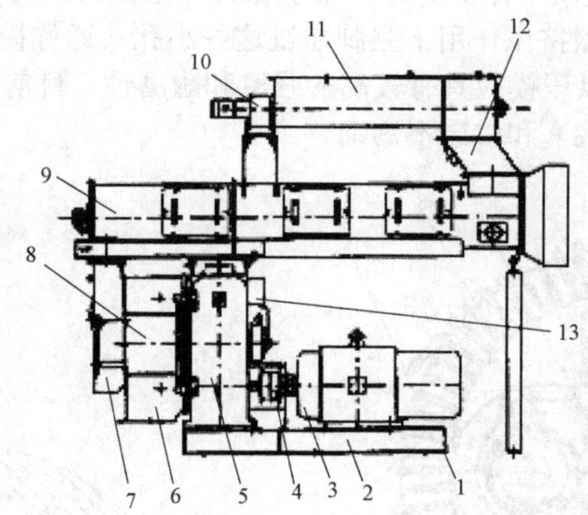

1—起吊环；2—底座；3—主电机；4—联轴器；5—主传动箱；6—门盖；7—斜槽；8—压制室；9—搅拌调质器；10—调速电机；11—喂料器；12—保安磁铁；13—润滑系统。

图 9–70　环模制粒机的结构

（1）喂料器

喂料器主要包括变速器和喂料绞龙两大部分。

① 变速器。通常由 JZTY 型电磁调速电动机与减速器组成。调速电动机由三相异步交流电机、涡流离合器与测速发电机组成，与 JZTY 控制器配合使用。控制器可改变电机输出转速，并经减速比 1:10 的减速器减速后，带动螺旋喂料绞龙轴旋转，达到无级变速喂料和控制不同喂料量的目的。

② 喂料绞龙。由绞龙筒体、绞龙轴、带座轴承等组成。其作用是通过绞龙轴的旋转将存料斗中的粉状物料输送到搅拌器中。绞龙筒体、绞龙轴及其叶片均由不锈钢制成，叶片为满面式。绞龙轴可连同轴承座一起从绞龙筒体中抽出，以便对内部及绞龙轴进行清理。

（2）搅拌调质器

搅拌调质器主要由筒体、搅拌轴、带座轴承、减速器、电机、加蒸汽口、糖蜜添加口、保安磁铁、起吊环等部分组成。其功能是使通入的0.1～0.4 MPa的干燥蒸汽和饲料进行强烈搅拌，使物料软化；同时也可通过糖蜜添加口加入适量的并加温至80～100 ℃由油泵加压成雾状的油脂和糖蜜。搅拌调质器的筒体与搅拌轴及桨叶片等均用不锈钢制成。其搅拌轴和轴承座可以抽出机外，以便维护清理。搅拌轴由电机带动，由减速比为1:4的减速器驱动旋转，以达到搅拌输送物料之目的。

（3）压制室

压制室是制粒机的心脏，由喂料刮刀、环形压模、压辊、切刀和门盖等组成。其功能是将由下料斜槽所送入的待制粒物料，经分配器分配到转动的环形压模和柱状压辊之间的工作面上，由旋转的环形压模把物料攫入压缩区，再通过与物料的摩擦带动柱状压辊旋转，使物料进入挤压区，并入模孔成型。物料在强烈的挤压下，克服孔壁的阻力，不断地从模孔中成条地挤出，挤出时被装置在环模外且位置可以调节的切刀切成长度适宜的颗粒饲料，如图9－71所示。

① 喂料刮板。其作用是将料流均匀地分配到每个压辊和压模的工作区（挤压区），以减小振动和受力不匀。

② 环形压模。具有数以千计个均匀分布小孔的环型模具。由于在压制颗粒的过程中，物料是在压模与压辊的强烈挤压作用下强制通过这些小孔（通称模孔，其结构如图9－72所示）而被压实成型的，所以压模应具有较高的强度和耐磨性，目前国内外一般采用优质合金钢、铬钢（含铬12%～14%）和渗碳不锈钢。

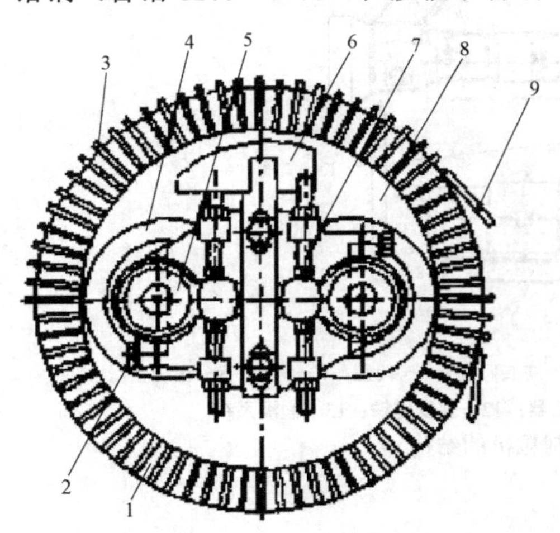

1—环模；2—锁紧螺钉；3—颗粒料；4—压辊；5—调隙轮；6—喂料刮刀；7—调节螺钉；8—压制区；9—切刀。

图9－71　压制室的结构

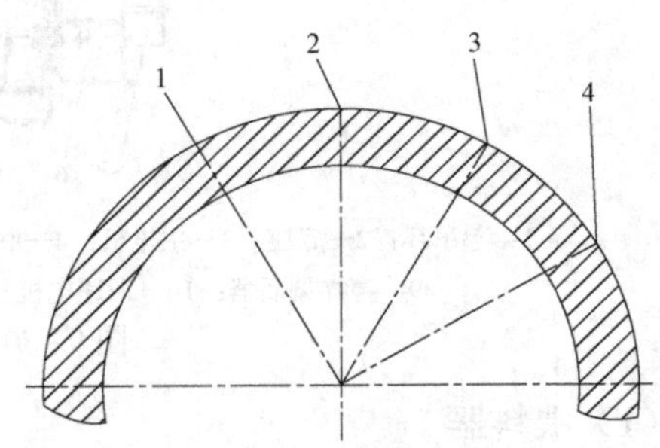

1—针形孔；2—阶梯孔；3—外锥形孔；4—内锥形孔。

图9－72　模孔的结构

③ 压辊。目前使用的环模制粒机，其压辊多半是惰性或传动的，其传动力是压模与压辊间加工料的摩擦力。因此，需要确保压辊具有足够的牵引力，防止压辊“打滑”。压辊的

结构如图 9–73 所示。

压辊的主要零件包括辊轴、轴承、密封件和辊壳。压辊与压模的直径比约为 0.4:1，两者的线速度基本相等，所以压辊的磨损率比压模的高 2.5 倍左右。为此，压辊内套加工成具有可调节的偏心装配面，以便装拆、整修。辊轴上还有黄油嘴，以便在制粒机运转的同时能及时地润滑轴承。

④ *切刀*。这是用来将模孔挤压出的物料切割成所要求长度及形状均匀一致的颗粒料的工具，每个压辊配备一把切刀。切刀架多固定在门盖上，与环形压模外表面的间距（颗粒料的长度）可根据颗粒的长度要求予以调节。它的材质一般选用含镍的硬质合金钢，它的结构如图 9–74 所示。

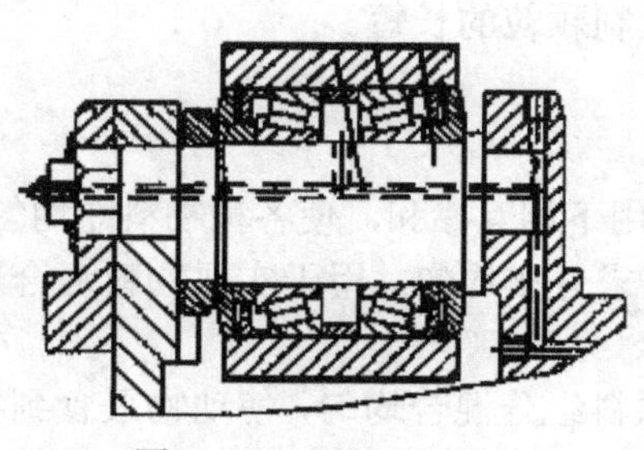

图 9–73 压辊的结构

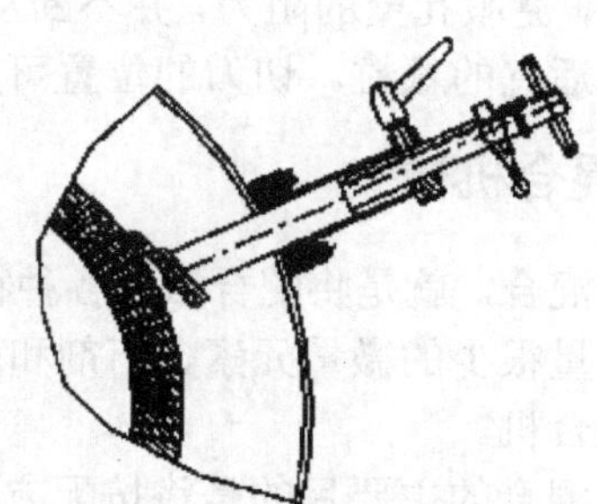

图 9–74 切刀的结构

（4）传动系统

该系统主要指主传动系统，主传动箱的结构如图 9–75 所示。其动力由主电机输出，经内齿形弹性联轴器，使齿轴随主电机同轴运转，再经一对齿轮减速（或直接通过皮带轮减速）后，使空轴连同传动轴、环形压模一起旋转。带有偏心的压辊轴安装在主轴的压辊衬套内，

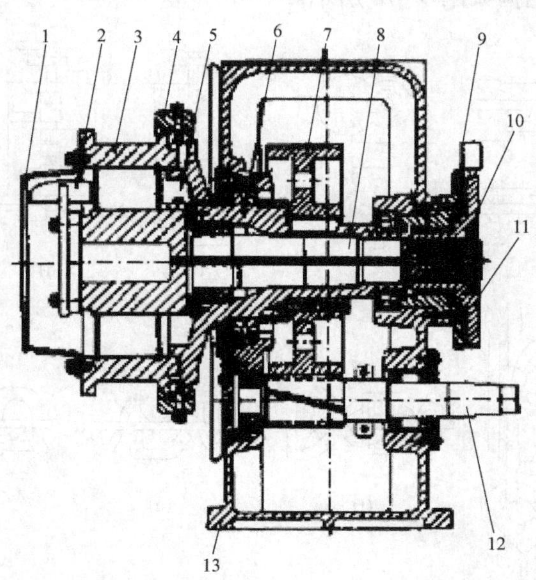

1—压模罩；2—喂料刮刀；3—环形压模；4—抱箍；5—小刮刀；6—空轴；7—大齿轮；8—主轴；9—固定座；10—蝶形弹簧；11—花键座；12—齿轴；13—箱体。

图 9–75 主传动箱的结构

由压板压紧固定。压辊轴上装有压轴，当环形压模旋转时，由于物料的摩擦作用带动内切的压辊旋转，被离心力带进去的物料通过其间的挤压，从环形压模孔中挤出整齐的颗粒。环形压模和压辊的间距可通过调隙轮改变，其最大调节距离一般为 10 mm 左右。

2）工作过程

硬颗粒制粒机的工作过程是：将粉状配合饲料通过磁选装置除去铁质后，经无级变速的螺旋喂料器送至搅拌调质器，同时加入的蒸汽（有时需加糖蜜、脂肪）进行搅拌混合，使饲料中的蛋白质和淀粉在热力作用下被水稀释，变成可塑性强的料体，粗纤维被加温软化。这时，饲料水分达到了 15%～17%，温度达到 65～85℃。经调质处理后的物料，被送到运转的环形压模和柱状压辊工作面之间。旋转的压模通过与物料的摩擦带动压辊旋转，物料在强烈的挤压下，克服孔壁的阻力，并不断从压模孔中成条地挤出。挤出时被装置在压模外的切刀，切成长度适宜的颗粒。切刀的位置可以调节，以控制颗粒的长短。

9.3.3 混合机械

所谓混合，就是将配合后的各种物料在外力作用下相互掺和，使各种物料能均匀地分布，尤其对用量很少的微量元素、药剂和矿物质等更要求分布均匀。用于实现物料混合过程的机器称为混合机。

饲料混合的主要目的是将按配方配合的各种原料组分混合均匀，使动物采食到符合配方要求的各组分分配均衡的饲料，它是确保配合饲料质量的重要环节。饲料混合机是配合饲料厂的关键设备之一，而且它的生产能力决定着饲料厂的生产规模。

混合工艺是指将饲料配方中各组分原料经称重配料后，进入混合机进行均匀混合加工的方法和过程。按混合工艺来分，混合操作可分为分批混合工艺（或称批量混合工艺）和连续混合工艺两种。

常见混合机的搅拌机构如图 9-76 所示。

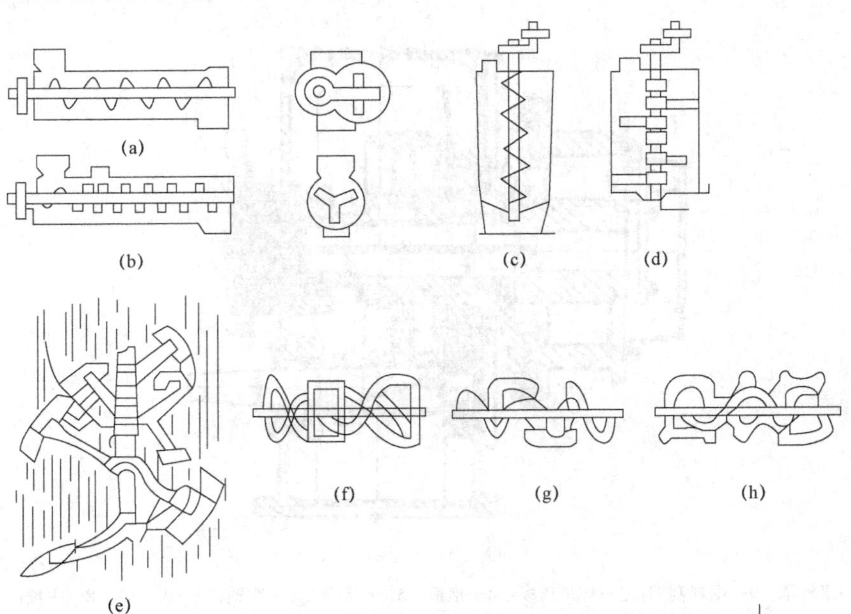

图 9-76　混合机的搅拌机构

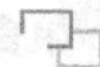

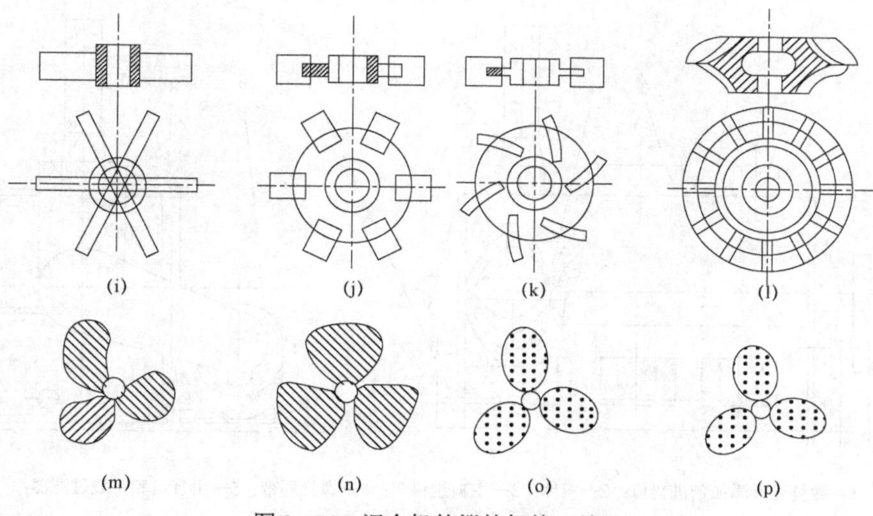

图 9-76　混合机的搅拌机构（续）

图 9-76 中，（a）、（b）是螺旋和叶片的组合，适用于干粉料、潮湿料；（c）是螺旋式搅拌机构，适用于稀饲料；（d）、（i）、（j）、（k）、（l）是叶片式搅拌机构，适用于稀饲料；（e）是桨叶式搅拌机构，适用于干粉料；（f）、（g）、（h）是环带式搅拌机构，适用于干粉料；（m）、（n）、（o）、（p）是桨叶式搅拌机构，适用于稀饲料。

1. 卧式环带混合机

1）结构组成

卧式环带混合机属于分批式混合机，是配合饲料厂的主流混合机，主要由机体、转子、出料传动部分和控制装置组成。

（1）机体

机体外壳由普钢或不锈钢制造，机体容积的大小决定了每个批次混合量的多少。机体两端采用了内外层墙板的空心夹层结构。中间的空间与机体上、下部相通，在进、出料时，被排出的气体可以上下循环，确保气体和粉尘不能溢出机外。该混合机有单轴式和双轴式两种。单轴式的混合室多为 U 形，也有 O 形；双轴式的混合室则为 W 形。其中 O 形适用于预混合料的制备，亦可用于小型配合饲料加工厂；U 形是普通的卧式螺带混合机，也是目前国内外配合饲料厂应用最广泛的一种混合机；W 形则使用较少，多用于大型饲料加工厂。U 形卧式环带单轴式混合机采用 U 形长筒体结构，保证了被混合物料（粉体、半流体）在筒体内的小阻力运动，其结构如图 9-77 所示。进料口在卧式混合机的顶部，分圆形和矩形两种，圆形进料口一般有 1～4 个不等，矩形进料口一般在机体全长上布置，多为大型混合机所采用。

（2）转子

转子是混合机的主要工作部件，它由螺旋叶片（螺带）、支撑杆及主轴组成。其中螺带的结构形式设计是否合理，决定着混合机的混合质量和效率。该机的正反旋转螺条安装于同一水平轴上，形成一个低动力、高效的混合环境，螺带的叶片一般做成双层或三层，内外圈叶片分别按左、右设置，按照内外圈叶片的排料能力相等的原则设计内外圈叶片宽度。内外圈叶片的排列形式也有两种：一种是外圈叶片将物料从两端往中间推送，内圈叶片将物料从中间往两端推送，或外圈叶片将物料从中间往两端推送，内圈叶片将物料从两端往中间推进；

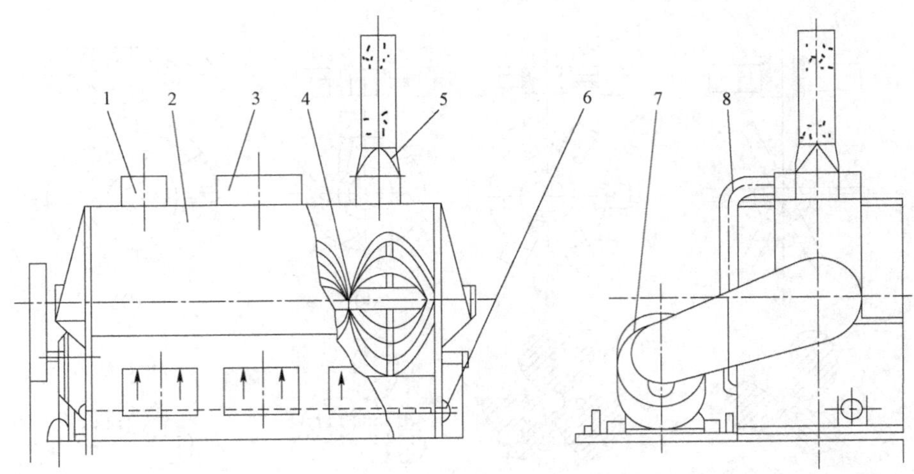

1—微量元素添加剂进料口；2—机体；3—主料进料口；4—螺旋环带；5—出气口和布袋过滤器；
6—排料控制机构；7—齿轮减速电机；8—风管。

图 9-77 U形卧式环带单轴式混合机的结构

另一种是外圈叶片将物料由一端向另一端推送，而内圈叶片推送物料的方向与其相反，可使物料在流动中形成更多的涡流，加快混合速度，提高混合均匀度。螺带有单头的，也有双头的，其中以双头双层双旋向的居多，内、外螺带分别为左、右螺旋，为了使内、外螺带输送物料能力相等，以保持料面水平，内螺带宽于外螺带，一般为外螺带的 3～5 倍。外圈叶片与机壳之间的间隙为 5～10 mm，有的混合机此间隙为 2 mm。这种间隙小的混合机，每批混合 2 t 物料，机内的残留量只有 50 g，这对减少各种配方的饲料相互间的污染、提高混合质量有着非常重要的作用。

出料门在机体底部，其形式有一端小开门和大开门两种。大开门形式具有卸料速度快、物料残留量少的优点，但因为出料门较大，要求门体的强度高、密封性能好。小开门形式结构简单，但卸料速度慢、残留量多，所以仅用于小型混合机。出料门控制机构有手动、电动和气动三种形式。手动仅用于小型混合机。大中型混合机使用电动或气动控制。

（3）出料传动部分

出料传动部分由电动机、减速器等组成。它们通过支架直接安装在机体上，由减速器通过联轴器直接带动螺旋轴，也可由减速器经过链轮减速器带动螺旋轴，电动机安装在机体下部或上部，视具体情况而定。

（4）控制装置

控制装置可按需设置，起以下作用：

① 当盖板开启时，混合机不能起动，用以保证安全。

② 根据生产的需要调整每个批次的产量和混合时间，防止重复进料。混合时间可以预先在控制台上调好，时间一到，混合机就自动打开卸料门，将物料卸入料箱中去。

2）工作原理

卧式环带混合机一般都设计成内外两层螺旋环带，内外两层螺旋环带分别为左、右螺旋。当一条螺旋环带把物料由混合机的一端送向另一端时，另一条螺旋环带则把物料做反向输送。在混合机的设计中，内层螺旋环带宽于外层螺旋环带，因此在机内产生强烈的对流和剪切混合作用。大型混合机在其主轴上设有一条满面式绞龙，以取得良好的效果。外圈螺旋环带与机壳之间的间隙大小是影响混合机混合效果及卸料残留量的重要因素。批量混合机的进料、混合和卸料是相间进行的，所以操作频繁，并需与配料工序配合，大多采用程序控制和联锁机构，以避免由人工频繁操作而带来的错投、漏投或误投。在混合机的下面设置有大于混合机容量的缓冲仓，保证在短时间内将物料排空。混合机是空载起动连续运行的，当配合好的物料进入混合机之后，各组分物料就同时受到混合机螺旋环带的作用，使处于混合机不同部位的物料不断翻动、对流、扩散或掺和而达到分布均匀，用这类混合机混合配合饲料时，达到混合均匀所需的时间通常在 2～6 min，时间长短取决于物料品种、各种物料特性（如水分含量、粒度均匀性等）的差异，以及油脂、糖蜜的含量等。螺旋轴的转速一般为 25～60 r/min，也有高达 100～200 r/min 的，具体视机型的大小和结构的不同而异。一般小容量的混合机转速较高，大容量的混合机转速较低，卸料时适当提高转速，可以获得彻底卸空的效果。

卧式环带混合机的优点是适用范围广、混合速度快、混合周期短，在混合稀释比较大的情况下（如 1:100 000）也能达到较好的混合效果。它不仅能混合散落性较差以及黏附力较大的物料，必要时尚能加入一定量的液体饲料。当添加油脂或糖蜜时，添加量可达 10%左右。它的另外两个优点是卸料时间短、物料在机内的残留量少，所以目前在一般加工厂中普遍采用。它的缺点是占地面积大、动力消耗大。由于混合时间短，故单位产品能量消耗不比立式混合机大。

2. 双轴桨叶混合机

双轴桨叶混合机主要用于粉料、颗粒料及片状、块状、黏稠状物料的混合，以强烈、高效混合为特点，被广泛应用于大型饲料厂、饲料预混料厂、饲料添加剂厂。

1）结构组成

该混合机主要由机体、转子、卸料门控制机构、传动装置及液体添加系统组成，其结构如图 9-78 所示。机体为双槽形，其截面积形状呈 W 形。机体顶盖有 1～3 个进料口，用于进料、排气、观察等。两机槽底各开有一个卸料口，用于快速排空机内混合好的物料。机体内装有两组转子，转子由轴、桨叶和撑杆组成，其运动轨迹如图 9-79 所示。桨叶一般 45° 安装在轴上。一根轴上最左端的桨叶和另一根轴上最右端的桨叶与轴线的夹角小于其他桨叶，这两个桨叶除了混合作用外，还使物料在此获得更大的径向速度，较快地进入另一转子

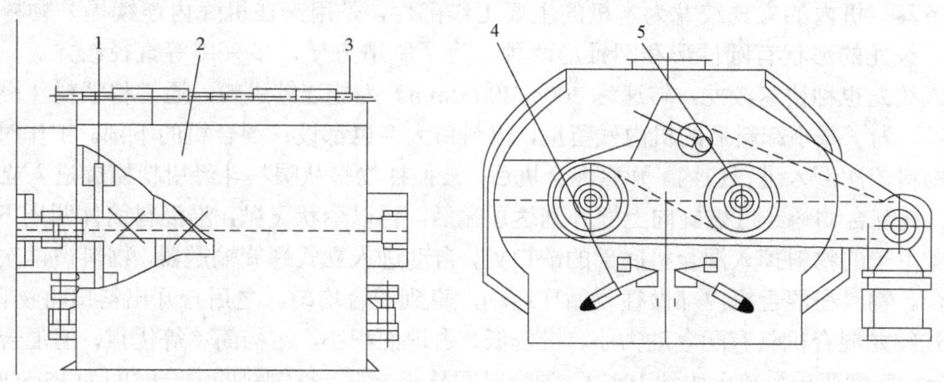

1—转子；2—机体；3—喷油装置；4—卸料口；5—传动装置。

图 9-78　双轴桨叶混合机的结构

的作用区。两轴安装的中心距小于两桨叶的最大回转直径。转子运动时，两轴桨叶端部在机体中线部分交叉重叠。由于桨叶在轴向对应错开，工作时安装在两转子上的叶片互不相碰。卸料门控制机构有手动、电动、气动三种形式。手动控制仅用于小型混合机，大中型混合机主要是电动和气动控制机构。

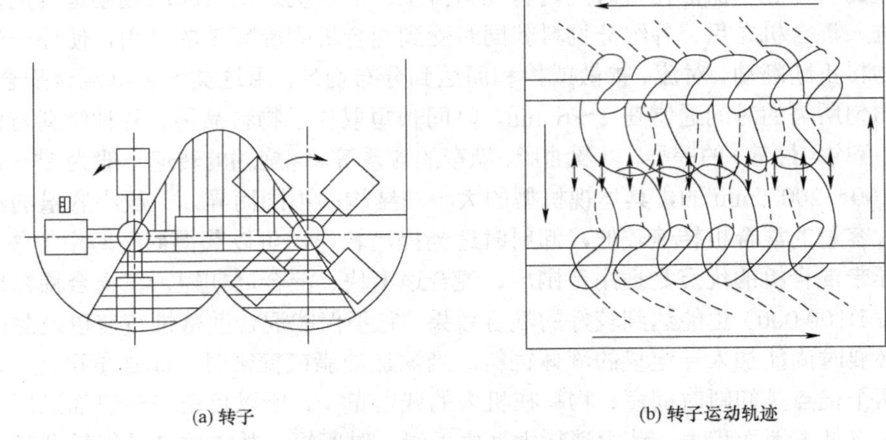

(a) 转子　　(b) 转子运动轨迹

图 9-79　双轴桨叶混合机的转子及其运动轨迹图

2）工作原理

该混合机内物料受两个相反方向旋转的转子作用，进行着复合运动，即物料在桨叶的带动下围绕着机壳做逆时针旋转运动，同时也带动物料上下翻动，在两转子交叉重叠处形成失重区，在此区域内，不论物料的形状、大小和密度如何，都能使物料上浮，处于瞬间失重状态，这使物料在机体内形成全方位的连续循环翻动，相互交错剪切，从而达到快速、柔和、混合均匀的效果。

3. 立式绞龙混合机

立式绞龙混合机又叫立式螺旋混合机，主要由传动机构、电机、绞龙、进料口、出料口等构成，其结构如图 9-80 所示。机体可划分为上下两部分，上部为圆柱体，用以容纳物料；下部为圆锥体，用以收集物料。要求圆锥体部分的母线与水平面的倾角大于 60°，以便物料能自然下落。机内的立式绞龙为本机的主要工作部件，是用来在机壳内连续提升物料和混合物料的。绞龙的形状有圆柱形和圆锥形两种，为了制造方便，多采用等直径绞龙。

立式绞龙也称快速绞龙，转速为 200～400 r/min。为能连续进料，通常将喂料斗设在混合机的下部。为了减小卸料后的机内残留量，出料口大多也都设在混合机的下部。工作时，将计量好的物料依次倒入进料口内，开启混合机后，被搅拌物料从喂料斗经引料螺旋进入立式螺旋输送器，被混合物料经过螺旋向上提升到达顶端后，再以伞状飞抛，沿混料筒体四周下落。从顶部抛撒下来的物料掉入混合机底部的缺口处，自动进入立式螺旋输送器，物料被再次向上提升、混合。物料在混合机内部做往复循环运动，直到混合均匀。之后打开出料口将物料卸出。

立式绞龙混合机具有配套动力小、投资低、占地面积小、结构简单等优点，但混合均匀度低（混合均匀度变异系数可达到 10%）、混合时间长（一般一批饲料的混合时间为 15～20 min）、效率低，且残留量大，易造成污染。如果更换配方，必须彻底清除筒底残料，较为麻烦。因此，立式绞龙混合机一般适于混合均匀度要求不高的小型养殖场或家用饲料及粗饲料的混合。

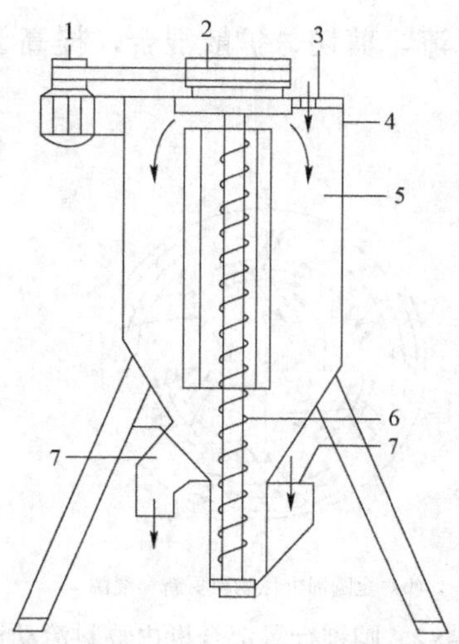

1—电机；2—传动机构；3—进料口；4—机壳；5—混料套筒；6—绞龙；7—出料口。

图9-80 立式绞龙混合机的结构

4. 圆锥行星混合机

圆锥行星混合机又称圆锥绞龙混合机，其结构如图9-81所示，主要由筒体、电机和减速机、传动机构、螺旋部分及出料口部分等五个部分组成。

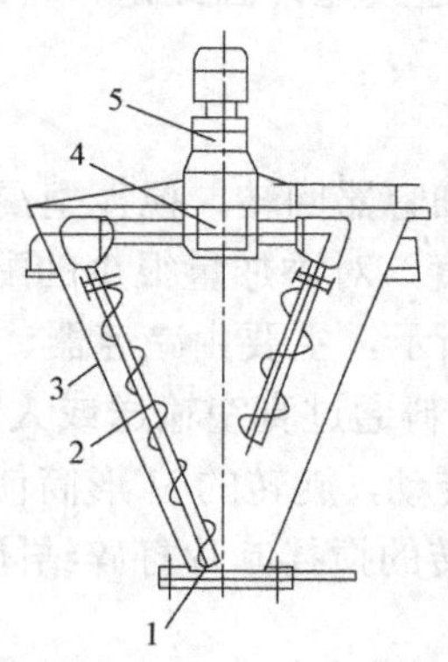

1—出料口；2—螺旋部分；3—筒体；4—传动机构；5—电机和减速机。

图9-81 圆锥行星混合机的结构

当混合机工作时，由顶端的电机带动减速器，输出公转、自转两种速度，经传动机构传动，两根螺旋轨做行星式的转动。两根非对称的螺旋轴自转，并同时沿筒壁做行星式的运动，短螺旋靠近中心部位运动，改善了中心部位的混合，从而达到快速、均匀混合的效果。螺旋的公转、自转，使物料在锥体内产生复合运动，主要运动形式如下：

① 螺旋自转，使物料自锥底沿螺旋面上升［见图9-82（a）］。

② 螺旋沿壁公转，使物料沿锥壁做圆周运动［见图9-82（b）］。

③ 螺旋的公转、自转复合运动，使一部分物料被带至螺旋圆柱面内，同时受螺旋自转的离心力作用，使螺旋圆柱面内的一部分物料向锥体径向流动；

④ 在重力作用下下降［见图9-82（c）］。

四种运动在混合机内产生对流、剪切、扩散混合，提高了混合效率。

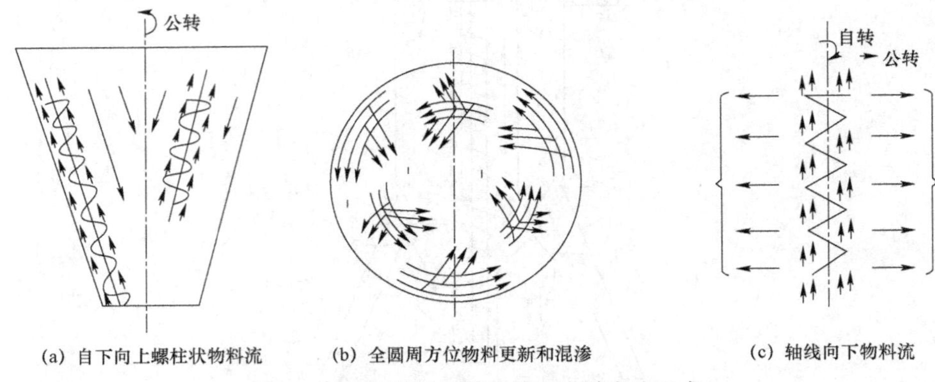

图 9-82 圆锥行星混合机内物料流动形式

与其他类型混合机比较，该混合机对混合物料适应性广，对热敏性物料不会产生过热，对颗粒物料不会压馈和磨碎，对密度悬殊和粒度不同的物料混合不会产生分层离析现象，还具有混合速度快、混合精度高、动力消耗低、物料残留量小、装载系数大、运转平稳可靠及操作条件良好等优点。由于采用双向全密封结构，解决了操作过程中粉尘污染问题，改善了劳动条件，可实现生产过程连续化，因此是一种理想的节能、高效、无污染粉粒料混合设备。

5. V 形混合机

V 形混合机是新型、高效、精细容器回转、搅拌型混合设备，主要用于各种粉状、粒状物料的均匀混合，具有很高的混合度，对添加量很少的配料同样能达到较好的混合效果。

V 形混合机的结构如图 9-83 所示，主要由减速器、链轮、进料口、出料口等组成。其工作过程如下：把需要混合的几种物料通过真空输送或人工加料投放到 V 形筒内，上好筒盖，开启设备，V 形筒及搅拌叶片同时转动，旋转的 V 形筒使筒体内物料产生紊乱翻滚混合，物料可做纵、横方向的流动，高速旋转的搅拌叶片打碎结团物料，使物料在筒体内快速混合，混合均匀度达 99%以上。

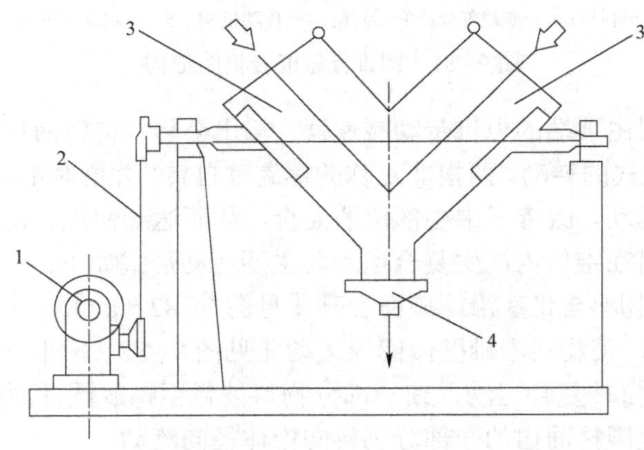

1—减速器；2—链轮；3—进料口；4—出料口。

图 9-83 V 形混合机的结构

另外，与容器固定型混合机相比，V 形混合机的混合速度要慢得多，但是最终的混合均匀度较好，因此适用于高浓度微量成分的第一级混合，在容器转动型混合机中，以 V 形及带搅拌叶片的圆筒混合速度较快。物料的充满系数对混合均匀度有较大影响，V 形混合机的充满系数小，混合时间短，当充满系数为 30%时效果最佳。

思考与练习题 9

1. 说明磨粉机中磨辊、喂料辊的作用。
2. 轧距调节机构是如何实现调节功能的？
3. 画出磨粉机的传动系统。
4. 磨辊有几种排列方式？哪种效率最高？
5. 说出高方平筛的振动原理。
6. 高方平筛的作用是什么？
7. 油料剥壳机是如何实现剥壳的？
8. 说出制油常用的方法及各种方法的作用原理。
9. 说出粉碎机的工作原理。
10. 说出制粒机的制粒原理。

参考文献

[1] 粮仓机械设备编写组编. 粮仓机械设备［M］. 北京：中国财政经济出版社，1981.
[2] 张安云. 粮食输送机械［M］. 北京：中国财政经济出版社，1998.
[3] 王若兰. 粮食仓储工艺与设备［M］. 北京：中国财政经济出版社，2002.
[4] 顾鹏程. 谷物加工技术［M］. 北京：化学工业出版社，2008.
[5] 李殿宝. 油脂制取工艺与设备［M］. 北京：中国财政经济出版社，2002.
[6] 毛新成. 饲料工艺与设备［M］. 成都：西南交通大学出版社，2005.
[7] 国家粮食局人事司. 制粉工［M］. 北京：中国轻工业出版社，2007.
[8] 国家粮食局人事司. 制油工［M］. 北京：中国轻工业出版社，2007.